Jörn Schmidt | Christina Klüver | Jürgen Klüver

# Programmierung naturanaloger Verfahren

T0223045

Jörn Schmidt | Christina Klüver | Jürgen Klüver

# Programmierung naturanaloger Verfahren

Soft Computing und verwandte Methoden

mit 77 Abbildungen und 9 Tabellen

STUDIUM

VIEWEG+
TEUBNER

Bibliografische Information der Deutschen Nationalbibliothek
Die Deutsche Nationalbibliothek verzeichnet diese Publikation in der
Deutschen Nationalbibliografie; detaillierte bibliografische Daten sind im Internet über
<http://dnb.d-nb.de> abrufbar.

Das in diesem Werk enthaltene Programm-Material ist mit keiner Verpflichtung oder Garantie irgendeiner Art verbunden. Der Autor übernimmt infolgedessen keine Verantwortung und wird keine daraus
folgende oder sonstige Haftung übernehmen, die auf irgendeine Art aus der Benutzung dieses
Programm-Materials oder Teilen davon entsteht.

Höchste inhaltliche und technische Qualität unserer Produkte ist unser Ziel. Bei der Produktion und
Auslieferung unserer Bücher wollen wir die Umwelt schonen: Dieses Buch ist auf säurefreiem und
chlorfrei gebleichtem Papier gedruckt. Die Einschweißfolie besteht aus Polyäthylen und damit aus
organischen Grundstoffen, die weder bei der Herstellung noch bei der Verbrennung Schadstoffe
freisetzen.

1. Auflage 2010

Alle Rechte vorbehalten
© Vieweg+Teubner Verlag | Springer Fachmedien Wiesbaden GmbH 2010

Lektorat: Christel Roß | Walburga Himmel

Vieweg+Teubner Verlag ist eine Marke von Springer Fachmedien.
Springer Fachmedien ist Teil der Fachverlagsgruppe Springer Science+Business Media.
www.viewegteubner.de

Umschlaggestaltung: KünkelLopka Medienentwicklung, Heidelberg
Gedruckt auf säurefreiem und chlorfrei gebleichtem Papier.
Printed in Germany

ISBN 978-3-8348-0822-6

# Vorwort

Dieses Buch ist als Supplementband zu unserem Buch „Modellierung komplexer Prozesse durch naturanaloge Verfahren", ebenfalls bei Vieweg+Teubner, konzipiert. „Supplementband" bedeutet, dass dies Buch gewissermaßen nicht vollständig selbst erklärend ist, sondern als programmierpraktische Ergänzung zu unserem ersten Buch zu verstehen ist. Eine ausführliche und theoretisch begründete Darstellung der verschiedenen Verfahren findet sich im ersten Buch; hier geht es um die Praxis des Programmierens.

Wie alle unsere Forschungs- und Lehrprojekte wäre auch dies Buch nicht ohne das Engagement zahlreicher Studierender möglich gewesen, die uns nicht nur durch einschlägige Übungsveranstaltungen auf die Idee brachten, dies Buch zu schreiben, sondern die sich auch als kritische Gegenleser betätigten. Ihnen gilt unser Dank; für die nach wie vor möglicherweise vorhandenen Fehler, Ungenauigkeiten oder auch schwer verständliche Passagen sind wir natürlich alleine verantwortlich.

Ein weiterer Dank geht an das Lektorat von Vieweg+Teubner, insbesondere Frau Dr. Christel Roß und Sybille Thelen. Sie haben unser Buchprojekt von Anfang an konstruktiv unterstützt und auch geduldig gewartet, wenn es wie immer bei derartigen Projekten zu zeitlichen Verzögerungen kam.

Essen, im März 2010

Jörn Schmidt     Christina Klüver     Jürgen Klüver

# Inhaltsverzeichnis

# 1 Einleitung: Programmieren im Zeitalter des Internet

„Es gibt nichts Gutes, außer man tut es" (Erich Kästner)

Zu Beginn eine kleine und leider wahre Geschichte: In einer mündlichen Prüfung stellte ein Student einen von ihm selbst programmierten Genetischen Algorithmus vor.[1] Als er darauf hinwies, dass er das sog. Roulette-Wheel-Verfahren als Heiratsschema verwendet hatte, fragten wir ihn, warum er dies Verfahren gewählt hatte und wie es definiert ist (die Fachausdrücke werden im einschlägigen Kapitel kurz erläutert). Beide Fragen konnte der Prüfling nicht beantworten; bei Nachhaken unsererseits stellte sich heraus, dass der Student nicht nur dies Verfahren, sondern einen Großteil seiner Subprogramme einfach aus dem Internet übernommen hatte, ohne sich weitere Gedanken dazu zu machen. Anscheinend hatte er nicht erwartet, dass er sein eigenes Programm auch noch verstehen sollte. Zur relativen Ehrenrettung dieses anonym bleibenden Studenten sei hinzugefügt, dass er bei weitem nicht der Einzige war, bei dem wir derartige Prüfungserlebnisse hatten.

Nun ist es eine bekannte Tatsache, dass häufig Studierende eine arbeitssparende Subspezies der Gattung Homo Sapiens darstellen; einer der Autoren bekennt reuig, dass er selbst im Verlauf seines Mathematikstudiums regelmäßig Lösungen von Beweisaufgaben von großzügigen Kommilitonen schlicht abgeschrieben hat (diese freilich auch von ihm). Außerdem ist die Eigenschaft des Arbeitssparens natürlich nicht nur bei Studierenden zu beobachten und nicht nur bei Programmierern. Als Wissenschaftler und Lehrende wissen wir allerdings auch, wie fatal ein derartiges Verhalten ist, wenn es darum geht, eigene Programme zu konstruieren und diese in den logischen Grundzügen nicht zu verstehen. Dem praktischen Desaster sind damit Tür und Tor geöffnet. Insbesondere ist es dann auch nicht möglich, die Ursache für Fehler des Programms zu erkennen, geschweige denn die Fehler zu beseitigen.

Es ist ein angenehmer Umstand, dass das Internet nicht nur alle möglichen Informationen zur Verfügung stellt, sondern dass auch in zunehmendem Maße ganze Programmteile in Form von Klassen, Prozeduren und Bibliotheken unmittelbar aus dem Internet übernommen werden können. Sofern es sich dabei um Routineangelegenheiten handelt, ist dagegen auch gar nichts zu sagen. Das gilt auch und insbesondere für die Techniken, um deren Programmierung es in diesem Buch geht. Wenn jedoch eine Übernahme vorgefertigter Lösungen nicht einfach

---

[1]  Wir verwenden in diesem Buch wie auch in unseren anderen deutschsprachigen Büchern nur die männliche Form des Singulars und Plurals, um die Lektüre nicht durch „Studenten/-innen" oder die grausliche Sprachschöpfung „StudentInnen" zu erschweren. Bei der Lektüre eines Buches über Didaktik der Informatik stießen wir sogar auf die interessante Wortschöpfung „Prozessorin" (das ist nicht etwa ein Tippfehler für „Professorin", sondern ist wirklich als feministische Variante zu „Prozessor" gemeint). In der kleinen Geschichte kann es also auch eine Studentin gewesen sein. Damit die beiden männlichen Autoren nicht der Frauenfeindlichkeit verdächtigt werden, sei betont, dass Christina Klüver ausdrücklich die von uns gewählte Sprachform verlangt hat.

nur eine lästige, aber durchaus verstandene Routine ersparen soll, sondern das eigene Verständnis und das eigene Denken ersetzt, dann wird es in jeder Hinsicht kritisch.

Aus Jahrhunderten didaktischer Praxis und allen möglichen Lehr- und Lernerfahrungen ist hinlänglich bekannt, dass das eigene Verständnis am besten dadurch realisiert wird, indem man nicht einfach rezeptiv kluge Worte und Orientierungen geduldig übernimmt, sondern selbst praktische Erfahrungen sammelt, also etwas tut. Das Zitat von Kästner drückt dies besonders schön aus. Wir haben deswegen dies Buch folgendermaßen konzipiert:

In jedem Kapitel erhalten Sie in Form von Stichworten kurze Erläuterungen, worum es jeweils geht. Was also ist ein Zellularautomat, was sind neuronale Netze, was sind evolutionäre Algorithmen usf. Es muss jedoch noch einmal betont werden, dass es sich hier nur um Stichworte handelt. Für genauere Beschreibungen dieser künstlichen Systeme und deren theoretische Analysen verweisen wir, wie schon im Vorwort, ausdrücklich auf unser Buch „Modellierung komplexer Prozesse durch naturanaloge Verfahren". Anschließend wird gezeigt, wie zuerst die logischen Grundbausteine der jeweiligen Techniken programmiert werden können, also z.B. eine Zelle und ein Zellengitter bei Zellularautomaten oder ein künstliches Neuron für ein neuronales Netz. Der nächste Schritt ist dann die Kombination der Grundbausteine zu einfachen Programmteilen wie z.B. die Anwendung der sog. genetischen Operatoren auf künstliche Chromosomen, dargestellt als Vektoren, bei evolutionären Algorithmen. Am Ende folgen dann in Form von Beispielen ganze Programme, die noch einmal die Programmierlogik für die jeweiligen Techniken darstellen. Um Ihnen die erwähnte eigene Tätigkeit zu ermöglichen, haben wir Aufgaben formuliert, an denen Sie erproben können, inwiefern Sie unsere Hinweise in eigene Programme umsetzen können.[2] Aus leidvollen Erfahrungen bei der Realisierung eigener Programme wissen wir, was alles dabei schief gehen kann bzw. gemäß dem Gesetz von Murphy ziemlich sicher schief gehen wird.

Neben den oben erwähnten, eher melancholisch stimmenden Erfahrungen haben wir natürlich auch jede Menge von engagierten Studierenden erlebt, die sehr gerne selbst Programme realisieren wollten. Nicht zufällig haben wir dabei nicht nur von Programmieranfängern, sondern auch von erfahrenen Programmierern gehört, dass die Programmierung der von uns thematisierten Techniken alles andere als selbstverständlich ist. Die Programmierungsprobleme bei naturanalogen Verfahren, die häufig auch terminologisch sehr unglücklich als „Soft Computing" bezeichnet werden, weichen nun einmal von den Standardaufgaben in der Informatik zuweilen sehr deutlich ab. Das ist sogar der zentrale Grund, warum wir uns entschlossen haben, dies Buch zu schreiben: Immer wieder wurden wir von Studierenden sowohl an unserer Universität als auch in Onlinekursen gefragt, ob wir ihnen nicht einschlägige Lehrbücher für das Programmieren dieser Techniken nennen könnten. Das konnten wir nicht, da es keine gab, bis auf einige wenige veraltete Ausnahmen. Auch ein Rezensent unseres Buchs bei Amazon bemerkte bedauernd, dass es in unserem von ihm sonst sehr gelobten Buch keine Programmbeispiele gibt. Also wandten wir das Zitat von Kästner kurzerhand auf uns selbst an; das Ergebnis liegt vor Ihnen. Wir hoffen, auch den Amazon-Rezensenten damit nachträglich zufrieden stellen zu können.

---

[2]    Für lerntheoretisch interessierte Leser sei angemerkt, dass wir hier einer sog. strukturellen Didaktik folgen, bei der das didaktische Vorgehen durch die logische Struktur des Themengebiets bestimmt wird.

Aus diesem Grund geben wir Ihnen in diesem Buch auch keine weiterführenden Literaturhinweise, was zugegebenermaßen etwas ungewöhnlich ist. Zum einen, wie bemerkt, gibt es keine lohnenswerte Literatur für Programmiertechniken auf unserem Gebiet; zum anderen haben wir in unserem ersten Buch zahlreiche allgemeine Literaturhinweise zu den einzelnen Gebieten angegeben. Wir verweisen nur dort auf Literatur, wo wir unmittelbar etwas von anderen Autoren übernommen haben. Allerdings, übernehmen Sie dies Verfahren bitte nicht unbedingt für Ihre eigenen Publikationen oder studentischen Arbeiten.

Eine weitere kleine Geschichte aus unserer langjährigen Lehrpraxis soll Ihnen nicht vorenthalten werden: In einer anderen Prüfung stellte ein Student ein von ihm programmiertes Neuronales Netz vor und erklärte, dass er eine neue Version der sog. Backpropagation-Regel verwendet hatte (s. das Kapitel über Neuronale Netze). Es überrascht Sie jetzt wohl nicht mehr, dass besagter Student als fleißiger Benutzer des Internet nicht nur nicht sagen konnte, was denn der Vorteil seiner Version gegenüber der Standardregel ist, sondern dass er auch das mathematische Verfahren dieser Standardlernregel in keiner Weise verstanden hatte. Nun muss man diesem Studenten konzedieren, dass diese Regel in der Tat nicht ganz einfach zu verstehen ist und vor allem, dass in den üblichen Lehrbüchern die mathematischen Grundlagen derartiger Algorithmen, wenn überhaupt, nur kursorisch dargestellt und praktisch nie erklärt werden.[3]

Wir haben uns deswegen entschlossen, in mehren Fällen genauer auf mathematische Grundlagen und spezielle Berechnungsverfahren einzugehen, insbesondere auch auf besagte Lernregel. Uns ist natürlich bewusst, dass dies manche Leser abschrecken kann, da Mathematik auch für Informatiker und andere an Programmiertechniken interessierte Studierende und Praktiker häufig leider abschreckend wirkt. Der große britische Mathematiker und Physiker Roger Penrose illustrierte dies einmal sehr treffend mit der Warnung seines Verlegers, dass jede Formel in einem Buch die Anzahl der potentiellen Leser jeweils um die Hälfte reduziert. Wegen der genannten Erfahrungen gehen wir trotzdem dies Risiko ein und verweisen auf den entsprechenden Hinweis von Penrose an seine Leser: Wenn Sie an den mathematischen Grundlagen nicht interessiert sind sondern vor allem an den Programmiertechniken, dann können Sie die mathematischen Darstellungen ohne jedes Problem überspringen und sich ganz dem Programmieren widmen. Vielleicht haben Sie nach der Lektüre des gesamten Buchs dann doch Lust, sich den mehr mathematisch orientierten Textteilen zuzuwenden.

Man kann die von uns dargestellten Verfahren natürlich einfach für praktische Zwecke verwenden, ohne ihre theoretischen Grundlagen näher zu verstehen. Das ist dann eine Frage des praktischen Erkenntnisinteresses. Will man jedoch genauer und allgemeiner wissen, was man eigentlich bei Verwendung dieser Techniken für Werkzeuge benutzt, dann ist etwas Mathematik unumgänglich. Welch schöner Zufall, dass wir für derartige Leser bereits ein einschlägiges Buch geschrieben haben mit dem passenden Titel „Mathematisch-logische Grundlagen der Informatik" (Witten-Herdecke 2006, w3l Verlag). Wir empfehlen dies Buch guten Gewissens, weil wir bereits mehrfach von Lehrenden und Studierenden gehört haben, dass sie durch dies Buch wieder oder zum ersten Mal Spaß an Mathematik gehabt hatten. Ein größeres Kompliment kann man als Autor doch gar nicht

---

[3]  Für den Fall der Backpropagation-Regel müssen wir selbstkritisch anmerken, dass auch wir diese in unserem erwähnten Buch nicht exakt erklärt bzw. mathematisch abgeleitet haben.

erhalten, insbesondere wenn es u.a. von einer Studentin kam, die ihrer Aussage nach immer einen Horror vor Mathematik gehabt hatte.

Strukturell folgt dies neue Buch unserem ersten Buch, so dass Sie, falls Sie wollen, die beiden Bücher parallel lesen können. Unabhängig davon, dass wir uns natürlich viele Leser für beide Bücher wünschen, können Sie durch dies Verfahren sowohl die notwendigen inhaltlichen Informationen über die einzelnen Themen bekommen als auch dazu die jeweiligen Programmiertechniken. Insofern ergänzen sich die beiden Bücher wechselseitig, indem die allgemeinen Darstellungen im ersten Buch konkretisiert werden durch die Programmbeispiele im zweiten und die Programmbeispiele allgemein verständlich werden durch die Darstellungen im ersten.

Zwei wichtige Lektürehinweise dürfen nicht fehlen:

Wir erleben seit einiger Zeit eine Inflation von neuen Programmiersprachen. Auch wenn viele von ihnen eigentlich „nur" Varianten bzw. Weiterentwicklungen bestimmter Standardsprachen wie z.B. C oder JAVA sind, unterscheiden sie sich leider dann doch immer wieder in verschiedenen Aspekten. In einem Buch über Programmiertechniken ist es deswegen völlig unmöglich, die Beispiele für Codes in allen wichtigen Sprachen zu geben. Das würde das Buch rasch unlesbar machen und vermutlich auch jeden akzeptablen Umfang sprengen. Aus diesen und anderen Gründen haben wir uns für ein anderes Vorgehen entschlossen: Fast alle Beispiele sind in Form von kommentierten Pseudocodes in einer an FORTRAN 95 orientierten Darstellung gegeben. Wie der Name schon sagt, nämlich Formula Translation, handelt es sich um eine Sprache, die sich (noch) sehr stark an den mathematischen Darstellungsweisen orientiert; diese sind nun einmal nach wie vor *der* universale Formalismus.[4] Wir glauben, dass unsere Beispiele auch für Leser relativ leicht zu verstehen sind, die sich in FORTRAN 95 selbst nicht auskennen. Um diesen Lesern jedoch das Verständnis zu erleichtern, haben wir im Anhang A Hinweise gegeben, wie die einzelnen von uns verwendeten Zeichen zu verstehen sind. Bevor Sie sich also mit den einzelnen Programmbeispielen vertraut machen, sollten Sie sich diesen Anhang zu Gemüte führen.

Programmiersprachen kommen und gehen, mathematische Symbolismen und Formalismen jedoch bleiben. Deswegen, so hoffen wir, sind unsere Darstellungen in FORTRAN auch dann noch verwendbar, wenn die gegenwärtig aktuellen Sprachen schon wieder vergessen sind. Für diejenigen Leser, die mit mehr objektorientierten Sprachen vertraut sind, haben wir immer wieder einschlägige Hinweise gegeben.

Im Übrigen hat die von uns gewählte Darstellung, orientiert an FOTRAN, noch einen weiteren Vorzug: Nach unseren Erfahrungen nicht nur mit Studierenden ist es häufig eine Sache, einen komplexen Sachverhalt in mathematischen Formeln bzw. mathematisch dargestellten Algorithmen zu repräsentieren; eine andere Sache ist es dann, wie man von der Formel zum entsprechenden Programm kommt. Die von uns gewählte FORTRAN-Darstellung ist auch häufig ein heuristischer Hinweis darauf, wie man den Schritt von der Formel zum Programm leichter vollziehen kann.

Komplementär zu unserer Bevorzugung „zeitloser" Darstellungen kann es natürlich auch recht nützlich sein, einige unserer Programmbeispiele in aktuellen

---

[4]   Deswegen wird FORTRAN vor allem von Naturwissenschaftlern und Mathematikern benutzt.

Sprachen wie einer JAVA-Version oder C-# zu studieren. Verschiedene unserer Studenten haben angeboten, derartige Beispiele zu programmieren und auf unsere Homepage zu stellen. Klicken Sie also, wenn Sie daran interessiert sind, dort einmal an und erfreuen sich an dem Engagement unserer Studenten: www.cobasc.de.

Ein zweites Problem ist das der Anlage und Durchführung von Experimenten. Wir empfehlen nicht nur in diesem Buch immer wieder, die eigenen Programme durch Experimente zu überprüfen bzw., wie man so schön sagt, zu validieren. Wenn man jedoch nicht aus einer Experimentalwissenschaft kommt, ist nicht unbedingt klar, wie man Experimente anlegt und auswertet. Auch das haben uns unsere Erfahrungen mit vielen Studenten gelehrt. Im Anhang B haben wir deswegen einige grundsätzliche Hinweise zu diesem Thema gegeben. Wenn Sie also Experimente mit einem Ihrer eigenen Programme durchführen wollen und von Ihrem intellektuellen Hintergrund her mit experimentellen Verfahren nicht vertraut sind, sollten Sie sich diesen Anhang ebenfalls zu Herzen nehmen.

Ein rechtlicher Hinweis darf leider nicht fehlen:

Wir weisen darauf hin, dass die Fehlerfreiheit der Code-Beispiele nicht vollständig garantiert werden kann und dass wir keine Haftung für eventuelle Schäden übernehmen, die bei der Verwendung der Code-Beispiele entstehen.

Abschließend wünschen wir Ihnen möglichst viel Vergnügen daran, selbst zu programmieren und Ihre Programme zu erproben.

# 2 Boolesche Netze und Zellularautomaten

## 2.1 Boolesche Netze – ein Prototyp iterativer diskreter Systeme

Um mathematische Modellierungen durch dynamische Systeme zu verstehen, mit deren Umsetzung in Programme sich dieses Buch vorwiegend beschäftigt, ist es vorteilhaft, von einem sehr allgemeinen, gleichwohl aber einfachen Grundtyp auszugehen. Ein solches System sind die sogenannten *Booleschen Netze*. Bevor jedoch die spezifischen Bausteine und Eigenschaften der Booleschen Netze behandelt werden, soll deren Grundprinzip, das für die meisten hier vorgestellten Modellierungen ebenfalls ein Fundament bildet, in etwas allgemeinerer Form dargestellt werden.

Bei Booleschen Netzen handelt es sich wie bei vielen anderen zur Modellierung dynamischer Prozesse eingesetzten mathematischen Systemen um *iterative, diskrete, rekursive Systeme* oder anders ausgedrückt um eine bestimmte Erweiterung rekursiver Zahlenfolgen.

Dynamische Systeme bestehen in der Regel aus *mehreren* Elementen, für die man definieren kann:

- einen *Gesamtzustand* des Systems, im allgemeinen als Vektor, dessen Komponenten die Zustände der einzelnen Systemelemente sind; der *Zustandsvektor des Systems* hat demnach genau so viele Komponenten wie das System Elemente;

- die den einzelnen Systemelementen zugeordneten *Transformationsfunktionen*, die angeben, wie der Zustand des Systemelements sich bei einem Iterationsschritt in Abhängigkeit von den Interaktionen mit anderen Systemelementen verändert;

- eine *Interaktionsstruktur*, die definiert, welche Elemente jeweils die Umgebung eines bestimmten Elements bilden, und gegebenenfalls, in welcher Weise diese bei der Berechnung des Folgezustands durch die Transformationsfunktion einzubeziehen sind;

- eine *Iterationsprozedur (Ablaufmodus, update Schema)*, die angibt, nach welchem Verfahren und in welcher Reihenfolge im Falle mehrerer Elemente eines Systems die Transformationsfunktion angewendet werden soll, m.a.W., wie das "Update" des Systems zu organisieren ist.

Die Betrachtung des speziellen Systems "Boolesches Netz" soll diese etwas allgemeineren Ausführungen konkretisieren.

Eine übliche grafische Darstellung eines Boolesches Netzes sieht beispielsweise so aus (vgl. Stoica-Klüver u.a. 2009, 35ff.):

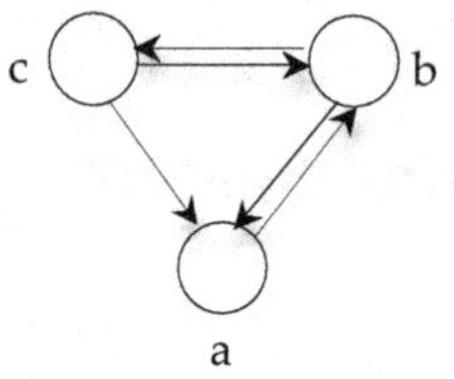

zugeordnete Funktionen:

$c(t+1) = NOT\ b(t)$

$b(t+1) = a(t)\ XOR\ c(t)$

$a(t+1) = b(t)\ OR\ c(t)$

**Abbildung 2-1:** Ein einfaches Boolesches Netz und seine Transformationsfunktionen. Mit a(t), a(t+1) usf. seien die Zustände der Knoten zu den Zeitpunkten t und t+1 bezeichnet.

Ein solches Boolesches Netz besteht allgemein formuliert aus N Elementen (hier meist als Einheiten oder auch als Knoten bezeichnet), deren Zustände binär sind und als Wahrheitswerte, also als "wahr" oder "falsch" bzw. 1 oder 0 interpretiert werden. In der Abb. 2-1 ist N = 3; die 3 Knoten a, b und c sind als Kreise dargestellt.

Die N Einheiten sind geordnet (z.B. durch eine Nummerierung wie a, b, c im Beispiel) und durch gerichtete Kanten miteinander verknüpft. Diese Verknüpfungsstruktur aus Knoten und gerichteten Kanten bildet die Interaktionstruktur des Booleschen Netzes. Sie wird mathematisch durch einen Digraphen, also durch einen Graphen mit gerichteten Verknüpfungen (Kanten) zwischen den Ecken repräsentiert.

> Den Knoten ist als Transformationsfunktion jeweils eine logische Funktion (Boolesche Funktion, daher der Name) zugeordnet. Die Transformationsfunktion eines Knotens gibt an, wie der in der Iteration als nächster folgende Zustand des Knotens aus den bestehenden Zuständen der Knoten[5] berechnet wird.

Die Iterationsprozedur gibt an, in welcher Reihenfolge die Zustände der Einheiten durch eine Boolesche Funktion durch die Zustände derjenigen Einheiten neu bestimmt werden, von denen gerichtete Kanten auf die jeweilige Einheit zeigen.

Die genannten Komponenten eines Booleschen Netzes sollen im Folgenden näher bestimmt und durch Hinweise auf ihre mögliche Umsetzung in Programme konkretisiert werden.

## 2.1.1   Boolesche Funktionen

Boolesche Funktionen stammen aus der so genannten Aussagenlogik, wo sie als Junktoren bezeichnet werden. Die Aussagenlogik beschäftigt sich mit der Verknüpfung bestimmter Sätze, den sog. "Aussagen". Dies sind Sätze, die "wahr" oder "falsch" sein können, wie z.B. "Es regnet", oder "Die Sonne scheint ". Sätze von der Form von Aussagen haben im Prinzip einen dieser beiden "Wahrheitswerte", also wahr oder falsch, die häufig mit w und f (engl. t = true und f = false) symbolisiert werden. Hier wird die binäre Notation mit 1 für w und 0 für f

---

[5]     Hierbei können je nach Funktion ein oder mehrere weitere Knoten berücksichtigt werden. Im Beispiel hängt die dem Knoten a zugeordnete Disjunktions-Funktion von den Zuständen der beiden Nachbarknoten ab. Gegebenenfalls kann auch der Zustand des Knotens selbst, dem die Funktion zugeordnet ist, berücksichtigt werden; in der Interaktionsstruktur ist dann der betreffende Knoten durch eine Schleife mit sich selbst verknüpft.

verwendet, was für die Programmierung zweckmäßiger ist. Da es in der klassischen Aussagenlogik nur die beiden Werte 1 und 0 gibt, spricht man in diesem Fall von einer zweiwertigen Logik.

> Das Gegenstandsgebiet der Aussagenlogik ist die Untersuchung, welche Kombinationen von Wahrheitswerten sich dadurch ergeben, dass man Aussagen auf bestimmte Weisen verknüpft.

Diese Verknüpfungen werden durch die Junktoren repräsentiert.

Nehmen wir zwei Aussagen, bezeichnet mit den Symbolen p und q, so können diese z.B. durch den zweistelligen Junktor "ODER", der Disjunktion (Symbol $\vee$) zu einer neuen Aussage r verknüpft werden. Der Wahrheitswert der Aussage r wird aus den Wahrheitswerten der Aussagen p und q bekanntlich mit Hilfe der Wahrheitsmatrix (auch: Wahrheits*tafel*) für den Junktor ermittelt. Im Falle der Disjunktion gilt folgende Wahrheitsmatrix[6]:

$$
\begin{array}{c|cc}
\vee & 0 & 1 \\
\hline
0 & 0 & 1 \\
1 & 1 & 1
\end{array}
$$

Zu lesen ist diese Matrix folgendermaßen: Die linke Spalte gibt die Wahrheitswerte für die erste Variable p an, die oberste Zeile die für die zweite Variable q; die 2 x 2 Matrix rechts unten zeigt die Wahrheitswerte der mit $\vee$ kombinierten Aussagen r.

Die Kombination von 1 und 1 ergibt, wie man sieht, 1 (beide Teilaussagen sind wahr); die Kombination von 1 und 0 ergibt wieder 1 (es reicht, dass eine Teilaussage wahr ist); entsprechend ergibt die Kombination von 0 und 1 wieder eine 1 und nur die Kombination zweier Nullen ergibt 0. Eine andere zweistellige Funktion ist z.B. das "UND", auch als logische Konjunktion (mit $\wedge$ symbolisiert) bezeichnet, mit folgender Wahrheitsmatrix:

$$
\begin{array}{c|cc}
\wedge & 0 & 1 \\
\hline
0 & 0 & 0 \\
1 & 0 & 1
\end{array}
$$

Mit $\wedge$ kombinierte Aussagen sind demnach wahr, wenn beide Teilaussagen wahr sind, 1 und 1 kombiniert, und sonst immer falsch.

Sie werden vermutlich erkannt haben, dass Sie Boolesche Funktionen offenbar durch Kombination einer Anzahl von Nullen und Einsen in der 2 x 2 Wahrheitsmatrix erzeugen können. Das ist in der Tat so, und es gibt – das wissen Sie hoffentlich noch aus der Kombinatorik – insgesamt $2^4 = 16$ mögliche Kombinationen bzw. Boolesche Funktionen – von "alles 0" bis "alles 1". Neben ODER und UND sind besonders die folgenden von Bedeutung:

---

[6]   Wir wählen hier eine Darstellung der Wahrheitstafel (erst 0 = falsch, dann 1=wahr), die sich an die übliche Indizierung von Matrizen anschließt. Beachten Sie, dass viele Autoren dies umgekehrt machen (erst 1 = w).

Implikation ($\to$, IMP, sprachlich: "wenn p, dann q"):

| $\to$ | 0 | 1 |
|---|---|---|
| 0 | 1 | 1 |
| 1 | 0 | 1 |

Eine Implikation ist nur dann falsch, wenn p wahr und q falsch ist; in allen anderen Fällen ist sie wahr.

Zwei weitere "Standardjunktoren" sind die Äquivalenz $\leftrightarrow$ sowie das ausschließende ODER, das in der international mittlerweile üblichen Notation mit XOR (exclusive or) bezeichnet wird.

Äquivalenz ($\leftrightarrow$, EQ ,sprachlich: "dann und nur dann, wenn"):

| $\leftrightarrow$ | 0 | 1 |
|---|---|---|
| 0 | 1 | 0 |
| 1 | 0 | 1 |

XOR ($\veebar$, exklusives Oder, sprachlich am besten wieder gegeben durch "entweder – oder"):

| $\veebar$ | 0 | 1 |
|---|---|---|
| 0 | 0 | 1 |
| 1 | 1 | 0 |

Im Gegensatz zur Disjunktion ist eine Verknüpfung mit XOR nur wahr, wenn entweder p oder q den Wert 1 annehmen, nicht aber beide, da dann die Gesamtaussage falsch ist, also den Wert 0 erhält.

Bei den zweistelligen Junktoren ist zu beachten, dass es jeweils 2 komplementäre Junktoren gibt, deren Matrix jeweils die Umkehrung (Vertauschung von 0 und 1) der Matrix des anderen ist. Äquivalenz und XOR sind dafür ein Beispiel.

Die Hälfte der 16 zweistelligen Booleschen Funktionen ist außerdem kommutativ bzw. symmetrisch, d.h. Sie können p und q vertauschen, ohne dass sich der Wahrheitswert ändert.

Das gilt beispielsweise *nicht* für die Implikation: wenn hier p $\to$ q gilt, kann daraus keinesfalls auch q $\to$ p gefolgert werden. Sie erkennen die Asymmetrie der Implikation auch daran, dass die Matrix – anders als die der vier vorgenannten Funktionen – nicht spiegelsymmetrisch zur Hauptdiagonale ist (das ist die Diagonale von links oben nach rechts unten).

Für die Verarbeitung von Wahrheitsmatrizen in Programmen kann es zweckmäßig sein, diese als eindimensionalen Binär-String (durch zeilenweises Auslesen) zu schreiben und diesen als Dezimalzahl darzustellen.

Für die Tautologie (s. Übersicht unten) ergeben so die beiden Zeilen zusammengefügt den Binärstring 1111, der als Dezimalzahl $15 = 1{\cdot}2^3 + 1{\cdot}2^2 + 1{\cdot}2^1 + 1{\cdot}2^0$ dargestellt werden kann.

Die Disjunktion wird dann beispielsweise zum String 0111 bzw. zur Dezimalzahl 7, für XOR erhält man den Binärstring 0110 bzw. die Dezimalzahl 6, für die Konjunktion 0001 oder dezimal 1.

In der folgenden Übersicht (Tab. 2-1a) sind alle zweistelligen Junktoren, die somit die Dezimalcodes 15 bis 0 tragen, aufgeführt, sowie Terme mit Standardfunktionen, durch die diese Junktoren substituiert werden können.

**Tabelle 2-1a:** Zweistellige Boolesche Funktionen

| Wahrheitsmatrix | Name | Symbol | Binärcode | Dezimalcode | Substitution |
|---|---|---|---|---|---|
| $\begin{pmatrix} 1 & 1 \\ 1 & 1 \end{pmatrix}$ | Tautologie | | 1111 | 15 | $q \vee \neg q$ |
| $\begin{pmatrix} 1 & 1 \\ 1 & 0 \end{pmatrix}$ | NAND (Sheffer-Strich) | $\uparrow$ | 1110 | 14 | $\neg p \vee \neg q$ |
| $\begin{pmatrix} 1 & 1 \\ 0 & 1 \end{pmatrix}$ | Implikation (Konditional) | $\rightarrow$ | 1101 | 13 | $\neg p \vee q$ |
| $\begin{pmatrix} 1 & 1 \\ 0 & 0 \end{pmatrix}$ | (Negation p) | $\neg$ | 1100 | 12 | $\neg p$ |
| $\begin{pmatrix} 1 & 0 \\ 1 & 1 \end{pmatrix}$ | Replikation | $\leftarrow$ | 1011 | 11 | $\neg p \rightarrow \neg q$ |
| $\begin{pmatrix} 1 & 0 \\ 1 & 0 \end{pmatrix}$ | (Negation q) | $\neg$ | 1010 | 10 | $\neg q$ |
| $\begin{pmatrix} 1 & 0 \\ 0 & 1 \end{pmatrix}$ | Äquivalenz (Bikonditional) | $\leftrightarrow$ | 1001 | 9 | $\neg p \veebar q$ |
| $\begin{pmatrix} 1 & 0 \\ 0 & 0 \end{pmatrix}$ | NOR (Peirce-Operator) | $\downarrow$ | 1000 | 8 | $\neg p \wedge \neg q$ |
| $\begin{pmatrix} 0 & 1 \\ 1 & 1 \end{pmatrix}$ | OR (Disjunktion) | $\vee$ | 0111 | 7 | $\neg p \bar{\wedge} \neg q$ |
| $\begin{pmatrix} 0 & 1 \\ 1 & 0 \end{pmatrix}$ | XOR (Kontravalenz) | $\veebar$ | 0110 | 6 | $(p \wedge \neg q) \vee (\neg p \wedge q)$ |
| $\begin{pmatrix} 0 & 1 \\ 0 & 1 \end{pmatrix}$ | (Identität q) | | 0101 | 5 | $q$ |
| $\begin{pmatrix} 0 & 1 \\ 0 & 0 \end{pmatrix}$ | Präsektion | | 0100 | 4 | $\neg p \wedge q$ |
| $\begin{pmatrix} 0 & 0 \\ 1 & 1 \end{pmatrix}$ | (Identität p) | | 0011 | 3 | $p$ |
| $\begin{pmatrix} 0 & 0 \\ 1 & 0 \end{pmatrix}$ | Postsektion | | 0010 | 2 | $p \wedge \neg q$ |
| $\begin{pmatrix} 0 & 0 \\ 0 & 1 \end{pmatrix}$ | AND (Konjunktion) | $\wedge$ | 0001 | 1 | $\neg p \veebar \neg q$ |
| $\begin{pmatrix} 0 & 0 \\ 0 & 0 \end{pmatrix}$ | Kontradiktion | | 0000 | 0 | $q \wedge \neg q$ |

Es gibt natürlich auch einstellige Boolesche Funktionen. Die 4 möglichen, die Tautologie, die Negation, die Identität und die Kontradiktion sind tabellarisch im Folgenden (Tab. 2-1b) aufgeführt:

**Tabelle 2-1b:** Einstellige Boolesche Funktionen

| Wahrheitsmatrix | Name | Symbol |
| --- | --- | --- |
| $\begin{pmatrix} 1 \\ 1 \end{pmatrix}$ | Tautologie | Taut |
| $\begin{pmatrix} 1 \\ 0 \end{pmatrix}$ | Negation | $\neg$ |
| $\begin{pmatrix} 0 \\ 1 \end{pmatrix}$ | Identität | Id |
| $\begin{pmatrix} 0 \\ 0 \end{pmatrix}$ | Kontradiktion | Kontr |

Die Wahrheitsmatrix, hier ein Spaltenvektor, enthält von oben nach unten die Werte für $p = 0$ und $p = 1$.

Die Negation macht also aus einer Aussage eine andere, indem die Wahrheitswerte umgekehrt werden; die Identität belässt die Werte.

Die einstelligen Junktoren sind gewissermaßen in der Menge der zweistelligen enthalten. Tautologie, Negation, Identität und Kontradiktion können durch die zweistelligen Junktoren mit den Dezimalcodes 15, 12, 3 und 0 ersetzt werden, da es bei diesen auf den Wert der zweiten Variablen q nicht ankommt.

So ist beispielsweise die Matrix Nr. 12 (zweistellige Negation) nichts anderes als zwei nebeneinandergestellte Matrizen / Spaltenvektoren der einstelligen Negation.

Wenn man in einem Programm zweistellige und einstellige Funktionen verarbeiten muss, kann man also die einstelligen Funktionen durch die entsprechenden zweistelligen ersetzen; man kommt mit anderen Worten also mit 16 Funktionen aus.

Man kann selbstverständlich auch Funktionen für die Verknüpfung von 3 oder mehr Aussagen konstruieren. Allgemein ist die Zahl der n-stelligen Junktoren gleich

$$2^{2^n}.$$

Drei- und mehrstellige Boolesche Funktionen sind nicht sehr anschaulich. Für Untersuchungen formaler Eigenschaften dieser logischen Funktionen genügt es jedoch häufig, sich auf die zweistelligen Funktionen zu beschränken, denn man kann zeigen:

> Jede n-stellige logische Funktion lässt sich durch Kombinationen zweistelliger Funktionen darstellen.

Deshalb werden wir uns im Folgenden auf Boolesche Netze mit zwei- und einstelligen Funktionen beschränken.

In Programmen können Junktoren, repräsentiert durch ihre Wahrheitstafeln, am einfachsten durch Arrays (Vektoren oder Matrizen) dargestellt werden[7]. Dasselbe gilt auch für den Systemzustand sowie die Interaktionstruktur eines Booleschen Netzes.

Da die Booleschen Funktionen im Netz die Zustände der Einheiten des Netzes transformieren, sei die Repräsentation durch Arrays im Vorgriff auf die nachfolgenden Kapitel zunächst am Systemzustand beschrieben: Die – im Laufe der Iteration des Booleschen Netzes veränderlichen – Zustände $s_i$ der n einzelnen Elemente (Einheiten eines Netzes) werden in der Reihenfolge der Nummerierung der Einheiten zu einem Vektor $S = (s_1, s_2, ......., s_n)$ zusammengefasst. In Programmiersprachen tauchen Vektoren als eindimensionale Arrays, geschrieben z.B. als S[ ] oder S(:), auf[8].

Die Wahrheitstafeln werden als Matrizen, also zweidimensionale Arrays, dargestellt, z.B. W[ ][ ] oder W(:,:).

Angenommen der Einheit a in der obigen Abb. 2-1, die den Index bzw. die Nummer 1 tragen möge, sei die Funktion "OR" zugeordnet, dann würde die Funktion als Matrix

$$W = \begin{pmatrix} 0 & 1 \\ 1 & 1 \end{pmatrix}$$

im Programm erscheinen.

Die Funktionen bzw. Matrizen, die den n Einheiten des Booleschen Netzes zugeordnet sind, müssen auch im Programm den Einheiten zugeordnet sein; das kann beispielsweise durch Hinzufügen eines weiteren Index, der die n Einheiten bezeichnet, geschehen. Man erhält dann eine dreidimensionale Matrix, in der anschaulichen Schreibweise von FORTRAN[9] W(1: n,0:1,0:1).

Für das Beispiel-Netz in Abb. 2-1 kann man sich die 3×2×2-Matrix perspektivisch wie folgt veranschaulichen:

---

[7]    Durch die Dezimalzahl-Darstellung (s.o. Tabelle) können die Arrays in eine eindeutige Reihenfolge gebracht und mit den Dezimalzahlen als Index aufgerufen werden. Man kann natürlich aus der Dezimalzahl allein schon jeweils den Array/die Matrix rekonstruieren, braucht also die Wahrheitsmatrizen selbst gar nicht zu speichern.

[8]    Hier muss auf den unterschiedlichen Gebrauch des Begriffs "Dimension" hingewiesen werden. In der Mathematik werden z.B. Koordinaten im $R^3$ als $P = (x, y, z)$ dargestellt, und der Raum und der Vektor $(x, y, z)$ werden als dreidimensional bezeichnet; die Dimension wäre dort also die Anzahl der Elemente eines Vektors. Diese wird in Programmiersprachen häufig *size* (Größe) des Arrays genannt, während dort unter *dimension* die Anzahl der Indizes des Arrays verstanden wird.

Der Vektor S wird dann als Array der Dimension 1 und der Größe n, eine Matrix $(a_{ij})$ als Array der Dimension 2 und eine Matrix $(a_{ijk})$ als dreidimensionaler Array definiert.

[9]    Die Schreibweise bedeutet: es handelt sich um eine 3dimensionale Matrix (3 durch Kommata getrennte Dimensionsangaben) der Größe n∗2∗2, bei der die Indizes von 1 bis n, von 0 bis 1 und von 0 bis 1 laufen. Zur FORTRAN-Schreibweise siehe Anhang A.

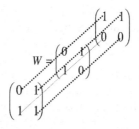

Die 2×2-Untermatrix $W(1,:,:)$ vorn/unten trägt den Index $i = 1$ und repräsentiert die zum Knoten a gehörige Disjunktion, die mittlere Untermatrix $W(2,:,:)$ die zum Knoten b gehörige XOR-Funktion und die hintere/obere Untermatrix $W(3,:,:)$ ist die zu c gehörige Negation ¬ b (als zweidimensionale Wahrheitsmatrix, s.o.).

Nehmen wir an, dass wie im Beispiel der Abb. 2-1 die Einheiten b (bzw. Nr. 2) mit einem Zustand (Wahrheits-Wert) zum Zeitpunkt t von 1 und c (Nr.3), mit einem Zustand 0 auf die Einheit a (Nr.1) einwirken.

Dann muss im Programm lediglich das Matrixelement $W(1, 1, 0)$ aufgerufen werden, das den gesuchten, nämlich sich aufgrund der Einwirkung von b und c auf a und der a zugeordneten Booleschen Funktion "OR" ergebenden Wahrheitswert darstellt.

Schreibt man es allgemein und, wenn die Zustände von b und c mit s(2, t), s(3, t) bezeichnet werden und der neue Zustand von a (Nr.1) als s(1, t+1), so ergibt sich:

$$s(1, t+1) = W\big(1, s(2,t), s(3,t)\big).$$

Entsprechend ergeben sich die Gleichungen für s(2, t+1) und s(3, t+1).

Hierbei ist die Reihenfolge der Einheiten in der Funktion W bei allen asymmetrischen Wahrheitsmatrizen, also z.B. bei der Implikation, zu beachten; im allgemeinen Fall gilt nämlich

$$W\big(n, s(i, t), s(j, t)\big) \neq W\big(n, s(j, t), s(i, t)\big).$$

In manchen Programmiersprachen, in denen das Rechnen mit 3- und mehrdimensionalen Matrizen unvorteilhaft ist, kann man auf entsprechende Listen ausweichen. Eine andere, elegante Möglichkeit besteht darin, die Matrix zeilenweise auszulesen[10], so dass ein eindimensionaler Vektor bzw. ein Binärstring entsteht. Dieser kann nun wiederum (wie weiter oben gezeigt) als Dezimalzahl dargestellt und gespeichert werden. Man erhält dadurch eine eindeutige Nummerierung der Matrizen und die Möglichkeit, Matrizen in einfachen Schleifen aufzurufen.

Aus einem Zustandsvektor (1, 0, 0, 1) wird so die Zahl 1001 (binär) oder 9 (dezimal). Aus der Wahrheitsmatrix, die zeilenweise abgelesen wird, wird so, wie schon oben erwähnt, beispielsweise für XOR der Binärstring 0110 bzw. die Dezimalzahl 6, für die Konjunktion 0001 oder dezimal 1.

Die so generierten Dezimalzahlen können bequem zur Nummerierung der Booleschen Funktionen und Zustände dienen.

---

[10]    Das gilt natürlich so einfach nur bei zweidimensionalen Matrizen. Bei höherdimensionalen Matrizen gibt es aber entsprechende Auslese-Schemata.

Anstelle des dreidimensionalen Arrays $W(n, i, j)$ werden dann die zugeordneten Funktionen entweder als Binärzahl oder als Dezimalcode in einem eindimensionalen Array $V'(n)$ gespeichert.

Aus der dreidimensionalen Matrix W für das Beispielnetz von Abb. 2-1 erhält man damit den Vektor

$$V' = (0111, 0110, 1100) \text{ bzw. } V_{dec} = (7, 6, 12).$$

Bei der Anwendung der Funktion $W(n, i, j)$ auf einen Knoten n wird die n-te Komponente des Vektors $V_{dec}$ in einen Vektor V umgewandelt, der die Ziffern des zugehörigen Binärstrings als Komponenten enthält. Der sich aus den Zuständen $s(t, i)$ und $s(t, j)$ der inzidierenden Einheiten i und j ergebende Zustand $s(t+1, n)$ ist die Komponente von V mit dem Index $k = 4 - 2s(t, i) - s(t, j)$, falls V ab 1 indiziert ist[11].

Am Beispiel der Einheit a von Abb. 2-1 sähe das bei den oben angegebenen Anfangszuständen $s(t, 2) = 1$ und $s(t, 3) = 0$ folgendermaßen aus:

$$V_{dec}(1) = 7;$$

daraus folgt, da 7 binär als 0111 zu schreiben ist,

$$V = (0, 1, 1, 1) \text{ und mit}$$

$$k = 4 - 2 \cdot 1 - 0 = 2 \text{ folgt, dass der neue Zustand von a}$$

$$s(t+1, 1) = V(2) = 1$$

ist.

Ob diese Transformations-Berechnung durch Dezimalcodierung in der von Ihnen verwendeten Programmiersprache gegenüber dem Arbeiten mit den vollständigen Matrizen Vorteile bietet, müssen Sie selbst entscheiden bzw. ausprobieren[12].

Damit soll der kleine Exkurs zur Erläuterung der Booleschen Funktionen abgeschlossen sein.

Im Beispiel-Netz sei hinsichtlich der nachfolgenden Überlegungen immer angenommen, dass den Einheiten a, b, c die Funktionen Disjunktion (OR), ausschließendes Oder (XOR) und Negation (NOT) zugeordnet sind, wie in Abb. 2-1 gezeichnet.

### 2.1.2    Boolesche Netze: Interaktionsstruktur

Bei Booleschen Netzen ist die Wechselwirkung zwischen den Einheiten im Allgemeinen nicht homogen und auch nicht symmetrisch.

In einem Booleschen Netz wird für jede Einheit gesondert und in der Regel auch unterschiedlich definiert, mit welchen anderen sie in Wechselwirkung steht. In der grafischen Darstellung von Booleschen Netzen (siehe weiter unten) wird dies durch entsprechende Pfeile symbolisiert. Die Interaktionsstruktur wird durch einen gerichteten Graphen (Digraphen) mit so vielen Ecken, wie es Einheiten / Knoten im Netz gibt, repräsentiert. Die Anzahl der Kanten des repräsentierenden Digraphen und deren Orientierung richten sich nach der Zahl der Wechsel-

---

[11]    Der Fall höherdimensionaler Matrizen lässt sich analog behandeln.

[12]    Die Dezimalcodierung kann vor allem bei der Speicherung von Systemzuständen und der Suche von Perioden günstig sein.

wirkungen und damit nach den Booleschen Funktionen, die den Einheiten zugeordnet sind; allgemeine Einschränkungen für die Kanten gibt es nicht.

Aufgrund dieser sehr allgemeinen Topologie sind Boolesche Netze, die Kauffman (1993) unter der Bezeichnung NK-Systeme bekannt gemacht hat (N ist die Anzahl der Einheiten und K die Anzahl der Verbindungen, also die Umgebungsgröße), besonders geeignet, um unsymmetrische und inhomogene Wechselwirkungen zu simulieren, wie man sie beispielsweise häufig bei sozialen Gruppen oder ökonomischen Beziehungen vorfindet (Näheres siehe bei Stoica-Klüver u.a. 2009, 35ff.).

Betrachten wir noch einmal das einfache Boolesche Netz aus Abb. 2-1.

Dieses Boolesche Netz enthält 3 Einheiten a, b, c. Die Topologie des Booleschen Netzes ist die eines Digraphen (gerichteten Graphen) mit 3 Ecken.

**Tabelle 2-2:** Interaktionen im Booleschen Netz der Abb. 2-1

|   | a | b | c |
|---|---|---|---|
| a | 0 | 1 | 1 |
| b | 1 | 0 | 1 |
| c | 0 | 1 | 0 |

Die tabellarisch dargestellten Interaktionen werden üblicherweise durch eine Adjazenzmatrix $A = (a_{ij})$ repräsentiert[13], wo die Label a, b, c.... der Einheiten durch die Indizes 1, 2, 3.... ersetzt sind:

$$A = \begin{pmatrix} 0 & 1 & 1 \\ 1 & 0 & 1 \\ 0 & 1 & 0 \end{pmatrix}.$$

In der Matrix bedeutet $a_{ij} = 1$, dass zur Einheit i eine gerichtete Kante (als Pfeil gezeichnet) von der Einheit j führt, oder anders formuliert, Einheit j beeinflusst i. $a_{ij} = 0$ heißt natürlich, dass es keine gerichtete Kante von j zu i gibt. Eine gerichtete Kante kann auch reflexiv zur Einheit zurückführen; liegt eine solche Schleife vor, dann ist ein Diagonalelement der Adjazenzmatrix $a_{ii} = 1$.

Bei der Programmierung des Booleschen Netzes muss zur Transformation des Zustandes einer jeden Einheit abgefragt werden, welche Kanten jeweils inzidieren, d.h. von welchen anderen Einheiten Interaktionen zu dieser Einheit existieren. Für eine Einheit i, notiert in der Zeile i von A, muss daher bestimmt werden, an welchen Spalten j von A eine 1 steht. Das sieht im Quellcode – hier einmal in JAVA-Schreibweise – für den Fall *zweistelliger* Boolescher Funktionen ungefähr so aus:

---

[13]  Beachten Sie die hier gewählte Aufstellung: Element a (Zeile) "empfängt" Interaktionen von b und c (Spalten). In der Literatur wird oft auch die umgekehrte Anordnung gewählt.

**Code-Beispiel 2.1-1**

```
for(int i=1;i<N+1;i++){          //durchläuft alle Einheiten i=1 bis N
    m=0;
    for(int j=1;j<N+1;j++) {
        if(A[i][j]==1)
            {m=m+1;index[m]=j;}
    }
// Index des gesuchten Wertes in der 1dim. Darstellung. Der
// Wahrheitsmatrix V[   ] ;
// siehe dazu die Erläuterungen zu V[ ] und k am Ende des Kapitels 2.1.1.
    k = 4 - 2*s_alt[index[1]] - s_alt[index[2]];
// s_alt[] bestehender Zustand der Einheit
    s_neu = V[k];                    //neuer Zustand der Einheit i
}                                    //Ende des Durchlaufs aller Einheiten
```

Der Array index[ ] muss im allgemeinen Fall so groß sein wie die Anzahl der inzidierenden Kanten bzw. eingehenden Verknüpfungen, und diese muss mit der Stelligkeit der der Einheit zugeordneten Booleschen Funktion übereinstimmen. Mit anderen Worten, die Summe der Zeile i der Adjazenzmatrix muss gleich der Stelligkeit der der Einheit i zugeordneten Funktion sein; im Programm sollte das zu Beginn überprüft werden.

Der Vektor V[ ], der die eindimensionale Darstellung der Wahrheitsmatrix der zugeordneten Booleschen Funktion enthält, kann jeweils durch eine entsprechende Methode aus dem für i aufgerufenen Dezimalcode der Booleschen Funktion W[i] innerhalb der i-Schleife im Beispielcode generiert werden; dann muss bei jedem Iterationsschritt des Booleschen Netzes diese Methode erneut aufgerufen werden. Je nach verwendeter Programmiersprache kann es jedoch auch schneller sein, einen *zweidimensionalen* Array V[i][k] *einmalig vor* allen Schleifen zu erzeugen; dann hieße die entsprechende Programmzeile

s_neu = V[i][k];

Der Dezimalcode W[i] für die Booleschen Funktionen würde dann nur für eine bequeme, gegebenenfalls interaktive Eingabe der Booleschen Funktionen[14] verwendet.

Beachten Sie unbedingt, dass es bei Booleschen Netzen, wenn der Einheit eine *unsymmetrische* Boolesche Funktion zugeordnet ist, immer auf die *Reihenfolge* der Inzidenzen ankommt, also ob a erst von b und dann von c beeinflusst wird oder umgekehrt.

Das Boolesche Netz des Beispiels Abb. 2-1 enthält *keine* unsymmetrische Funktion. Beachten Sie aber: seine topologische Struktur, also der zugrunde liegende Digraph, ist allerdings asymmetrisch; c wirkt auf a ein, aber a nicht auf c.

Neben der Adjazenzmatrix ist auch alternativ die Darstellung der Topologie durch die so genannte Inzidenzmatrix gebräuchlich. In ihr wird angegeben, welche Einheiten j jeweils auf i gerichtete Interaktionen (in der Graphentheorie als

---

[14]   Diese hätten dann als einstellige BF die Codes 0 bis 3, als zweistellige 0 bis 15, als dreistellige 0 bis 255 usw.

inzidierende Kanten bezeichnet) besitzen. Die Inzidenzmatrix $B = (b_{ij})$ ist in diesem Fall:

$$B = \begin{pmatrix} 2 & 3 \\ 1 & 3 \\ 2 & 0 \end{pmatrix}.$$

Dabei bedeutet also die erste Zeile der Matrix, dass bei der ersten Einheit (a) Kanten der zweiten (b) und dritten Einheit (c) inzidieren, oder anschaulich, dass Pfeile von b und c auf a zeigen. Die Dimensionen der Inzidenzmatrix richten sich natürlich nach der Zahl der möglichen Verknüpfungen; wenn die Zahl der Einheiten N beträgt und die maximale Zahl von Kanten (Pfeilen), die bei einer Einheit inzidieren können, K ist, dann muss die B-Matrix N Zeilen und K Spalten besitzen. Beachten Sie, dass bei Booleschen Netzen auch Schleifen, d.h. Kanten, die eine Einheit mit sich selbst verknüpfen, möglich sind.

Bei der Programmierung hat die Verwendung der Inzidenz- anstelle der Adjazenzmatrix offensichtliche Vorteile, wenn die Anzahl der Inzidenzen im Verhältnis zur Anzahl N der Einheiten klein ist, wenn m.a.W. die Adjazenzmatrix relativ viele Nullen enthält. Denn im Falle der Inzidenzmatrix müssen die Elemente einer Zeile nur so lange abgefragt werden, wie sie nicht Null sind, also solange wie tatsächlich noch Verknüpfungen existieren. Diese Anzahl kann vor allem bei Netzen mit vielen Einheiten viel kleiner als N sein; wenn das Netz nur mit zweistelligen Booleschen Funktionen arbeitet, ist die Zahl der Inzidenzen offensichtlich maximal 2, B ist eine N×2 Matrix. Im Falle der Adjazenzmatrix müssen hingegen alle N Elemente jeder Zeile überprüft werden, ob sie gleich 1 sind und damit eine Verknüpfung repräsentieren.

Ein Programmcode unter Verwendung der Inzidenzmatrix (wiederum für zweistellige Boolesche Funktionen) könnte etwa so aussehen:

**Code-Beispiel 2.1-2**

```
for(int i=1;i<N+1;i++){            //durchläuft alle Einheiten i=1 bis N
m = 0;
while(B[i][j]>0) {
        m=m+1;index[m] = B[i][j];
    }
// Index des gesuchten Wertes in der 1dim. Darstellg. der Wahrheitsmatrix
// V[  ] ;
// siehe dazu die Erläuterungen zu V[ ] und k am Ende des Kapitels
//    2.1.1.:
k = 4 - 2*s_alt[index[1]] - s_alt[index[2]];      // s_alt[ ] bestehender
                                                   // Zustand der Einheit
    s_neu = V[k];             //neuer Zustand der Einheit i
}                             //Ende des Durchlaufs aller Einheiten
```

Eine Alternative zur Inzidenzmatrix ist die Darstellung der Inzidenzen als geordnete Liste:

| a | b, c |
|---|------|
| b | a, c |
| c | b    |

bzw. unter Verwendung der angegebenen Nummerierung der Einheiten:

| 1 | 2, 3 |
|---|------|
| 2 | 1, 3 |
| 3 | 2    |

Bei der Programmierung können Sie, wenn Sie das gewohnt sind, natürlich auch mit Listen statt Matrizen arbeiten; um die Hinweise nicht zu kompliziert werden zu lassen, soll dies jedoch nicht näher erläutert werden.

### 2.1.3    Zustand des Booleschen Netzes und Transformation

Den Einheiten (Knoten) des Booleschen Netzes werden zu Beginn einer Iteration binäre Anfangswerte, nämlich 0 oder 1 zugeordnet. Die Anfangswerte können, wie bereits erläutert, in einer definierten Reihenfolge der Einheiten (im Beispiel also in der Reihenfolge a, b, c) als Zustandsvektor $S(0)$ des Systems zum Zeitpunkt t = 0 dargestellt werden. Für das Beispiel-Netz sei der Anfangszustand wie folgt gesetzt:

$$S(0) = (s_a(0), s_b(0), s_c(0)) = (1, 1, 1)$$

Das Boolesche Netz wird durch schrittweise Transformationen der Zustände (durch Anwendung der Booleschen Funktionen) dynamisiert. Dazu muss neben dem Anfangszustand der Ablaufmodus definiert sein. Der Ablaufmodus gibt an, in welcher Reihenfolge die Einheiten zu transformieren sind und ob der Zustand der jeweils transformierten Einheit sofort aktualisiert wird oder erst, nachdem der neue Zustand für alle Einheiten berechnet ist; letzteres wird als Synchronmodus (synchrones Update) bezeichnet. Der Ablaufmodus hängt, will man ein Boolesches Netz zur Simulation einsetzen, natürlich vom zu repräsentierenden Problem ab[15].

Am obigen Beispiel (Abb. 2-1) eines kleinen Booleschen Netzes mit nur 3 Einheiten a, b, c und dem Anfangszustand (1, 1, 1) sei die Dynamik kurz demonstriert.

Als Ablaufmodus wird der Synchronmodus gewählt: Die neuen Zustände aller Einheiten werden demnach auf der Basis des jeweils aktuellen Zustandes $S(t) = (s_a(t), s_b(t), s_c(t))$ und der zugeordneten Booleschen Funktionen $f_a$, $f_b$, $f_c$ berechnet und, nachdem alle neuen Zustände bestimmt sind, zum Zustand zum Zeitpunkt t+1 zusammengefasst, der als $S(t+1)$ bezeichnet werden soll.

Genauer gesagt bedeutet also Synchronmodus, dass für *jede* Einheit i mit einer zugeordneten Funktion $F_i = F_i(s_j, s_k,...... s_n)$ der Zustand $s_i$ zu einem Zeitpunkt t+1 aus den Zuständen der mit i interagierenden Einheiten $s_j$, $s_k$.....$s_n$ *zum Zeitpunkt t* nach

$$s_i(t+1) = F_i(s_j(t), s_k(t),...... s_n(t))$$

ermittelt wird. Erst wenn alle Einzelzustände in dieser Weise bestimmt sind, wird der neue Gesamtzustand des Netzes eingesetzt als

---

[15] Nähere Details zum Ablaufmodus werden in Abschnitt 2.2.1.6 diskutiert.

$$S(t+1) = (s_1(t+1), s_2(t+1),\ldots\ldots\ldots s_N(t+1)).$$

Auf die Reihenfolge der Einheiten bei der Transformation kommt es beim Synchronmodus offensichtlich nicht an.

Die Zustände $s_a(1)$, $s_b(1)$, $s_c(1)$ nach der ersten Transformation ergeben sich danach in folgender Weise:

a ist verknüpft durch OR mit b $(s_b(0) = 1)$ und c $(s_c(0) = 1)$, also

$$s_a(1) = s_b(0) \text{ OR } s_c(0) = 1 \text{ OR } 1 = 1$$

gemäß der Wahrheitsmatrix für OR.

b ist verknüpft durch XOR mit a $(s_a = 1)$ und c $(s_c = 1)$, also $s_b = s_a \text{ XOR } s_c = 0$.

c ist nur verknüpft durch NOT mit b $(s_b = 1)$ , also $s_c = \text{NOT } s_b = 0$.

**Tabelle 2-3:** Dynamik des Beispiel-Netzes aus Abb. 2-1 im synchronen Ablaufmodus (rechts wird der Zustand grafisch dargestellt: schwarzes Feld = 1, weiß = 0).

| Zeitschritt \ Zustand | a, b, c | dec | a | b | c |
|---|---|---|---|---|---|
| 0 | 1, 1, 1 | 7 | ■ | ■ | ■ |
| 1 | 1, 0, 0 | 4 | ■ | | |
| 2 | 0, 1, 1 | 3 | | ■ | ■ |
| 3 | 1, 1, 0 | 6 | ■ | ■ | |
| 4 | 1, 1, 0 | 6 | ■ | ■ | |
| ..... | ........ | ... | | | |

Das Boolesche Netz erreicht, wie man sieht, mit dem 3. Schritt einen Zustand, der sich nicht mehr verändert, nämlich einen sogenannten Punktattraktor.

> Allgemein gilt, dass Boolesche Netze mit einer endlichen Zahl N von Einheiten einen endlichen Zustandsraum besitzen, d.h. dass sie nur endlich viele Zustände, nämlich genau $2^N$, annehmen können. Sie müssen damit immer entweder einen statischen Zustand, d.h. einen Punktattraktor, oder eine periodische Abfolge einer Anzahl p von Zuständen erreichen, die als Attraktor der Periode p bezeichnet wird. Die Anzahl der Zustände, die von einem beliebigen Anfangszustand bis zum Eintreten in einen Punkt- oder periodischen Attraktor durchlaufen wird, ist eine Vorperiode.

In der Tabelle 2-3 sind die Zustände des Beispiel-Netzes in einer auch für den Bildschirm geeigneten Weise grafisch dargestellt. Eine anschaulichere, dynamische Darstellung des Booleschen Netzes, die für eine mathematische Analyse der Dynamik allerdings weniger geeignet ist, entspräche der Abbildung des Digraphen wie in Abb. 2-1, bei der die Einheiten je nach Zustand bei jedem Zeitschritt die Farbe wechseln (vgl. auch Stoica-Klüver u.a. 2009, 39.).

**Abbildung 2-2:** Grafische Darstellung der Zeitschritte eines Booleschen Netzes

Die Dynamik eines Booleschen Netzes kann beim synchronen Ablaufmodus einfach durch die Folge der Systemzustände des Netzes, die Trajektorien, repräsentiert werden. Das ist mittelbar in Tab. 2-3 so geschehen: Jede der untereinander aufgezeichneten Zeilen stellt einen Systemzustand zu einem bestimmten Zeitpunkt t dar. Der Vorteil dieser grafisch orientierten Darstellung ist, dass Sie sich wiederholende oder sogar sich bewegende (von t zu t+1 verschobene) Muster sofort erkennen können. Im Abschnitt 2.1.5. werden wir noch näher auf die Analyse und Visualisierung der Systemdynamik eingehen.

Wählt man einen anderen, asynchronen Ablaufmodus, so wird die Dynamik in der Regel eine andere sein. Anders als beim synchronen Ablaufmodus ist beim sequentiellen Ablauf die Reihenfolge der zu transformierenden Einheiten zu definieren; jede einzelne in dieser Folge transformierte Einheit nimmt sofort den neuen Zustand an. Die globalen Zeitschritte – ein Zeitschritt nach der Transformation aller N Einheiten – werden beim sequentiellen Ablauf gewissermaßen in n Zeitschritte aufgelöst – je Einheit, die "an der Reihe" ist, ein Zeitschritt.

Die Reihenfolge kann natürlich in sehr verschiedener Weise festgelegt werden; beispielsweise können die Einheiten in der Reihenfolge ihrer Nummerierung oder in einer zufälligen Reihenfolge transformiert werden. Bei der Zufallsreihenfolge kann für jeden Einzelzeitschritt erneut eine Einheit zur Transformation mittels eines Zufallsgenerators ausgewählt werden; dabei ist es jedoch möglich, dass einige Einheiten häufiger, andere eventuell gar nicht gewählt werden. Denn die Zufallsauswahl garantiert nicht, dass eine bestimmte Einheit/Zahl innerhalb einer beschränkten Schrittzahl überhaupt vorkommt.

Will man alle Einheiten gleich oft transformieren, so schreibt man deshalb die Nummern aller N Einheiten in einen Vektor (1, 2, 3,........N), der für jeden globalen Zeitschritt permutiert wird; der permutierte Vektor definiert dann die Reihenfolge für die nächste globale Schleife von n einzelnen Transformationen.

Am Beispiel eines einfachen sequentiellen Ablaufs nach der Nummerierung für das Netz der Abb. 2-1 sei das Verfahren noch einmal demonstriert:

**Tabelle 2-4:** Beispiel-Netz: Dynamik bei sequentiellem Ablauf.

| Zeitschritt global | Zeitschritt einzeln | zu transf. Einheit | Zustand a,b,c | dezimaler Zustands-Code |
|---|---|---|---|---|
| 0 | | | 1, 1, 1 | 7 |
| 1 | 1 | a | 1, 1, 1 | 7 |
| | 2 | b | 1, 0, 1 | 5 |
| | 3 | c | 1, 0, 0 | 4 |
| 2 | 4 | a | 0, 0, 0 | 0 |
| | 5 | b | 0, 0, 0 | 0 |
| | 6 | c | 0, 0, 1 | 1 |
| 3 | 7 | a | 1, 1, 1 | 7 |
| | ..... | ..... | ..... | |

Wie man sieht, ist die Dynamik eine andere als beim synchronen Ablauf. Mit Schritt 7 wird derselbe Gesamtzustand *bei gleicher zu transformierender Einheit a* wie im Schritt 1 erreicht. Zu beachten ist, dass – anders als beim synchronen Ablauf – ein sich wiederholender Zustand *bei Einzelschritt keinen* Punktattraktor anzeigt; Schritte 4 und 5 demonstrieren das.

## 2.1.4    Hinweise zur Programmierung von Booleschen Netzen

Für die Programmierung des gesamten Booleschen Netzes als Folge von zeitlichen Schritten gehen Sie am besten nach dem im Folgenden skizzierten Schema vor. Als erstes ist der Ablaufmodus zu definieren. Am häufigsten wird synchrones Update gewählt, wenn es für das zu modellierende System sinnvoll ist, jedoch auch ein passender asynchroner Modus. Hier sei der gebräuchlichste Ablaufmodus angenommen, der *Synchronmodus*, bei dem zunächst wie erinnerlich für alle Einheiten die jeweils neuen Zustände auf der Basis des Anfangszustands des Systems berechnet werden; die einzelnen Einheiten werden erst danach in ihrer Gesamtheit in den jeweiligen neuen Zustand versetzt. Ferner geht die Skizze von zweistelligen Funktionen aus.

Hier zunächst das Programmschema in sprachlicher Formulierung:

1.  Definieren Sie die Größe N des Netzes (Anzahl der Einheiten).

2.  Definieren Sie die topologische Struktur als Adjazenzmatrix ($A_{ij}$) (N×N Matrix).

3.  Definieren der zugeordneten Funktionen f(i) als Dezimalcode, f(i) $\in$ {0, 1,.....15}.

4.  Definieren Sie den Anfangszustand (t=0) als Vektor[16] $S_0 = (s_{01}, s_{02}, ........, s_{0N})$

5.  Der zeitliche Ablauf des Booleschen Netzes wird durch eine Schleife dargestellt $S_0, S_1, ......, S_t, S_{t+1}$ (die natürlich ein sinnvolles Abbruchkriterium enthalten muss, z.B. eine maximale Schrittzahl).

6.  Innerhalb dieser Schleife wird eine Prozedur (Methode, Unterprogramm) aufgerufen, die die Zustände der Einheiten gemäß dem gewählten Ablaufschema und den zugeordneten Funktionen transformiert. Das bedeutet wie bemerkt, dass die Einheiten $1 \leq i \leq N$ des Netzes in der Reihenfolge, die das Ablaufschema vorgibt, nacheinander aufgerufen, die Zustände der nach der Adjazenzmatrix mit der jeweiligen Einheit i interagierenden Einheiten j, k (bei asymmetrischen Funktionen in der richtigen Reihenfolge!) aufgesucht werden und der Zustand der Einheit i gemäß der Booleschen Funktion f(j, k) bestimmt wird.

7.  Die Ergebnisse Transformation der Einheiten 1 bis N werden im Vektor $S_{t+1}$ gespeichert.

Die Zustände eines Booleschen Netzes mit N Einheiten werden also in einer Folge von Vektoren $S_t = (s_{t1}, s_{t2}, ........, s_{tN})$ mit N Elementen gespeichert. Diese bilden die Basis einer Analyse der Systemdynamik.

Benötigt werden also, um es noch einmal zu konkretisieren, für jeden Zeitschritt t die Zustände der N Einheiten als binärer Zustandsvektor $S_t(i)$ mit i=1, 2,..., N, gegebenenfalls auch als Matrix, also als zweidimensionaler Array S(t, i) geschrieben. Diese werden als Folge von Vektoren $S_t = (s_{t1}, s_{t2}, ........, s_{tN})$ mit N Elementen oder (s.u.) codiert als Binär- oder Dezimalzahl gespeichert.

Die topologische Struktur wird wie angegeben durch eine Adjazenzmatrix A(i, j) bzw. eine Inzidenzmatrix B(i, j) gegeben. Ferner müssen die den Einheiten zugeordneten Booleschen Funktionen $f_i$ als Wahrheitsmatrizen vorliegen. Die Programmierung wird erleichtert, wenn nur Funktionen gleicher Stelligkeit verwendet werden. Dann kann z.B. bei zweistelligen Funktionen die Menge der

---

[16]  Abweichend von der Schreibweise des vorigen Kapitels (S(0) usw.) wird hier die kürzere Schreibweise (t als Index) verwendet.

zugeordneten Funktionen geordnet als dreidimensionale Matrix W(n, i, j) mit n = Nummer der Einheit geschrieben werden.

Als Pseudocode (der Übersichtlichkeit halber dem FORTRAN-Code[17] nachempfunden, siehe dazu Anhang A) lässt sich der entscheidende Teil eines Programms für ein Boolesches Netz, wenn synchroner Ablauf und ausschließlich zweistellige Boolesche Funktionen angewendet werden, dann konkreter in folgender Weise skizzieren:

**Code-Beispiel 2.1-3**

```
!...Definition /Eingabe der Adjazenzmatrix A(i,j), i,j = 1.........N
!...Definition/Eingabe der zugeordneten Funktionen f(i) als Dezimalcode,
!   f(i) ∈ {0,1,.....15}
!...Umwandlung des Vektors f(i) der Booleschen Funktionen in dreidim.
!   oder zweidim. binären Array VVV(i,j,k) mit i=1:N, j,k=1:2 bzw.
!   VV(i,j), i=1:N, j=1:4
!...Definition/Eingabe des Anfangszustandes S(0,i) (ggf. Umwandlung aus
!   Binär- oder Dezimalcode)
!...Speichern des Systemzustandes S(0,1:N) und der anderen Ausgangsdaten
!   in Datei
!...Speichern des Anfangs-Systemzustandes als Dezimalzahl in einem Vektor
!   Z(0)


do t = 1,tmax              ! Zeitschritt-Schleife
  do i = 1,N               ! Schleife über alle Einheiten des Booleschen
                           ! Netzes

    V(1:4) = VV(i,1:4)     ! Boolesche Funktion der Einheit i als eindim.
                           ! Vektor V

    s_alt(1:N) =S(i,1:N)   ! Zustand der Einheit i als eindim. Vektor
    m=0                    ! Zählvariable
      do j = 1,N           ! Schleife über Zeile i der Adjazenzmatrix
        if(A(i,j)==1) then      ! falls Interaktion von j
          m=m+1                 ! zählt Treffer ( = 1)
          index(m)=j     ! speichert Spalten-Nr. des Treffers
        endif
        k = 4 - 2*s_alt(index(1)) - s_alt(index(2))
        s_neu = V(k)     ! neuer Zustand der Einheit i
      enddo                     ! Ende Schleife Adjazenzmatrix
!...neuen Systemzustand in Dezimalzahl umwandeln und als Z(t) speichern
  enddo                    ! Ende Schleife über alle Einheiten des Netzes
!...Speichern des neuen Systemzustandes dezimal als Z(t) bzw. als Vektor
!   s_neu(1:N) in Datei
enddo                      ! Ende Zeitschritt-Schleife
```

---

[17]  Zur Erinnerung: Der for(){}-Schleife in Java entspricht hier die do-enddo-Schleife; Arrays werden als X(i), Y(i,j), Z(i, j, k) usw. notiert. Die Notation 1:N usw. bedeutet Zählung von 1 bis N.

Man erkennt den Kern des Programms, die Schritt-Schleife (Zeitschritt), die eine weitere Schleife enthält, in der die Einheiten des Booleschen Netzes in einer Reihenfolge gemäß dem gewählten Ablaufmodus (synchron oder asynchron) aufgerufen werden.

Aus der Adjazenzmatrix ergeben sich die inzidierenden Interaktionen[18] als die Matrixelemente der Reihe i mit den Werten 1. Seien dies beispielsweise $j_1$ und $j_2$. Der neue Zustand S(t+1, i) ergibt sich dann ganz einfach als

$$S(t+1, i) = VVV(i, S(t, j_1), S(t, j_2)):$$

die derzeitigen Zustände der inzidierenden Einheiten werden als Indizes beim Abgriff des neuen Zustandes von i aus der Wahrheitsmatrix verwendet. Die Verwendung der eindimensionalen binären Darstellung der Wahrheitsmatrix ist im obigen Code-Beispiel 2.1.-1 erläutert. Das Verfahren funktioniert ganz analog bei drei- und höherstelligen Funktionen.

Die in geeigneter Form abgespeicherte Folge der Zustandsvektoren Z(t) bzw. S(t, i) bildet die Grundlage für die Analyse der Dynamik des Booleschen Netzes, z.B. für die Darstellung von Trajektorien (s.u.) oder das Auffinden von Perioden. Man kann beispielsweise die Dezimalcodes der jeweiligen System-Zustände in einem Array Z(1:tmax) und zweckmäßigerweise – für spätere Analysen – zusätzlich in einer Textdatei abspeichern.

Im Programm lassen sich die Perioden leicht aus der Folge der Zustände Z(t) ermitteln: Man ruft den Vektor Z(t) nach jedem Zeitschritt t auf und prüft jeweils durch eine rückwärts durchlaufene Schleife, ob der Zustand Z(t) in dem Vektorabschnitt Z(0:t-1) bereits vorhanden ist. Wenn dies beispielsweise zu einem Zeitschritt k der Fall ist, dann beträgt die Periode

$$p = t - k,$$

die Vorperiode[19]

$$vp = k.$$

Konkret am Beispiel Tab. 2-1 wäre der Array nach dem Zeitschritt 3 (also bei t = 4)

$$Z = (7, 4, 3, 6).$$

Nach der Transformation im Zeitschritt t=4 wird der Zustand Z(4) = 6 erhalten, der im Array bei Z(3) schon enthalten ist. Also gilt p = 4 – 3 = 1 und vp = 3.

### 2.1.5  Visualisierung, Analyse und Eigenschaften von Booleschen Netzen

Wie kann man nun ein Boolesches Netz auf dem Bildschirm darstellen und analysieren, wenn man sich nicht mit Dateien voller tabellarischer Darstellungen der Zustände zu verschiedenen Zeitschritten zufrieden geben will? Zwei Möglichkeiten der Visualisierung sind geeignete Trajektorien sowie die sogenannten Attraktionsbecken, die im Folgenden an Beispielen vorgestellt werden.

---

[18]  Aus der Inzidenzmatrix B(i, j) können alternativ die Werte $j_1$ = B(i, 1) und $j_2$ = B(i, 2) direkt entnommen werden, wie oben bereits (Code-Beispiel 2.2.-1) skizziert wurde.

[19]  Achtung: Die Zählung der Periode ist in der Literatur nicht einheitlich. Z.B. zählen in der Folge Z(0 : 4) = 1, 2, 3, 3 einige Autoren die Periode als p = 0, während wir sie als 1 zählen; ähnlich für die Vorperiode 2 oder 3.

Als Trajektorien werden Darstellungen der Folge von Systemzuständen, aber auch Folgen von daraus abgeleiteten Größen in Abhängigkeit vom Zeitablauf[20] verwendet. Einfach zu interpretierende Trajektorien erhält man beispielsweise durch grafische Darstellung der Summen der Elemente der Zustandsvektoren für jeden Zeitschritt (d.h. die Summe der Einsen im Vektor).

Im Beispiel (Tab. 2-1) erhält man so die Punkte $(t, \Sigma S)$:

(0, 3), (1, 1), (2, 2), (3, 2), (4, 2)........ usw.

Eine andere unter den zahlreichen Möglichkeit der Konstruktion von Trajektorien ist die Darstellung der Folge der Zahl der *jeweils veränderten* Zustände bei Übergang von t zu t +1.

Im Beispiel ergeben sich die Punkte dieser Trajektorie zu (1, 2), (2, 3), (3, 2), (4, 0), (5, 0), (6, 0) ....usw. Hier ist der erreichte Punktattraktor unmittelbar zu erkennen.

An einem weiteren, etwas anspruchsvolleren Beispiel, einem Boolesches Netz mit 4 Einheiten und längerer Periode, soll hier die Analyse noch etwas genauer dargestellt werden:

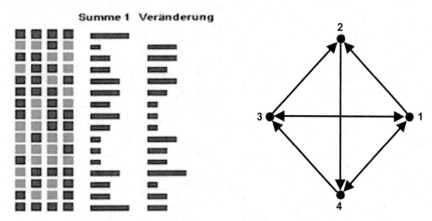

**Abbildung 2-3:** Screenshot der Simulation eines Booleschen Netzes mit 4 Einheiten und allen möglichen Anfangszuständen.[21] Die Einheiten sind entgegen dem Uhrzeigersinn von 1 bis 4 nummeriert, beginnend mit der Einheit ganz rechts.

Die Adjazenzmatrix dieses Netzes ist:

$$A = \begin{pmatrix} 0 & 0 & 1 & 1 \\ 1 & 0 & 1 & 0 \\ 1 & 0 & 0 & 1 \\ 1 & 1 & 0 & 0 \end{pmatrix}.$$

---

[20]   Eine ausführlichere Erörterung der Trajektorien finden Sie im nachfolgenden Kapitel über Zellularautomaten.

[21]   Links oben: Grafik eines Durchlaufs des Netzes mit dem Anfangszustand (1 1 1 1). Rechts: eine Möglichkeit der Darstellung des Netzes; die Färbung der Knoten variiert mit dem Zustand.

Den Einheiten sind – in der Reihenfolge der obigen Nummerierung – die Funktionen 6, 6, 5 und 6 (in der oben erläuterten Dezimaldarstellung) zugeordnet:

| no.5 | 0 | 1 |
|---|---|---|
| 0 | 0 | 1 |
| 1 | 0 | 1 |

| no.6 | 0 | 1 |
|---|---|---|
| 0 | 0 | 1 |
| 1 | 1 | 0 |

Die Funktion no.6 ist natürlich die oben angegebene XOR-Funktion.

Nachfolgend ist ein synchroner Durchlauf des Booleschen Netzes angegeben, der mit dem Anfangszustand (1, 1, 1, 1) beginnt:

**Tabelle 2-5:** Synchroner Durchlauf des Beispiel-Netzes mit 4 Einheiten[22]

| Schritt | Zustand $S_t$ | Dez.-Code | graf. Darst. $S_t$ | Summe $s_i$ | Dez.C. links | Dez.C. rechts |
|---|---|---|---|---|---|---|
| 0 | 1 1 1 1 | 15 | | 4 | 3 | 3 |
| 1 | 0 0 1 0 | 2 | | 1 | 0 | 2 |
| 2 | 1 1 0 0 | 12 | | 2 | 3 | 0 |
| 3 | 0 1 1 0 | 6 | | 2 | 1 | 2 |
| 4 | 1 1 0 1 | 13 | | 3 | 3 | 1 |
| 5 | 1 1 1 0 | 14 | | 3 | 3 | 2 |
| 6 | 1 0 1 0 | 10 | | 2 | 2 | 2 |
| 7 | 1 0 1 1 | 11 | | 3 | 2 | 3 |
| 8 | 0 0 1 1 | 3 | | 2 | 0 | 3 |
| 9 | 0 1 0 0 | 4 | | 1 | 1 | 0 |
| 10 | 0 0 0 1 | 1 | | 1 | 0 | 1 |
| 11 | 1 0 0 0 | 8 | | 1 | 2 | 0 |
| 12 | 0 1 1 1 | 7 | | 3 | 1 | 3 |
| 13 | 0 1 0 1 | 5 | | 2 | 1 | 1 |
| 14 | 1 0 0 1 | 9 | | 2 | 2 | 1 |
| 15 | 1 1 1 1 | 15 | | 4 | 3 | 3 |

Im 15. Schritt wird der Anfangszustand wieder erreicht, das Boolesche Netz hat also eine Periode von 15 und offensichtlich keine Vorperiode.

Perioden (und Vorperioden) werden, um dies noch einmal zu wiederholen, bestimmt, indem die generierte Folge von Zuständen S(t, i) zu jedem Zeitschritt jeweils rückwärts durchlaufen und auf das Vorkommen eines gleichen Zustandes überprüft wird.

Wird z.B. S(t-p, i) = S(t, i) (für alle i) gefunden, so beträgt die Periode p, die Vorperiode t-p.

Da die Booleschen Netze deterministisch sind, genügt es, einen Zustand zu finden, der bereits einmal vorgekommen ist. Die nachfolgenden Zustände sind dann

---

[22] Spalten 2 und 3 enthalten die Systemzustände in Binär- bzw. Dezimalschreibweise. Spalte 4 ist eine einfache grafische Umsetzung der binären Zustände. Spalte 5 ist die Summe der Komponenten des binären Zustandsvektors. In Spalten 5 und 6 sind die dezimal geschriebenen 2 ersten bzw. letzten Komponenten des binären Zustandsvektors.

ebenfalls Wiederholungen der entsprechenden, d.h. eine Periode zurückliegenden Zustände.

Die Abb. 2-3 (links oben) sowie die Tab. 2-5 zeigen die schon erwähnte Möglichkeit, diesen Durchlauf des Booleschen Netzes zu visualisieren, indem einfach helle (für 0) und dunkle (für 1) Symbole für die Zustände der einzelnen Einheiten eingesetzt und die Zeitschritte zeilenweise untereinander dargestellt werden. Die kleinen Balkendiagramme im Screenshot rechts neben dieser Darstellung sowie die Spalte 5 der Tabelle 2-5 geben die Summe der Einsen jedes Gesamt-Zustandes des Booleschen Netzes und die Anzahl der jeweils veränderten Zustände der einzelnen Einheiten an, also eine andere Visualisierung der oben erwähnten einfachen Trajektorien. Alternativ kann man die Zustände als Dezimalcode (oder Summe der Einsen) in klassischer Weise als Graph einer Funktion der Schrittzahl (Zeit) präsentieren (Abb. 2-4).

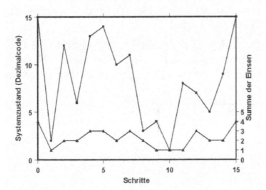

**Abbildung 2-4:** Einfache Trajektorien des Netzes aus Abb. 2-4 und Tab. 2-5
Obere Kurve = Systemzustände als Dezimalcode; untere Kurve = Summe der Zustände 1

Bei einer weiteren Möglichkeit der Darstellung, die Studierenden in einer unserer Lehrveranstaltungen eingefallen ist, teilt man die Binärstrings der Zustände in zwei Hälften und trägt die Dezimalcodierung der beiden Teile (s. Tab. 2-5, Spalte 6 und 7) gegen die Anzahl der Schritte auf (Abb. 2-5).

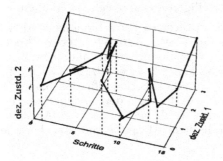

**Abbildung 2-5:** Dezimalcodes der "halben" Zustandsvektoren als Funktion der Schrittzahl

Diese Darstellung hat sich bei größeren Netzen[23] und längeren Attraktorperioden als nützlich herausgestellt.

Die Dynamik kann auch auf eine ganz andere Art mit Hilfe der Systemzustände dargestellt werden. Wie man der Tabelle 2-5 (links unten) entnimmt, zeigt die Dynamik des Booleschen Netzes dieses Beispiels (also mit der gewählten Adjazenzmatrix sowie den zugeordneten Funktionen) nur zwei Möglichkeiten:

Die Anfangszustände von 1 bis 15 liegen sämtlich innerhalb einer Periode (eines Zyklus 15, 2, 12, 6, 13, 14, 10, 11, 3, 4, 1, 8, 7, 5, 9 ). Es gibt also einen periodischen Attraktor der Periode 15, in den man mit jedem der angegebenen Zustände als Anfangszustand eintritt. Die zweite Möglichkeit ist im Falle des Anfangszustands 0 ein Attraktor der Periode 1, also ein Punktattraktor.

Dies ist in der folgenden Grafik (Abb. 2-7) visualisiert. Dabei werden die Zustände 1 bis 15 entsprechend ihrer Reihenfolge im Attraktor (durch den Pfeil als Richtung entgegen dem Uhrzeigersinn angedeutet) in einem Zyklus aufgezeichnet. Daneben ist zusätzlich der Punktattraktor, hier der isolierte Zustand 0, dargestellt, der mit dem Anfangszustand (0, 0, 0, 0) erhalten wird.

Zu beachten ist, dass die Reihenfolge der Zustände und damit die Richtung im Zyklus determiniert sind. Wenn man z.B. das Boolesche Netz mit dem Anfangszustand 11 beginnt, dann folgen in den nächsten Zeitschritten notwendig nacheinander die Zustände 3, 4, 1, 8 usw.

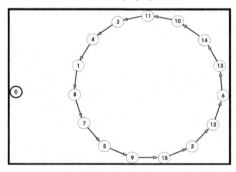

**Abbildung 2-6:** Die Attraktionsbecken des Beispiel-Netzes mit den Funktionen 6, 6, 5 und 6

Diese Art der Analyse stellt also die Folge der Zustände als (gerichteten) Graphen dar, dessen Ecken als Bezeichner (*label*) die Dezimaldarstellung (oder wenn Sie wollen auch den Binärcode) des jeweiligen Zustandsvektors erhalten.

Ein Attraktorzyklus mit allen ggf. in diesen Zyklus hineinlaufenden Folgen von Zuständen wird als Attraktionsbecken (*"basin of attraction"*) bezeichnet, die Menge aller für ein bestimmtes Boolesches Netz möglichen Attraktionsbecken – nicht sehr elegant – als Feld der Attraktionsbecken (*„basin of attraction field"*). Die Abb. 2-6 stellt also das gesamte Feld der Attraktionsbecken für das Boolesche Netz der angegebenen Interaktionsstruktur und für den angegebenen Satz von zugeordneten Funktionen dar; das Feld besteht aus 2 Attraktoren, einem Punktattraktor und einem periodischen Attraktor mit der Periode 15 (ohne Vorperiode).

---

[23]  Dies ist schon deswegen der Fall, weil der Zahlenraum der Dezimalzustände dabei wesentlich geringer ist. Wenn bei 10 Einheiten die Zustände zwischen 0 und 1023 liegen, dann liegen die "Halbzustände" im Bereich 0 und 31.

Die Schwierigkeit dieser Darstellung liegt darin, eine sinnvolle, systematische grafische Anordnung der Folgen der Zustände in der Ebene zu entwerfen. Bei den obigen Beispielen von kleinen Netzen macht man das am besten "per Hand", d.h. man bestimmt rechnerisch (im Programm), wie oben beschrieben, die Perioden und Vorperioden. Dabei beginnt man mit einem beliebigen Anfangszustand, mit dem man eine bestimmte Folge von Zuständen erhält, die in einen Attraktor mündet. Diese Folge, ein möglicherweise noch unvollständiges Attraktionsbecken, kann in der obigen Weise per Hand aufgezeichnet werden[24]. Danach wählt man einen Zustand, der in dieser Folge nicht vorkommt, als weiteren Anfangszustand. Mit diesem erhält man entweder einen anderen Attraktor oder eine Ergänzung des schon ermittelten, unvollständigen Attraktionsbeckens. Die Grafik des Feldes der Attraktionsbecken wird damit ergänzt und der Prozess so lange fortgeführt, bis alle möglichen Zustände des Systems vorgekommen sind. Nach diesem Verfahren ist auch die obige Abbildung entstanden.

Der skizzierte Prozess kann natürlich in einem Programm automatisiert werden; allerdings ist es schon bei etwas größeren Netzen eine recht haarige Angelegenheit, die Vielzahl der Zustände und ihre Verbindungen in einer begrenzten grafischen Oberfläche übersichtlich anzuordnen[25].

Die hier angedeuteten Darstellungen der Felder von Attraktionsbecken und der Abbildungen sind geeignet, die Beziehungen zwischen Struktur und Dynamik von Booleschen Netzen zu untersuchen. Diese Beziehungen, soviel sei am Schluss noch angemerkt, erweisen sich als außerordentlich verwickelt.

## 2.1.6    Übungen

Nach diesem etwas allgemeineren Blick auf die Booleschen Netze soll Ihnen anhand kleiner Übungen ein erster Eindruck vermittelt werden, wie Boolesche Netze zur Simulation technischer, sozialwissenschaftlicher oder wirtschaftswissenschaftlicher Probleme verwendet werden können. Die Übungen sind so angelegt, dass es um eigenes Entdecken geht. Sie sollen also – statt aus Aufgaben irgendwelche, den Lehrenden wohlbekannte Zahlenwerte auszurechnen – ein wenig bei einem kleinen dynamischen System, das Sie programmieren, mit Parametern Ihrer Wahl, herumprobieren und dabei das Verhalten und die Möglichkeiten Boolescher Netze gleichsam spielerisch erfahren. Wenn Sie mit dieser Art "experimenteller" Mathematik nicht vertraut sind, finden Sie nützliche Hinweise in einem Exkurs in Anhang B.

Die ersten beiden Übungen könnten Sie im Prinzip zwar noch mit "Papier und Bleistift" lösen, Sie sollten aber für die Booleschen Netze dieser Übungen ein kleines Programm schreiben, denn schließlich ist dies Buch dafür gedacht, Ihnen die Programmierung von Modellierungen mit naturanalogen Algorithmen nahe zu bringen.

---

[24]   Man kann z.B. zuerst den Attraktor als regelmäßiges Vieleck aufzeichnen und dann die in diesen mündenden Zustände in radialer Richtung nach außen. Verzweigungen der Zustände werden dann in kleinen Winkeln von der radialen Richtung abweichend eingeordnet.

[25]   Die nicht ganz einfachen Algorithmen einer automatisierten grafischen Anordnung von Attraktoren in allgemeineren Fällen können hier nicht aufgezeigt werden. Zu Details muss auf die Literatur verwiesen werden (siehe z.B. Wuensche 1997).

## Übung 2.1-1

In elektronischen Schaltungen gibt es Bausteine, die die logischen Funktionen nachbilden, die also z.B. auf zwei eingehende binäre Signale wie die Konjunktion oder Disjunktion wirken. Eine solche binäre Signale verarbeitende Schaltung sei wie folgt (Abb. 2-7) skizziert:

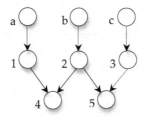

**Abbildung 2-7:** Modell einer logischen Schaltung ohne Rückkopplungen

Die Abbildung stellt ein Boolesches Netz dar. Die 3 Einheiten a, b und c sind dabei reine Input-Einheiten; an ihnen soll ein konstantes binäres Signal liegen, z.B. jeweils eine 1. Die Eingabewerte der 3 Inputeinheiten können zu einem Input-Vektor $(1, 1, 1)$ zusammengefasst werden. Die Werte der weiteren Einheiten 1 bis 5 seien anfangs als 0 gesetzt. Den Einheiten werden – entsprechend der logischen Funktion der Bauelemente, die sie repräsentieren sollen – Boolesche Funktionen zugeordnet. Für die Einheiten 1, 2, 3 ist dies die Identität, d.h. sie übernehmen einfach die Werte der entsprechenden Input-Einheiten. Den Einheiten 4 und 5 sollen die Funktionen XOR und AND zugeordnet werden.

Dieses Boolesche Netz ist ein einfaches Netz, das in gewisser Weise ein Grundmuster (so genanntes feed-forward-Netz) für einige der in späteren Kapiteln behandelten Neuronale Netze darstellt (siehe auch Stoica-Klüver u.a. 2009, 62ff.).

Der Ablaufmodus dieses Booleschen Netzes soll *kein* Synchronmodus sein, vielmehr soll sich der Input Schicht für Schicht ausbreiten. In dieser Netzstruktur seien 3 Schichten (entsprechend der naiven Anschauung) definiert, nämlich die Einheiten (a, b, c), (1, 2, 3) und (4, 5). Der Input kann als Information aufgefasst werden, die bei jedem Zeitschritt gemäß der Richtung der Kanten (Pfeile) in die nächste Schicht weitergegeben wird. Die Werte der Einheiten werden zweck-mäßigerweise für jede Schicht zu einem Vektor zusammengefasst.

Der Zustand des Booleschen Netzes am Anfang ($t = 0$) kann also als Schicht

0: $(1, 1, 1)$, Schicht 1: $(0, 0, 0)$, Schicht 3: $(0, 0)$ beschrieben werden.

Im ersten Zeitschritt ($t = 1$) erhält man damit, wie angegeben, den schichtweisen Ablauf:

$(1, 1, 1) / (1, 1, 1) / (0, 0)$,

da wie bemerkt die Inputwerte einfach an die Schicht 1 weitergegeben wird.

Im zweiten Zeitschritt ergibt sich mit den angegebenen Funktionen auf den Einheiten 4 und 5 :

$(1, 1, 1) / (1, 1, 1) / (0, 1)$.

Man kann nun, wie bei den später erläuterten Neuronalen Netzen, die erhaltenen Werte der 2. Schicht als Output-Werte auffassen. Da keine Rückkopplung in diesem Booleschen Netz vorkommt – alle Kanten (Pfeile) sind in der Richtung

Schicht 0 – Schicht 2 gerichtet –,  ändern sich die Zustände der Einheiten bei weiteren Zeitschritten nicht mehr; das Boolesche Netz hat einen Punktattraktor erreicht.

Die Information des dreidimensionalen Input-Vektors wird gewissermaßen auf einen zweidimensionalen Output-Vektor reduziert. Das impliziert, dass mehrere Input-Vektoren auf denselben Outputvektor abgebildet werden müssen (zur Interpretation siehe Stoica-Klüver u.a. 2009, 63).

Sie sollen in dieser Übung nun alle 16 möglichen Inputvektoren als Anfangszustand eingeben und die jeweiligen Outputvektoren bestimmen. Wenn Sie die Inputvektoren dezimal codieren (von 15 bis 0) und ebenso die Outputvektoren (von 7 bis 0) können Sie, ähnlich wie in der Abb. 2-6, damit das Attraktionsbecken dieses Booleschen Netzes visualisieren, wobei Sie jetzt allerdings die Schichten 1 und 2 unterscheiden müssen; die Schicht 0 können Sie, da immer der Schicht 1 gleich, natürlich weglassen.

Wenn Sie ein wenig experimentieren wollen, dann ordnen Sie den Einheiten 4 und 5 andere Funktionen zu; bei 16 möglichen Funktionen haben Sie die Auswahl unter 256 Kombinationen.

## Übung   2.1-2

Hier sollen Sie ein etwas komplizierteres Boolesches Netz untersuchen (Abb. 2-8), nämlich

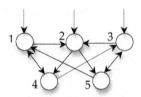

**Abbildung 2-8:** Modell einer logischen Schaltung mit Rückkopplungen (Input-Einheiten weggelassen)

Dieses Boolesche Netz unterscheidet sich von dem der Übung 1 durch Rückkopplungen. Nunmehr müssen den Einheiten 1, 2, 3 ebenfalls zweistellige Funktionen zugeordnet werden ; seien dies OR, AND, AND. Den Einheiten 4 und 5 werden wie in der ersten Übung XOR und AND zugewiesen.

In diesem Booleschen Netz wird es natürlich nicht immer schon im zweiten Schritt einen Punktattraktor geben. Der Input soll hier, anders als in der ersten Übung, als *einmaliger Impuls* definiert sein; deshalb sind die Einheiten a, b, c hier entfernt. Im Anfangszustand sollen die Einheiten 1 bis 5 den Wert 0 erhalten. Im 1. Schritt werden die Werte des Inputvektors (also z.B. zunächst (0, 1, 1)) auf die 1. Schicht übertragen:

Schicht 1: (0, 1, 1),  Schicht 2: ( 0, 0).

Der weitere Ablauf soll wieder schichtweise erfolgen. Nach dem 2. Schritt ergibt sich deshalb

Schicht 1: (0, 1, 1),  Schicht 2: ( 1, 1).

Der 3. Schritt besteht nun in der Transformation der 1. Schicht aufgrund der Werte der Einheiten in der 2. Schicht *und* der jeweils interagierenden Einheiten der 1. Schicht selbst; man erhält so:

Schicht 1: (1, 0, 1),  Schicht 2: ( 1, 1).

Der 4. Schritt beinhaltet wiederum die Transformation der 2. Schicht (die 0. Schicht spielt wie angegeben im Weiteren keine Rolle mehr) und so weiter, bis ein Attraktor (Punktattraktor oder periodischer Attraktor) erreicht ist.

Sie sollen auch hier alle 16 möglichen Inputs eingeben und die Ergebnisse untersuchen, d.h. die Attraktoren angeben und soweit möglich das Feld der Attraktionsbecken visualisieren.

Über die Unterschiede, die sich durch Einführen der Rückkopplungen für die Abbildungen bzw. die Reduktion der Inputvektoren einstellen, können Sie gesondert nachdenken.

## Übung 2.1-3

Bei dieser Übung sollen Sie ein Boolesches Netz von 20 Einheiten bzw. Knoten konstruieren und analysieren. Die Einheiten stellen jetzt interagierende Individuen (oder, wenn Sie wollen, interagierende PCs in Brokerhäusern) dar – die Individuen sollen Informationen darüber austauschen, ob sie eine bestimmte Aktie kaufen bzw. verkaufen werden.

Die Übung bezieht sich inhaltlich auf ein im folgenden Kapitel nach einem anderen Ansatz behandeltes "Börsenmodell", versucht dies aber als Boolesches Netz zu modellieren. Die Bereicherung des Modells gegenüber dem im folgenden Kapitel, die durch die Möglichkeit entsteht, asymmetrische oder hierarchische Strukturen im Modell abbilden zu können, wird Ihnen beim späteren Vergleich sofort deutlich werden.

Im Booleschen Netz können die Einheiten beliebig miteinander verknüpft werden, wodurch vielfältige soziale oder kommunikative Strukturen dargestellt werden können.[26]

Dies sei an einem Booleschen Netz von 5 Einheiten demonstriert (Abb. 2-9):

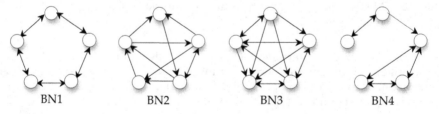

         BN1                BN2                BN3                BN4

**Abbildung 2-9:** Vier unterschiedliche Strukturen eines Booleschen Netzes mit 5 Einheiten

BN1 entspricht einer sehr einfachen Struktur, in der jede Einheit nur von ihren beiden unmittelbaren, linken und rechten Nachbarn beeinflusst wird; diese Struktur wird im folgenden Abschnitt als die eines Zellularautomaten wieder auftauchen. BN2 gibt eine ziemlich undurchsichtige Struktur wieder. BN3 ist stark hierarchisch strukturiert, während bei BN4 2 Subgruppen "im eigenen Saft kochen" und die "obere" Subgruppe keine Informationen von der unteren erhält, dies ist also eine pathologische Struktur.

---

[26]  Das ist der wesentliche Unterschied zu dem im folgenden Abschnitt behandelten Zellularautomaten-Modell, in dem die Knoten jeweils nur von einem linken und einem rechten Nachbarn  Informationen empfangen können.

Wie oben dargestellt, muss jeder Einheit eine eigene – hier eine Boolesche – Transformationsfunktion zugeordnet werden. Im BN1 und BN2 müssen alle Funktionen zweistellig sein (unterstellt, dass der Zustand der jeweiligen Einheit selbst keine Rolle spielen soll), in den anderen Beispielen tauchen auch dreistellige oder einstellige Funktionen auf. (Die Stelligkeit ergibt sich aus den jeweils *eingehenden* Pfeilen, graphentheoretisch als Innengrad oder *in-degree* bezeichnet.)

Die Funktionen können im Extremfall alle unterschiedlich sein.

Ihre Aufgabe besteht in Folgendem:

1) Als erstes sollen Sie eine dem obigen Beispiel BN1 entsprechende, homogene Struktur wählen.

Die zugeordneten Booleschen Funktionen – hier also zweistellige – sollen für alle Einheiten gleich sein und den folgenden Sachverhalt modellieren: Die Einheiten werden als Individuen interpretiert, die an der Börse handeln, und zwar treffen sie Entscheidungen über Kauf (binärer Zustand 1) oder Verkauf (Zustand 0) in Abhängigkeit von den vorher getroffenen Entscheidungen ihres jeweiligen linken und rechten Nachbarn. Welche Entscheidung ein Individuum trifft, d.h. welchen neuen Zustand die Einheit annimmt, ergibt sich aus dem Wert der Booleschen Funktion, die folgende Regeln darstellen muss:

– Wenn beide Nachbarn kaufen oder beide verkaufen, wird verkauft,

– Wenn die Nachbarn unterschiedliche Entscheidungen treffen, wird gekauft.

Die entsprechende Boolesche Funktion und die Wahrheitsmatrix werden Sie leicht selbst finden können.

2) Des weiteren sollen Sie die Struktur dieses "Börsen"-Netzes variieren, z.B. indem Sie in drei bis vier Stufen immer weiter von der Homogenität abweichen. Dabei soll zunächst der Innengrad aller Einheiten (und damit die Stelligkeit der benötigten Funktionen) weiterhin 2 bleiben. Als Transformationsfunktion soll erst einmal einheitlich dieselbe Funktion wie beim ersten Beispiel verwendet werden.

Programmieren Sie Boolesche Netze mit den vorgeschlagenen Strukturen.

Beschränken Sie sich zunächst auf wenige, zufällige Anfangszustände mit ungefähr gleicher Anzahl der Zustände 0 und 1. (Wenn Sie viel Zeit haben, versuchen Sie es auch einmal mit extremen Anfangszuständen).

Als Ablaufmodus des Booleschen Netzes wählen Sie bitte den Synchronmodus.

Versuchen Sie, die Dynamik der Netzmodelle (Perioden, Trajektorien etc.) zu visualisieren und untersuchen Sie, ob bzw. wie die Dynamik von der Struktur abhängt.

3) Als Drittes sollen Sie drei verschiedene Strukturen Ihrer Wahl mit je 20 Einheiten und, wenn Sie wollen, beliebigen Innengraden generieren. Da es um Modellierungen sozialer Realität geht, sollen Ihre Strukturen reale oder typische Fälle von Informations-, Befehls-, Kommunikations- oder Verteilungs-Strukturen nachbilden.[27]

---

[27]  Wenn Sie beim Börsenmodell bleiben wollen, könnten Sie zum Beispiel versuchen, den Einfluss von Börsengurus, auf die viele andere hören, oder von "Mitläufern", die alles genauso wie ihre Kommunikationspartner machen, bzw. umgekehrt von "Querköpfen" zu modellieren.

Verwenden Sie in dieser Aufgabe dann Boolesche Funktionen, die inhaltlich Sinn machen sollten. Dasselbe gilt für die Anfangszustände.

Alternativ können Sie auch Fließvorgänge in verschiedenen Strukturen untersuchen; dann brauchen Sie spezielle Einheiten (Quellen/Input-Einheiten und Senken/Output-Einheiten), in die Sie Werte einspeisen bzw. aus denen Sie Werte ablesen.

Machen Sie sich also Gedanken darüber und lassen Sie Ihrer Kreativität bei dieser Aufgabe freien Lauf!

Mit diesen Booleschen Netzen sollen Sie durch Experimentieren zwei Fragen versuchen zu beantworten – natürlich nur ganz vorläufig:

1) Wann erhält man bevorzugt große bzw. nicht mehr festzustellende Perioden (was vielfach als komplexe Dynamik bezeichnet wird)?

2) Welche Aussagen könnte man mit den Booleschen Netzen über mit ihnen modellierte reale Fälle (bezogen auf die von Ihnen gewählten Fallbeispiele) gewinnen?

Konstruieren Sie also die angegebenen Programme und stellen Sie Ihre Ergebnisse hinsichtlich der zu untersuchenden Fragen dar. Wenn Sie keine eindeutigen Ergebnisse erhalten haben, werden Sie vielleicht wenigstens Hypothesen ("informed guesses") aufstellen können.

## 2.2    Zellularautomaten

Der Zellularautomat kann, wie schon bemerkt, als ein spezieller und hinsichtlich der Interaktionsstruktur sehr einfacher Fall von Booleschen Netzen angesehen werden: Interaktionen bestehen nur mit wenigen Zellen – so werden hier die Einheiten bezeichnet – in einer definierten Nachbarschaft; die Nachbarschafts-struktur ist in der Umgebung einer jeden Zelle grundsätzlich gleich, es handelt sich somit um eine homogene lokale Struktur ohne jegliche "Fernwirkungen".[28] Homogenität besteht auch hinsichtlich der zugeordneten Funktionen; allen Zellen wird dieselbe Funktion zugeordnet, die hier auch als Regel bezeichnet wird. Was das im Einzelfall heißt, wird in den folgenden Abschnitten konkretisiert.

Die Systemelemente eines Zellularautomaten sind – entsprechend denen des Booleschen Netzes – zusammengefasst die folgenden:

---

[28]  Fernwirkungen im üblichen Sinne des Wortes gibt es natürlich auch bei Booleschen Netzen nicht.

- der *Gesamtzustand* des Systems ist ein Vektor, dessen Komponenten die Zustände der einzelnen Zellen sind; der *Zustandsvektor des Systems* hat demnach genau so viele Komponenten wie der Zellularautomat Zellen. Die Komponenten können beim Zellularautomaten ihrerseits Vektoren sein;

- die den einzelnen Zellen zugeordneten *Transformationsfunktionen* sind beim Zellularautomaten anders als beim Booleschen Netz nicht auf Boolesche Funktionen beschränkt, sondern können Kombinationen von Booleschen Funktionen oder auch komplexere Funktionen, gegebenenfalls mit stochastischen Elementen, sein;

- die *Interaktionsstruktur* ist durch die Definition der lokalen Umgebung einer Zelle für alle Zellen festgelegt;

- eine *Iterationsprozedur* (*Ablaufmodus, update-Schema*) gibt wie beim Booleschen Netz an, nach welchem Verfahren und in welcher Reihenfolge die Transformationsfunktion auf die Zellen des Zellularautomaten angewendet werden soll.

Im Detail werden diese Systemelemente – insbesondere in Hinblick auf ihre Programmierung – weiter unten vorgestellt.

Nachfolgend wird zunächst in aller Kürze an die mathematische Grundlage der Zellularautomaten erinnert (für eine detailliertere Einführung siehe Stoica-Klüver u.a. 2009).

Ein weiterer Abschnitt (Kap. 2.2.2) beschäftigt sich damit, wie man den Prozess, der durch den Zellularautomaten repräsentiert wird, auf dem Bildschirm sichtbar machen und damit die Dynamik des Zellularautomaten untersuchen kann.

Ferner sollen die Eigenschaften und das Verhalten einiger typischer Zellularautomaten eingehender beleuchtet und einige wichtige Varianten von Zellularautomaten vorgestellt werden.

Ein Beispiel (Kap. 2.2.5) soll schließlich die Umsetzung der Grundprinzipien anschaulich machen.

## 2.2.1 Aufbau und Programmierung von Zellularautomaten

### 2.2.1.1 Zustände, Umgebungen und Regeln

Zellularautomaten stellen bekanntlich eine besonders wichtige Klasse *diskreter Systeme*[29] dar, die wie Systeme allgemein aus definierten Einheiten, den Zellen, bestehen, die durch Wechselwirkungen miteinander verbunden sind. Jeder Zelle wird ein bestimmter Wert zugeordnet, der im einfachsten Fall als binär (also 0 oder 1) oder eine natürliche Zahl dargestellt wird – möglicherweise aber sogar ein vektorieller Wert sein kann. Die Dynamik eines Zellularautomaten ergibt sich – wie stets bei bottom-up-Modellen – durch *Übergangsregeln* (rules of transition), die

---

[29]  Zur Erinnerung: Diskrete Systeme sind – vereinfacht gesagt – durch Zustände charakterisiert, die eine diskrete Punktmenge in einem Zustandsraum bilden. Diese Systeme springen auf Grund der Wechselwirkungen zwischen ihren Elementen gewissermaßen bei jedem Zeitschritt, der ebenfalls diskret erfolgt, von einem bestehenden zu einem neuen Zustand. Nicht-diskrete Systeme, die häufig durch Differentialgleichungen beschrieben werden, können von einem Zustand in einen beliebig dicht liegenden anderen übergehen, d.h. ihre Zustände kontinuierlich verändern.

eine Veränderung des Zustands der einzelnen Zellen beim Übergang von einem Zeitpunkt t zu t+1 steuern. Dabei hängt die Zustandsveränderung einer Zelle, das sei nochmals betont, im Allgemeinen ausschließlich von den Zuständen ab, die ihre Umgebungszellen und sie selbst zum Zeitpunkt t einnehmen.

Damit Sie eine konkretere Vorstellung haben, worüber im Folgenden gesprochen wird, geben wir hier eine visuelle Darstellung eines eindimensionalen Zellularautomaten, genauer einer Reihe in senkrechter Richtung untereinander angeordneter Zustände in aufeinander folgenden Zeitschritten (Abb. 2-10):

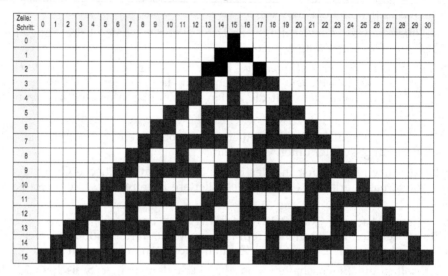

**Abbildung 2-10:** Beispiel für die Iteration eines eindimensionalen Zellularautomaten mit 31 Zellen

Zellularautomaten sind – wie die Booleschen Netze allgemein – mathematisch gesehen rekursive Folgen. Rekursive Folge bedeutet hier nicht eine einfache Zahlenfolge, sondern eine Folge von *Systemzuständen* $S_t$ (mit $t = 0, 1, 2\ldots\ldots$); das sind kompliziertere Zahlenobjekte, oft als geometrische Muster visualisiert. Jede Zeile von Zellen in der Abbildung stellt mit ihrer Reihenfolge von schwarzen und weißen Quadraten einen bestimmten *Zustand des Systems* (also Zustand des Zellularautomaten) dar. Wenn die Quadrate je nach Farbe die Ziffern 1 oder 0 repräsentieren, ist jede Zeile ein Binärstring (bzw. ein Vektor mit binären Komponenten), der gegebenenfalls auch wieder in eine Dezimalzahl transformiert werden kann; der jeweilige Systemzustand wird dann als Binär- oder Dezimalzahl geschrieben[30].

Der Anfangszustand des Zellularautomaten im obigen Beispiel wäre dann ein binärer Vektor mit 31 Komponenten.

$$S_0 = (0, 0, 0, 0, \ldots\ldots\ldots, 0, 1, 0, \ldots\ldots 0, 0, 0, 0).$$

Die Folge $S_i$ wird wieder wie bei den Booleschen Netzen als zeitliche Abfolge von Systemzuständen interpretiert.

---

[30]  Zellzustände müssen, wie schon bemerkt, nicht unbedingt binär oder ganzzahlig sein; später werden ZA mit reellen Zahlen oder auch mit Vektoren als Zustände vorgestellt.

Die Wechselwirkungen der Zellen des Zellularautomaten, die die Dynamik bestimmen, enthalten immer eine *topologische bzw. geometrische Komponente*. Diese definiert die *Möglichkeit* einer Interaktion zwischen bestimmten Zellen durch Angabe von topologischen Beziehungen zwischen den Zellen. Die Wechselwirkungen beinhalten ferner eine *Regelkomponente*, die die genaue Art der Interaktion, wenn sie denn topologisch möglich ist, angibt und die damit die Transformation zum nächsten Zeitschritt bestimmt. Das Ergebnis der Regelanwendung zu einem beliebigen Zeitschritt t, d.h. der Regelanwendung auf den zu diesem Zeitpunkt vorliegenden Systemzustand $S_t$, ist also ein neuer Zustand $S_{t+1}$.

> Die topologische Struktur des Zellularautomaten kann – wie die der meisten diskreten Systeme (u.a. Boolesche Netze, Neuronale Netze oder Simulated Annealing; siehe dazu Kapitel 5 und 3) – durch geeignete Graphen oder äquivalent dazu durch Adjazenzmatrizen (siehe dazu Kap. 2.1.2) repräsentiert werden.

Ein Charakteristikum der Zellularautomaten ist die Einfachheit der topologischen Komponente: Die Topologie des Zellularautomaten ist zum einen homogen, das heißt jede Zelle hat prinzipiell dieselben Wechselwirkungs-Möglichkeiten mit derselben Anzahl weiterer Zellen. Zum anderen beschränken sich die Wechselwirkungen einer Zelle auf eine *Umgebung*, womit eine genau definierte Konfiguration von Zellen gemeint ist, die der aktuellen Zelle ("Zentralzelle") benachbart sind. Graphentheoretisch gesprochen bildet jede Zelle mit ihren Nachbarn durch Verbindungen einen schlichten Graphen, und zwar genauer einen Sterngraphen. Da die Kanten des schlichten Graphen ungerichtet sind, bedeutet das auch, dass die Wirkung eines Nachbarn auf eine Zelle als Pendant dieselbe Wirkung der Zelle auf den Nachbarn besitzt[31]; die Wechselwirkung ist also symmetrisch.

Die Gesamtheit der Zellen, die häufig als Quadrate visualisiert werden, mit ihren topologischen Beziehungen kann am einfachsten als ein Gitter dargestellt werden. Je nach Erfordernis der Modellierungsaufgabe, für die ein Zellularautomat eingesetzt werden soll, werden eindimensionale Gitter (linear), zwei- oder dreidimensionale eingesetzt. Höher dimensionale Zellularautomaten sind natürlich ebenso möglich, aber wegen der Schwierigkeit, sie zu visualisieren, kaum gebräuchlich.

Die folgenden Abbildungen 2-11 (a-d) zeigen verschiedene gebräuchliche Möglichkeiten der Umgebungen einer Zelle in ein- und zweidimensionalen Zellularautomaten.

**Abbildung 2-11a:** Eindimensionaler Zellularautomat, jede Zelle hat zwei Nachbarn

**Abbildung 2-11b:** Eindimensionaler Zellularautomat, jede Zelle hat vier Nachbarn

---

[31]  Man kann natürlich den schlichten Graphen hier auch als Digraphen ansehen, der jeweils "Doppelpfeile" als Kanten besitzt.

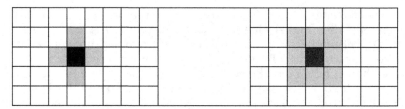

**Abbildung 2-11c/d:** Zweidimensionaler Zellularautomat: (links) c. Zelle mit 4 Nachbarn (von Neumann-Umgebung); (rechts) d. Zelle mit 8 Nachbarn (Moore-Umgebung).

Die zweidimensionalen Zellularautomaten im Beispiel haben quadratische Gitter. Es werden auch andere Gitter wie tri- oder hexagonale gewählt, z.B. in Anlehnung an natürliche Kristallgitter für Modellierungen festkörperphysikalischer Probleme. Die weitaus gängigsten Zellularautomaten sind jedoch die linearen und zweidimensionalen mit quadratischem Gitter, gelegentlich findet man dreidimensionale mit kubischem Gitter. Im zweidimensionalen Fall werden überwiegend die Moore- und die von Neumann-Umgebungen verwendet, obwohl beliebige andere Umgebungen möglich sind.[32]

Die Gitter können prinzipiell unendlich groß gedacht werden. Für praktische Zwecke jedoch werden fast nur endliche Gitter benutzt, weil die visuelle Darstellung von Gittern und das Anwachsen der Rechenzeit bei der Berechnung der Transformationen der Gittergröße enge Grenzen setzen. Die Begrenzung der Gitter erfordert, wie weiter unten (Kap.2.2.1.5) noch ausgeführt wird, eine besondere Behandlung der Ränder des Gitters.

## 2.2.1.2  Programmierung von Zellen im Gitter

Wie kann man nun die Zellen und das Gitter in einem Programm darstellen?

Beginnen wir mit dem Gitter: Mathematisch ist ein Gitter nichts anderes als eine regelmäßige Anordnung von Positionen von Gitterelementen bzw. Knotenpunkten. Die Positionen einer Zelle im Zellularautomaten können folglich dadurch repräsentiert werden, dass jeder Zelle im Falle eindimensionaler Gitter ein ganzzahliger Index, im Falle n-dimensionaler Gitter n Indizes zugeordnet werden, die Zellen werden also mit anderen Worten in geeigneter Weise durchgezählt. Eine Zelle $z_5$ im eindimensionalen Gitter steht demnach in der Reihe der Zellen an 5. Stelle (rechts) neben einem definierten Nullpunkt $z_0$. Eine ganzzahlige Indizierung lässt natürlich auch negative Indizes, also die Darstellung von Positionen links neben einem Nullpunkt, zu: Eine Zelle $z_{-3}$ stünde an 3. Stelle links von $z_0$.

In einem zweidimensionalen rechtwinkligen Gitter hat eine Zelle $z_{27,13}$ eine Position 27 rechts und 13 unter einem Nullpunkt.

Die Indizierung spielt, wie Sie später sehen werden, eine wichtige Rolle für den Ablaufmodus, d.h. für die Programmierung der Reihenfolge, in der die Zellen in einer geeigneten Schleife transformiert werden.

Die Repräsentation der Positionen durch Indizes genügt für das mathematische Prozedere der Berechnung der Zustandsfolge. Für die visuelle Darstellung des

---

[32]  Eine Übersicht über ZA mit verschiedensten Umgebungen finden Sie z.B. auf der interessanten Homepage von Tim Tyler (http://timtyler.org) und den dort angegebenen weiteren links.

Zellularautomaten-Gitters müssen, wie später noch ausgeführt wird, die Indizes in geeignete ebene oder räumliche Koordinaten umgesetzt werden, damit die Zellen als geometrische Objekte (z.B. Quadrate oder Kreise) an geeigneter Stelle auf dem Bildschirm erscheinen.

Im einfachsten Falle sind die Zustände der Zellen im Zellularautomaten binäre oder ganze Zahlen. Wir befassen uns hier zunächst nur mit binären Zuständen; Zustände aus natürlichen, ganzen oder auch reellen Zahlen können prinzipiell analog behandelt werden.

Zustände und Positionen der Zellen zu einem Zeitschritt t können in einem Array zusammengefasst werden. Beim eindimensionalen Zellularautomaten mit binären Zuständen erhält man so einen Vektor (eindimensionalen Array)

$$S_t = (s_{i,t}), \, i = 1,2.....N \text{ (N Gesamtzahl der Zellen)},$$

in dem der Index i die Position der Zelle angibt und der Wert s deren Zustand (0 oder 1).

Beim zweidimensionalen Zellularautomaten stellen entsprechend in der Matrix

$$S_t = (\, s_{ij,t}), \, i = 1,2,....N_1, \, j = 1,2,......N_2, \, N_1 \times N_2 = N,$$

die Indizes i und j die Gitterposition der Zelle dar. Bei höherdimensionalen Zellularautomaten gilt das analog.

Wenn der Zellzustand selbst schon durch einen Vektor beschrieben wird, dann sind die Elemente der Matrix $S_t$ Vektoren; in Programmen lässt sich das entweder in Form höherdimensionaler Arrays realisieren oder durch geeignete Typdeklarationen für die Matrixelemente.

Die Matrix bzw. der Vektor $S_t$ repräsentiert bereits den Gesamt- bzw. Systemzustand des Zellularautomaten. Die Dynamik des Zellularautomaten wird dann durch eine Folge der Systemzustände $S_0, S_1, S_2,........S_t$ beschrieben, die als zeitliche Folge bzw. als Folge von Schritten interpretiert wird.

Im obigen Beispiel des Zellularautomaten aus Abb. 2-10 wären die ersten 3 Zustände somit:

$S_0$:  (0, 0, 0, 0,...,0, 1, 0, 0,...,0, 0, 0, 0), wobei die 1 an der Position i = 15 steht,
$S_1$:  (0, 0, 0, 0,...,0, 1, 1, 1, 0,...,0, 0, 0, 0) und
$S_2$:  (0, 0, 0, 0,...,0, 1, 1, 0, 0, 1, 0...,0, 0, 0, 0).

## 2.2.1.3 Übergangsregeln

Nun zu den Übergangsregeln. Um die Funktion der Regeln deutlich zu machen, die wie bemerkt den Übergang von einem Zustand zum nächsten Zustand einer Zelle bei einem Zeitschritt des Zellularautomaten bestimmen, hier zunächst als Beispiel (Abb. 2-12) die Regel des in Abb. 2-10 vorgestellten Zellularautomaten:

| 1 | 1 | 1 |  | 1 | 1 | 0 |  | 1 | 0 | 1 |  | 1 | 0 | 0 |  | 0 | 1 | 1 |  | 0 | 1 | 0 |  | 0 | 0 | 1 |  | 0 | 0 | 0 |
|---|---|---|---|---|---|---|---|---|---|---|---|---|---|---|---|---|---|---|---|---|---|---|---|---|---|---|---|---|---|---|
|  | 0 |  |  |  | 0 |  |  |  | 0 |  |  |  | 1 |  |  |  | 1 |  |  |  | 1 |  |  |  | 1 |  |  |  | 0 |  |  |

**Abbildung 2-12:** Darstellung der Übergangs-Regel für den ZA aus Abb. 2-10

**Tabelle 2-6:** Alternative Darstellung der Übergangs-Regel für den Zellularautomaten

| Aktueller Zustand der Zelle in ihrer Umgebung | neuer Zustand der Zelle |
|:---:|:---:|
| 1 1 1 | 0 |
| 1 1 0 | 0 |
| 1 0 1 | 0 |
| 1 0 0 | 1 |
| 0 1 1 | 1 |
| 0 1 0 | 1 |
| 0 0 1 | 1 |
| 0 0 0 | 0 |

Die oberen Zeilen geben die $2^3 = 8$ möglichen Anordnungen einer Zelle in ihrer Umgebung an, darunter steht der Zustand, in den die entsprechende Zelle zu transformieren ist.

In der von Stephen Wolfram eingeführten Nomenklatur (Wolfram 2000) wird dieser Regel[33] die Nummer 30 zugeordnet, das ist die Dezimaldarstellung des Binärstrings, der aus der Verkettung (*concatenation*) der Ziffern 00011110 der unteren Zeile in Abb. 2-12 entsteht.

Diese Regel ist, das sei noch einmal hervorgehoben, eine streng *lokale* Zellularautomaten-Regel, denn die Transformation des Zustandes einer Zelle hängt ausschließlich von den Zuständen der beiden Nachbarn der Zelle sowie der Zelle selbst ab[34], nicht aber von irgendwelchen Eigenschaften des gesamten Systems[35] oder von den Zuständen weit entfernter Zellen.

Die dynamischen Eigenschaften des Gesamtsystems, sofern solche definiert werden können, ergeben sich aus dem Zusammenwirken aller Zelltransformationen, sie sind *emergent*[36].

Die zeitliche Folge der Zellularautomaten-Zustände beginnt mit einem willkürlich zu definierenden Anfangszustand. Dieser ergibt sich bei der Verwendung des Zellularautomaten als Simulation natürlich aus der Problemstellung, von der die Simulation ausgehen soll.

---

[33]  Hinweis: Der Begriff "Regel" wird hier für den ganzen Satz von möglichen Konfigurationen verwendet; beachten Sie, dass manche Autoren hier von "Regelsystem" sprechen und den Begriff "Regel" auf eine einzelne Umgebungskonfiguration beschränken.

[34]  Diese Lokalität der Wechselwirkungen verbunden mit der Homogenität der Umgebungen gilt grundsätzlich für Zellularautomaten, auch wenn die Regeln natürlich beliebig kompliziert gestaltet werden können. Bei bestimmten Typen von ZA (z.B. bei reversiblen ZA) können jedoch in den Übergangsregeln für t nach t+1 außer den lokalen Umgebungen zum aktuellen Zeitpunkt t auch noch Umgebungen zu früheren Zeitpunkten (z.B. t–1) berücksichtigt werden.

[35]  Solche Eigenschaften wären z.B. die Summe oder der Durchschnitt *aller* (reellen) Zellzustände.

[36]  Ins Auge springende emergente dynamische Eigenschaften von ZA sind z.B. bei zweidimensionalen Gittern die Bildung auffälliger Strukturen aus einem zufälligen Anfangszustand oder die scheinbare Translationsbewegung von Strukturen in einem chaotisch wirkenden Umfeld (vgl. Abb. 2-14). Diese können bei geeigneter Visualisierung auf dem Monitor mit dem Auge sehr leicht entdeckt werden; ihre mathematische Analyse ist dagegen mühsam.

## Übung 2.2-1

Geben Sie die Nummer der im Folgenden dargestellten Regel (Tab. 2-7) in der Wolframnomenklatur an. Versuchen Sie die Regel durch Boolesche Funktionen (Konjunktion, Disjunktion, Negation, XOR, Implikation) zu formulieren.

Tabelle 2-7: Übergangs-Regel für den Zellularautomaten der Übung 2.2-1.

| Aktueller Zustand der Zelle in ihrer Umgebung | neuer Zustand der Zelle |
|---|---|
| 1 1 1 | 0 |
| 1 1 0 | 1 |
| 1 0 1 | 0 |
| 1 0 0 | 1 |
| 0 1 1 | 1 |
| 0 1 0 | 0 |
| 0 0 1 | 1 |
| 0 0 0 | 0 |

Die Regeln des hier vorgestellten Typs können natürlich wie in der Abbildung als Listen bzw. Tabellen im Programm verarbeitet werden. Für die Programmierung sind andere Darstellungen der Regel als die obige Tabellenform jedoch häufig geeigneter.

Alternativ kann man die Koordinatentripel als Dezimalzahlen (111→7 bis 000→0) schreiben. Fasst man die neuen Zustände in der Reihenfolge dieser Dezimalzahlen zu einem Vektor zusammen, dann wird die Regel 30 als $R(7:0) = (0,0,0,1,1,1,1,0)$ repräsentiert. Üblicherweise wird der Vektor aufsteigend indiziert, so dass sich die Regel zu $R(0:7) = (0,1,1,1,1,0,0,0)$ ergibt. Offensichtlich lässt sich jede andere der 256 möglichen Regeln[37] von eindimensionalen ZA mit einfacher Umgebung sofort durch Umwandlung der Nummer der Regel in binäre Zahlen in Form eines solchen Vektors hinschreiben.

### 2.2.1.4  Zelltransformation

Bei der Berechnung eines neuen Zustandes einer Zelle $Z_i$ eines eindimensionalen Zellularautomaten nach der entsprechenden Regel, muss man die Umgebung $U_i = (Z_{i-1}, Z_i, Z_{i+1})$ von $Z_i$ bezogen auf den Zeitpunkt t aus dem Zustandsvektor gewissermaßen herausschneiden; die Komponenten von $U_i$ werden dann als Index k bzw. Binärzahl verwendet, um aus der dreidimensionalen Regelmatrix bzw. dem Regelvektor $R(0:7)$ den jeweils neuen Zellzustand zum Zeitpunkt t+1 zu entnehmen. Dafür gilt:

$$Z_{i,t+1} = R(k)$$
$$k = 2^2 \cdot Z_{i-1} + 2^1 \cdot Z_i + 2^0 \cdot Z_{i+1}$$

Programmiert man in einer Sprache, die über schnelle Matrizenoperationen verfügt, kann die dreidimensionale Darstellung vorteilhaft sein:

$$Z_{i,t+1} = {}^3R(Z_{i-1,t}, Z_{i,t}, Z_{i+1,t}).$$

---

[37]  Zur Erinnerung: Es gibt $2^3 = 8$ Umgebungen, die jeweils entweder zur Transformation in 1 oder 0 führen. Die Kombinatorik ergibt dann $2^8 = 256$ mögliche Regeln. Allgemein erhält man bei k Nachbarzellen, d.h. einer Umgebungsgröße von k+1, und m Zell-Zuständen $m^{m^{k+1}}$ mögliche Regeln.

Dies Verfahren sei noch einmal am Beispiel des Zellularautomaten aus Abb. 2-10 konkretisiert. Die mittlere Zelle Nr. 15 mit dem Zustand $Z_{15} = 1$ zum Zeitpunkt $t = 0$ hat als Umgebung die Zellen Nr. 14 und Nr. 16, beide mit dem Zustand $Z_{14} = Z_{16} = 0$.

Damit ist

$U_{15} = (0,1,0)$ und

$k = 2^2 \cdot 0 + 2^1 \cdot 1 + 2^0 \cdot 0 = 2$.

Der neue Zustand der Zelle Nr. 15 ergibt sich dann aus dem Regelvektor $R = (0,1,1,1,1,0,0,0)$ für den Index k=2 als $R(k) = 1$.

Wie so etwas programmiert werden kann, wird in folgendem Pseudocode, der wiederum an die FORTRAN-Schreibweise angelehnt ist, wiedergegeben:

**Code-Beispiel 2.2-1**

```
!...der Systemzustand zur Zeit t sei gespeichert als S(1:N),
!    die Regel als Vektor R(0:7) = (0,1,1,1,1,0,0,0),
!    der neue Systemzustand für t+1 als Sneu(1:N)

     do i = 2,N - 1          ! Schleife über alle Zellen des eindim. ZA

            U(1:3) = S(i-1:i+1)    ! Umgebg. der Zelle als Vektor U(Fn.38)

            k = 4*U(1)+2*U(2)+U(3) ! Index des Regelvektors (s. Text oben)

            Sneu(i) = R(k)         ! transformierter Zustand der Zelle i

     enddo                    ! Ende Schleife über alle Zellen
!...die Randzellen S(1) und S(2) müssen speziell behandelt werden (s.
!    weiter unten 2.2.1.5.)!
```

Im Falle zweidimensionaler Zellularautomaten erhält man z.B. bei der Moore-Umgebung (s. Abb. 2-11d.) als Umgebung U einer Zelle $z_{i,j}$ eine Matrix:

$$U = \begin{pmatrix} z_{i-1\,j-1} & z_{i-1\,j} & z_{i-1\,j+1} \\ z_{ij-1} & z_{ij} & z_{ij+1} \\ z_{i+1\,j-1} & z_{i+1\,j} & z_{i+1\,j+1} \end{pmatrix}.$$

Die Übergangsregeln können natürlich in diesem Falle kompliziert sein (Näheres dazu in: Stoica-Klüver u.a. 2009 ).

Als Beispiel sei hier eine einfache, so genannte totalistische Regel (s. dazu Abschnitt 2.2.4.1) gewählt, bei der die Bedingung der Transformation nur von der Summe der Umgebungszellen (eventuell auch ohne die zentrale Zelle $z_{ij}$) abhängt; die Regel (für binäre Zellzustände) laute hier:

"Wenn die Summe aller Zellen der Umgebung größer als 4 ist, dann wird der neue Zustand von $z_{ij}$ 1, andernfalls 0."

Für einen solchen Fall sähe der relevante Programmabschnitt ungefähr so aus:

---

[38]  FORTRAN gestattet das Ausschneiden aus Matrizen /Vektoren durch diesen einfachen Befehl.

**Code-Beispiel 2.2-2**

```
!...der Systemzustand zur Zeit t sei gespeichert als S(1:M,1:N),
!   der neue Systemzustand für t+1 als Sneu(1:M,1:N),
do i = 2,M-1        ! Schleife über alle Zellen einer Zeile d. 2dim. ZA
   do j = 2,N-1      ! Schleife über alle Zellen einer Spalte d. 2dim. ZA
      U(1:3,1:3) = S(i-1:i+1, j-1:j+1)! Umgebung der Zelle ij als Matrix U
      k = SUM(U)                ! Summe der Elemente der Matrix U
      IF(k>4) then
         Sneu(i,j) = 1          ! transformierter Zustand der Zelle ij
      ELSE
         Sneu(i,j) = 0
      ENDIF
   ..enddo
enddo                          ! Ende Schleife über alle Zellen
!...die Randzellen S(1,j),S(M,j),S(i,1) und S(i,N) müssen speziell
!   behandelt werden (s. unten 2.2.1.5.)!
```

## 2.2.1.5 Randprobleme

Wenn das Gitter des Zellularautomaten begrenzt ist, tritt natürlich ein Problem bei der Berechnung der neuen Zellzustände für die Zellen an den Grenzen auf, also im eindimensionalen Falle bei $z_0$ und $z_N$, dass nämlich die Umgebungen nicht vollständig sind. Dieses Problem kann prinzipiell auf zwei Wegen gelöst werden. Zum einen kann man spezielle *"Randregeln"* hinzufügen; diese Lösung wird gewählt bei Simulationen mit Zellularautomaten, wenn derartige Randregeln inhaltlich sinnvoll sind. Sie werden weiter unten (Kap. 2.2.5) ein Beispiel dafür kennen lernen, in dem das Zellularautomaten-Gitter einen Schulhof modelliert.

Zum anderen kann man den – nach wie vor finiten – Zellularautomaten *zyklisch* machen. Bei der Programmierung im eindimensionalen Fall wird dazu – zum Zwecke des Ausschneidens der Umgebungen – der Vektor, der den Zustand des Zellularautomaten (d.h. die Zellzustände des Gitters) beschreibt, nach links und rechts um eine Komponente erweitert, nämlich links durch die Kopie der letzten Komponente und rechts durch die Kopie der ersten Komponente:

$$S = (s_N, s_1, s_2, \ldots \ldots \ldots \ldots s_{N-1}, s_N, s_1).$$

Der Vektor, der nun N+2 Komponenten besitzt, wird dann sinnvoller Weise von 0 bis N+1 indiziert:

$$S = (s_0, s_1, s_2, \ldots \ldots \ldots \ldots s_{N-1}, s_N, s_{N+1}),$$

wobei $s_0 = s_N$ und $s_{N+1} = s_1$ ist.

Die zusätzlichen Elemente werden nur als Teil der Umgebung verwendet, nicht aber selbst transformiert; jedoch wird nach jedem Schleifendurchlauf erneut $s_1 = s_N$ und $s_{(N+1)} = s_1$ gesetzt.

Eine weitere Variante wäre, dass diese Randzellen einen bestimmten Zustand konstant beibehalten.

Das Gitter des zyklisch gemachten Zellularautomaten bildet also einen *Ring* wie im folgenden Beispiel (Abb. 2-13):

**Abbildung 2-13:** Eindimensionaler Zellularautomat mit Ringschluss

Im Programm kann der Ringschluss als Beispiel für die Randbehandlung durch sehr einfache Modifikation des obigen Programmausschnitts realisiert werden:

**Code-Beispiel 2.2-3**

```
!...der Systemzustand zur Zeit t sei gespeichert als S(0:N+1),
!    die Regel als Vektor R(0:7) = (0,1,1,1,1,0,0,0),
!    der neue Systemzustand für t+1 als Sneu(0:N+1)
S(0) = S(N)                     ! Setzen der Ergänzungselemente
S(N+1) = S(1)
do i = 1,N              ! Schleife über alle Zellen des eindim. ZA
    U(1:3) = S(i-1:i+1)    ! Umgebung der Zelle i als Vektor U
    k = 4*U(1)+2*U(2)+U(3)        ! Index des Regelvektors
    Sneu(i) = R(k)               ! transformierter Zustand der Zelle i
enddo                         ! Ende Schleife über alle Zellen
Sneu(0) = S(N)          ! diese Befehle sind entbehrlich, wenn dieser
Sneu(N+1) = S(1)        ! Programmabschnitt in einer Schleife liegt
```

Im zweidimensionalen Fall wird analog der Zellularautomat durch Anfügen der jeweils gegenüberliegenden Zeilen und Spalten an die Matrix, die das Gitter darstellt, zu einem *Torus* geschlossen; das Verfahren funktioniert analog auch für höher dimensionale Zellularautomaten. Die Matrix wird im toroidalen Zellularautomaten durch jeweils eine Spalte links und rechts sowie eine Zeile oben und unten erweitert, mit entsprechendem Update nach jedem Schleifendurchlauf. Dieses Erweiterungsverfahren hat den Vorteil, dass dieselbe Umgebungsdefinition für alle Zellen einschließlich der Randzellen verwendet werden kann.

## 2.2.1.6 Programmablauf

Für die Programmierung des gesamten Zellularautomaten als rekursive Folge von zeitlichen Schritten gehen Sie am besten nach dem im Folgenden skizzierten Schema vor. Dieses geht vom gebräuchlichsten Ablaufmodus eines Zellularautomaten aus, dem *Synchronmodus*, bei dem zunächst für alle Zellen die jeweils neuen Zustände auf der Basis des Ausgangszustands des Systems berechnet werden; die einzelnen Zellen werden erst danach in ihrer Gesamtheit in den jeweiligen neuen Zustand versetzt. In späteren Beispielen (siehe 2.2.3.3 und 2.2.5) werden auch andere Ablaufschemata vorgestellt.

Hier das Programmschema:

1. Definieren Sie die Größe N des Zellularautomaten-Feldes (Anzahl der Zellen). Im eindimensionalen Fall ist N die Anzahl der Elemente eines Vektors, der die Zustände der einzelnen Zellen repräsentiert.

2. Definieren Sie den Anfangszustand (t = 0) gemäß diesen Angaben als Vektor

3. $S_0 = (s_{01}, s_{02}, \ldots, s_{0N})$ bzw. als erweiterten Vektor $(s_{00}, s_{01}, \ldots, s_{0N+1})$ bei zyklischem Feld.

4. Der zeitliche Ablauf des Zellularautomaten wird durch eine Schleife $S_0$, $S_1, \ldots S_t, S_{t+1}$ dargestellt (die natürlich ein sinnvolles Abbruchkriterium enthalten muss, z.B. eine maximale Schrittzahl).

5. Innerhalb dieser Schleife wird eine Prozedur (Methode, Unterprogramm) aufgerufen, die die Zellzustände durch Regelanwendung gemäß dem gewählten Ablaufschema transformiert (siehe obige Beispiele). Das bedeutet wie bemerkt, dass die Zellen des Zellularautomaten in einer definierten Reihenfolge, z.B. von links nach rechts, in einer entsprechenden Schleife, nacheinander abgefragt, die jeweiligen Umgebungen "ausgeschnitten" und die jeweilige Zelle gemäß der Regel und den relevanten Umgebungszuständen transformiert wird:

$$\text{Schleife: } s_{ti} \rightarrow s_{(t+1)i} \text{ mit } s_{(t+1)i} = f(U_i).$$

6. Die Ergebnisse der einzelnen Zelltransformationen werden im Vektor $S_{t+1}$ gespeichert.

Die Zustände eines eindimensionalen Zellularautomaten mit N Zellen werden also in einer Folge von Vektoren $S_t = (s_{t1}, s_{t2}, \ldots, s_{tN})$ mit N Elementen gespeichert. Ganz entsprechend werden die Zustände eines zweidimensionalen Zellularautomaten in einer Folge von Matrizen $S_t = (s_{tij})$ abgelegt. Diese bilden die Basis einer Analyse der Systemdynamik.

## 2.2.2 Visualisierung und Analyse von Zellularautomaten

Im vorangegangenen Abschnitt ging es um den "mathematischen Kern" des Zellularautomaten. Die Sequenz der Zustände, die die "Geschichte" des Zellularautomaten darstellt, muss natürlich in angemessener Weise sowohl visualisiert als auch analysiert werden.

Die primäre grafische Darstellung wird im eindimensionalen Fall üblicherweise in der in Abb. 2-10 wiedergegebenen Form realisiert. Jeder Zustandsvektor (Systemzustand) wird als Zeile von schwarzen und weißen Zellen gezeichnet; bei mehr als zwei möglichen Zellzuständen verwendet man meist eine mehrfarbige Codierung. Aufeinander folgende Zustandsvektoren werden einfach untereinander angeordnet.

Damit hat man zugleich einen visuellen Eindruck von der Dynamik. Kurzperiodische Attraktoren oder Punktattraktoren sind in der Regel schnell in der Grafik zu erkennen. Lange Perioden können Sie praktisch nur mit Hilfe mathematischer Analysen der Dynamik entdecken. Um eine solche zu ermöglichen, sollten, wie schon bei den Booleschen Netzen ausgeführt, in jedem Falle neben sämtlichen Ausgangsparametern (Anfangszustand, Regel, Ablaufmodus etc.) alle Systemzustände in geeigneter Form in einer Datei (vorzugsweise Textdatei) gespeichert werden. Das ist im eindimensionalen Fall einfach, kann aber bereits im zweidimensionalen Fall zu beträchtlich umfangreichen Dateien führen.

## Übung 2.2-2

Programmieren Sie (incl. grafischer Darstellung) einen eindimensionalen Zellularautomaten mit dem in Abb. 2-10 gegebenen Anfangszustand, aber mit der Größe (Anzahl der Zellen) $N = 201$, mit synchronem Ablaufmodus und in 4 Versionen mit den Regeln Nr. 6, 22, 30 sowie 118. Hier benötigen Sie bis zu einer gewissen Schrittzahl (welche und warum?) keinen zyklischen Zellularautomaten.

Programmieren Sie dann einen eindimensionalen Zellularautomaten mit dem in Abb. 2-13 gegebenen Anfangszustand. Nummerieren Sie die Zellen beginnend mit der untersten Zelle und dann entgegen dem Uhrzeigersinn von 1 bis 20. Wählen Sie ebenfalls den synchronen Ablaufmodus und wenden Sie nacheinander die Regeln Nr. 6, 22, 30 sowie 118 an. In diesem Falle müssen Sie den Ringschluss zwischen den Zellen 1 und 20 beachten.

Die Dynamik eines Zellularautomaten kann durch *Trajektorien*, d.h. durch die Folge der Systemzustände des Zellularautomaten, repräsentiert werden. Das ist mittelbar in Abb. 2-10 so geschehen: Jede der untereinander aufgezeichneten Zeilen stellt wie bemerkt einen Systemzustand zu einem bestimmten Zeitpunkt t dar. Der Vorteil dieser grafisch orientierten Darstellung ist, dass sich wiederholende oder sogar sich bewegende (beim Übergang von t zu t+1 verschobene) Muster sofort erkannt werden können, wie Sie an den Beispielen der vorangegangenen Übung sehen konnten.

Bei zweidimensionalen Zellularautomaten allerdings wird dies Verfahren schon schwieriger. Man könnte eine mit t indizierte Folge zweidimensionaler Bilder des gesamten Zellularautomaten-Gitters erzeugen und diese eventuell als Videosequenz ablaufen lassen. Abb. 2-14 zeigt ein Beispiel einer Bild-Sequenz von 5 aufeinander folgenden Zuständen eines zweidimensionalen Zellularautomaten[39].

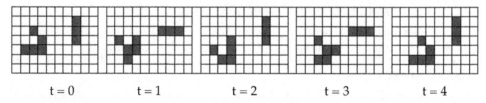

$t = 0$ $\qquad$ $t = 1$ $\qquad$ $t = 2$ $\qquad$ $t = 3$ $\qquad$ $t = 4$

**Abbildung 2-14:** Darstellung von 5 aufeinander folgenden Zuständen eines zweidimensionalen Zellularautomaten

Wie man sofort sieht, lassen sich *Teil*strukturen, die sich in kurzen Perioden verändern, sowie einfache Bewegungsmuster in derartigen Bildsequenzen visuell leicht entdecken. Zellularautomaten, die so einfache Muster zeigen, sind allerdings vergleichsweise selten.

---

[39] Die Regeln sind die des in 2.2.4.1 beschriebenen totalistischen Zellularautomaten "Game of Life": Eine Zelle im Zustand 0 nimmt den Zustand 1 an, wenn die Summe der Zustände in ihrer Moore-Umgebung genau 3 ist; sonst verbleibt sie im Zustand 0. Eine Zelle im Zustand 1 nimmt den Zustand 0 an, wenn die Summe 0, 1 oder größer als 3 ist; sie verbleibt im Zustand 1, wenn die Summe 2 oder 3 ist. Die abgebildete Teilstruktur mit der Periode 2 wird in der Literatur als „Blinker" bezeichnet, die „wandernde" Teilstruktur mit der Periode 4 als „Gleiter".

Für eine genaue Analyse der gesamtem Dynamik eines Zellularautomaten, beispielsweise für die Suche nach Perioden des Gesamt-Zustandes, muss der Systemzustand durch eindeutige Zahlen oder Zahl-Objekte (Vektoren, Matrizen o.ä.) gekennzeichnet werden. Im eindimensionalen Falle können das, wie oben bereits erwähnt, bei kleineren Gittern Binär- oder Dezimalzahlen sein.

So könnte man beispielsweise beim Zellularautomaten der Abb. 2-10 folgendermaßen aus dem Binärstring eine Folge S(t) natürlicher Zahlen erzeugen, die die Zustände eindeutig beschreiben:

$$S(t) = \sum_{i=0}^{30} z_i(t) \cdot 2^i,$$

wo $z_i(t)$ den jeweiligen Zustand der i-ten Zelle bezeichnet.

Mit dieser Formel ergäbe sich für den Zellularautomaten aus Abb. 2-10 eine Folge

$$2^{15}, 2^{14}+2^{15}+2^{16}, 2^{13}+2^{14}+2^{17}, 2^{12}+2^{13}+2^{15}+2^{16}+2^{17}+2^{18}, 2^{11}+2^{12}+2^{15}+2^{19}....usf.,$$

oder

$$2^{11} \cdot (16\,,\,56,76,246,275.........................................).$$

Diese Zahlenfolge kann man als Ordinate gegen die Zeitschritte als Abszisse auftragen und erhält damit den Graphen einer vollständigen Trajektorie. Eine Periode zeigt sich dadurch, dass zu einem Zeitpunkt t derselbe Ordinatenwert wie zu einem früheren Zeitpunkt t–p auftritt (s. Tab. 2-8)[40]. In Abb. 2-15 ist ein solcher Typ von Trajektorien dargestellt und zwar am Beispiel eines zyklischen eindimensionalen Zellularautomaten wie in Abb. 2-14, allerdings mit nur 10 Zellen.

**Tabelle 2-8:** Erste 8 Zustände eines eindimensionalen Zellularautomaten (zu Spalte 4 und 5 s. Text weiter unten)

| Schritt | Zustand | dezimal | $dez_{links}$ | $dez_{rechts}$ |
|---------|-----------|---------|-----------|------------|
| 0 | 0101011000 | 106 | 12 | 3 |
| 1 | 1000011100 | 225 | 1 | 7 |
| 2 | 0100110111 | 928 | 18 | 29 |
| 3 | 0011110101 | 700 | 24 | 21 |
| 4 | 1110010000 | 39 | 7 | 1 |
| 5 | 1011101001 | 605 | 13 | 18 |
| 6 | 1010100111 | 917 | 5 | 28 |
| 7 | 1000011100 | 225 | 1 | 7 |

---

[40]  Das gilt so nur für den synchronen Ablaufmodus. Im sequentiellen Fall (siehe Boolesche Netze und weiter unten) müssen die Zustände zu Zeitpunkten verglichen werden, an denen alle Zellen transformiert sind. Bei zufallsgesteuertem Ablauf können so nur Punktattraktoren, also konstant bleibende Gesamtzustände diagnostiziert werden.

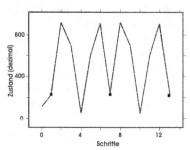

**Abbildung 2-15:** Trajektorie der ersten 13 Schritte (Markierungen zeigen die Periode von 6 Zuständen).

Bitte beachten Sie, dass es sich bei der Trajektorie nicht um die gewohnte Darstellung einer reellen Funktion als Kurve handelt, sondern um eine endliche Menge *diskreter Punkte*. Diese Punkte werden zwar in den Darstellungen – wie in Abb. 2-16 und üblicherweise in der Literatur – durch mehr oder weniger geglättete Kurvenstücke verbunden, diese Verbindungen haben aber nichts mit eigentlichen Trajektorien zu tun. Alle Punkte der Kurve *zwischen* zwei zeitlich aufeinander folgenden Zuständen sind bedeutungslos.

In der nachstehenden Übung 2.2.-3 sollen Sie selbst einmal eine vollständige Trajektorie für einen einfacheren Zellularautomaten aufstellen. Danach werden wir die Problematik dieser Trajektorien diskutieren.

## Übung 2.2-3

Nehmen Sie den Zellularautomaten mit 20 Zellen und dem Anfangszustand der Abb. 2-14 und folgender, sehr einfacher Regel:

1) Wenn die beiden Nachbarzellen $z_{i-1}$ und $z_{i+1}$ einer Zelle $z_i$ zum Zeitpunkt t beide den Zustand 0 oder beide den Zustand 1 besitzen, dann ist der neue Zustand von $z_i$ zum Zeitpunkt t+1 immer 0 (unabhängig vom Zustand von $z_i$ zum Zeitpunkt t;

2) wenn die beiden Nachbarzellen zum Zeitpunkt t unterschiedliche Zustände besitzen, dann ist der neue Zustand von $z_i$ zum Zeitpunkt t+1 immer 1.

Stellen Sie die Regel in Tabellenform wie in Tab. 2-6 dar und bestimmen Sie die Nummer dieser Regel in der Wolfram-Codierung. Welche Boolesche Funktion ist das?

Berechnen Sie ca. 20 Schritte des Zellularautomaten und tragen Sie die Systemzustände (also Zahlen zwischen 0 und $2^{19}$) in der oben angegebenen Weise dezimal als Trajektorie auf.

Wenn Sie die Trajektorien der Abb. 2-15 und die aus der Übung 2.2-3 betrachten, werden Sie wahrscheinlich sofort die Probleme dieser Darstellung erkennen.

Die Zustände sind zwar auf der Ordinate nach Größe geordnet, die Punkte liegen aber von Zeitschritt zu Zeitschritt recht chaotisch im Diagramm. Das liegt daran, dass es keine topologische Beziehung zwischen den Zuständen und den Zeitschritten in dem Sinne gibt, dass Zeitschritte in der Umgebung eines Zeitschritts t mit dem Zustand $S_t$ auch Zustände in der Nähe von $S_t$ liefern. Das ist leider eine nicht zu umgehende Tatsache. Wenn man ferner bedenkt, dass bei einem Zellularautomaten mit 20 Zellen die Dezimalcodes der Zustände im Bereich von 0 bis $2^{20}$ liegen und entsprechend auch sehr große Perioden (ebenfalls bis zur Größenordnung $2^{20}$) auftreten können, dann ist offensichtlich, dass sich die Bestimmung von Perioden aus der grafischen Darstellung dieses Trajektorientyps auf einfache Fälle beschränken muss.

Ebenso wenig möglich ist beispielsweise, wiederkehrende Muster wie in Abb. 2-14 in einer solchen Darstellung zu erkennen.

Um Perioden leichter aufzufinden, kann man auch eine andere Darstellung wählen, indem man den binären Zustandsvektor einfach in der Mitte (es geht auch ungefähr in der Mitte) teilt und so jeden Zustand durch 2 dezimale Zahlen ($x_t$, $y_t$) charakterisiert (siehe Spalte 4 und 5 der Tab. 2-8). Diese werden für jeden Zustand als Punkt in der x, y-Ebene aufgetragen. Verbindet man die Zustandspunkte durch gerade Strecken, dann sind Perioden als geschlossene Polygone erkennbar. Abb. 2-16 zeigt das Ergebnis.

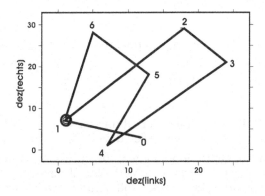

**Abbildung 2-16:** Alternative Darstellung der Trajektorie mit „halbierten" Zustandscodes. Die Ziffern am Polygon sind die Zeitpunkte / Schritte, an denen die jeweiligen Zustände auftreten. Der Schritt von 0 bis 1 ist eine Vorperiode. Nach Schritt 6 schließt sich das Polygon, indem das System zum Zustand bei 1 zurückkehrt. Das Polygon mit 6 Ecken zeigt also einen Attraktor mit der Periode von 6 an.

## Übung 2.2-4

Zeichnen Sie diese Trajektoriendarstellung für das Zellularautomaten-Beispiel in Übung 2.2-3. Teilen Sie den Zustandsvektor dabei in der Mitte.

Bereits bei etwas größeren eindimensionalen Zellularautomaten, noch viel mehr bei zweidimensionalen, wird der Zahlenraum der Dezimalcodes, die die Zustände charakterisieren, sehr groß. Außerdem streuen die Zustandspunkte in diesem Zahlenraum sehr stark. Deshalb sind die beschriebenen vollständigen Trajektorien nicht mehr handhabbar. Aus diesem Grunde wählt man in fast allen praktischen Fällen *Teiltrajektorien* oder *aggregierte Trajektorien*.

Damit ist folgendes gemeint: Man sucht zunächst Größen, von denen man annimmt, dass sie die Zustände in Hinblick darauf, was diese bei Simulationen modellieren sollen, in irgendeiner sinnvollen Weise charakterisieren. Ein einfaches

Beispiel ist die Anzahl aller Zellen in einem bestimmten Zustand[41]. Diese Größen werden gegen die Zeitschritte oder gegen einander aufgetragen. Die folgende Abb. 2-17 zeigt eine solche Teiltrajektorie am obigen Beispiel des Zellularautomaten mit 10 Zellen.

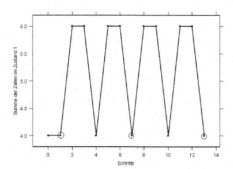

**Abbildung 2-17:** Teiltrajektorie: Summe der Zellen im Zustand 1. Die offenen Kreise zeigen die Periode an[42].

Die nachfolgende Übung 2.2-5 vertieft die Betrachtung der Möglichkeiten von Teiltrajektorien.

## Übung 2.2-5

Wolfram verwendet den Zellularautomaten der Übung 2.2-3 als einfaches Modell für eine Börse. Die Regeln werden folgendermaßen dabei interpretiert:

Die Zellzustände sollen Börsenakteure modellieren, die entweder kaufen (1) oder verkaufen (0). Die Akteure werden durch das Verhalten ihrer beiden Nachbarn beeinflusst (ihr eigener Zustand spielt keine Rolle), und zwar nach der sehr einfachen Regel:

Die Akteure kaufen nur, wenn die beiden Nachbarn unterschiedliches Verhalten zeigen.

Wählen Sie eine Größe des Zellularautomaten von ca. 100 Zellen mit zufälliger Verteilung von Zuständen 0 und 1 in etwa gleicher Anzahl.

Tragen Sie die Anzahl der Käufer (Zellzustand 1) bzw. der Verkäufer (0) gegen die Zeitschritte auf (1. Teiltrajektorie), ferner die Differenz zwischen der Anzahl der Käufer und der der Verkäufer gegen die Zeit (2. Teiltrajektorie).

Wenn man vereinfacht annimmt, dass ein Börsenkurs mit der genannten Differenz zwischen Käufern und Verkäufern wächst, hätte man also ein Börsenmodell.

Hier sei noch ein Hinweis angefügt: *Aus den Teiltrajektorien kann man nicht sicher auf Perioden schließen.* Offensichtlich ist, dass z.B. eine gleiche Zahl von Zellen eines

---

[41]  Das wäre bei einem binären Zellularautomaten sinnvoll, bei dem Zellen im Zustand 1 lebende, im Zustand 0 abgestorbene Lebewesen symbolisieren (siehe auch "Game of Life", Kap. 2.2.4.1).

[42]  Beachten Sie, dass hier eine Summe, die sich wie in der Abbildung die 4 wiederholt, noch keine Periode anzeigen muss. Siehe dazu den weiteren Text.

bestimmten Zustandes (z.B. gleiche Zahl Zellen mit s = 1) zu zwei Zeitpunkten $t_1$ und $t_2$ keine Periode bedeutet. Dies gilt auch dann nicht, wenn zusätzlich die Veränderung der Zahl von $t_1$-1 zu $t_1$ und entsprechend von $t_2$-1 zu $t_2$ gleich sein sollte. Beides sind zwar *notwendige*, aber *keine hinreichenden* Kriterien für das Vorliegen einer Periode. Wenn man in diesen Fällen auf eine Periode testen will, stellt man zuerst fest, ob diese beiden Kriterien erfüllt sind; danach ist zu prüfen, ob die *vollständig beschriebenen Zustände* zu den beiden Zeitpunkten übereinstimmen. Erst dann liegt eine Periode vor.

## 2.2.3    Eigenschaften von Zellularautomaten

### 2.2.3.1   Grundmuster eines Zellularautomaten-Programms

In den vorangegangenen Abschnitten wurde das Grundmuster eines Zellular-automaten erarbeitet. Dieses soll hier noch einmal als Programmskizze zusammengefasst werden:

- Feld-(Gitter-)Größe definieren (Vektor bzw. Matrix; ggf. zyklisch/toroidal)
- Zustand der Zellen definieren (binär, reelle Zahl oder Vektor)
- Anfangszustand des Systems $S_0$ definieren (Vektor bzw. Matrix)
- $S_0$ (und später weitere Zustände) in Datei speichern
- alle Ausgangsparameter speichern
- Systemzustand grafisch darstellen
- Schrittschleife (t=0, 1, 2..........$t_{max}$) {
  - Zell-Scan: {
    - Zellen $z_i$ werden in definierter Reihenfolge gemäß Ablaufmodus in Vektor/Matrix $S_t$ durchlaufen und Zell-Zustand $s_{i,t}$ abgefragt
    - jeweils Zellzustände der Umgebung $U_i$ abfragen
    - Regel anwenden: liefert neuen Zellzustand $s_{i,t+1}$
    - neue Zellzustände in Systemzustand $S_{t+1}$ schreiben }
  - $S_{t+1}$ in Datei speichern
  - (Speicherplatz für $S_t$ kann ggf. mit $S_{t+1}$ überschrieben werden)
  - neuen Systemzustand grafisch darstellen
  - Anzahl Zellen pro Zellzustand $N(s_i)_{t+1}$ berechnen (in Datei speichern)
  - Veränderung der Anzahlen berechnen: $\Delta N_{t+1} = N(s_i)_{t+1} - N(s_i)_t$
  - auf Periodizität prüfen:
    - existiert ein $N(s_i)_{t+1-p} = N(s_i)_{t+1}$? (in Datei, in der die $N(s_i)_t$ gespeichert sind, rückwärts suchen)
    - falls zutreffend, ist $\Delta N_{t+1} = \Delta N_{t+1-p}$?
    - falls zutreffend, ist $S_{t+1} = S_{t+1-p}$? (in Datei, in der die $S_t$ gespeichert sind, prüfen)
    - trifft auch dies zu, ist ein Attraktor mit der Periode p (und der Vorperiode t-p) erreicht
    - in diesem Fall kann die Schrittschleife abgebrochen werden }
- ggf. Berechnung und grafische Darstellung einer geeigneten Trajektorie

Die Dynamik eines Zellularautomaten, die Sie in der Regel als Sequenz von Grafiken beim Ablauf des Zellularautomaten-Programms auf dem Bildschirm sehen, hängt offensichtlich nicht nur von den gewählten Regeln ab, sondern auch von den Anfangszuständen und dem Ablaufmodus. Um Sie ein wenig erfahren zu lassen, wie sich unterschiedliche Regeln, Anfangszustände oder Ablaufmodi auswirken und inwieweit dies bei der Programmierung zu berücksichtigen ist, geben wir Ihnen hier noch einige Übungen, bevor praktisch wichtige Varianten der Zellularautomaten-Regeln erörtert werden.

## Übung  2.2-6

Nehmen Sie wieder die Zellularautomaten-Regel der Übung 2.2-3. Experimentieren Sie mit verschiedenen Anfangszuständen und versuchen Sie nur durch Wahl spezieller Anfangszustände Attraktoren der Periode 1 (Punktattraktor) und 2 zu erzeugen.

(Beachten Sie die Hinweise zum experimentellen Arbeiten im Anhang B.)

## 2.2.3.2  Attraktionsbecken

Beim Ausführen der Übung 2.2-6 stellt man fest, dass verschiedene Anfangszustände einerseits auf verschiedenen Trajektorien (also Verläufen) in denselben Attraktor "münden" können, dass aber auch andererseits von verschiedenen Anfangszuständen verschiedene Attraktoren erreicht werden[43]. Betrachtet man die gesamte Menge aller möglichen Anfangszustände (bei ansonsten gleichen Bedingungen, d.h. bei gleichem Gitter, gleicher Regel, gleichem Ablaufmodus), so erhält man eine Menge von Trajektorien und Attraktoren – genau wie es schon bei den Booleschen Netzen (Kap. 2.1.5) geschildert wurde. Zeichnet man diese als gerichtete Graphen[44] auf, so stellt man fest, dass es drei Klassen von Anfangszuständen gibt,

– solche, die in periodischen Attraktoren liegen bzw. einen Punktattraktor darstellen,

– solche, die einen Anfangspunkt einer Trajektorie *ohne Vorgänger-Zustand* bilden; diese werden als *Garden-of-Eden-State* bezeichnet und

– solche, die in so genannten Vorperioden (auch Transienten, engl. *transients* genannt), also in der Trajektorie zwischen Garden-of-Eden-Zustand und Attraktor liegen.

Die Trajektorien, die von verschiedenen Garden-of-Eden-Zuständen über Transienten *in denselben* Attraktor führen, werden als das *Attraktionsbecken (basin of attraction)* des Attraktors bezeichnet. Die Menge aller Attraktionsbecken eines Zellularautomaten ist das *Feld der Attraktionsbecken (basin of attraction field)*.[45]

Die Beziehungen zwischen der Topologie des Attraktionsbeckens und den Regeln und anderen Parametern des Zellularautomaten sind kompliziert und wenig aufgeklärt.

Attraktoren mit Perioden p > 1 werden meist als zyklische Graphen dargestellt, an deren Ecken gegebenenfalls die vorperiodischen Teile der Trajektorien "hängen".

---

[43]   Wenn Ihnen die Begriffe nicht mehr gegenwärtig sind, vergleichen Sie Kap. 2.1.5.

[44]   Wir können hier nicht näher auf  die Programmierung geeigneter Graphen für den Bildschirm eingehen. Details dazu finden Sie bei Wuensche 1997.

[45]   In Stoica-Klüver u.a. (2009) haben wir das Attraktionsbecken eines Attraktors definiert als die Menge aller Anfangszustände, deren Trajektorien in den entsprechenden Attraktor münden. Offensichtlich sind diese beiden Definitionen äquivalent.

Dass die Verhältnisse nicht immer so einfach sind, können Sie sich anhand der folgenden Übung klarmachen. Die Visualisierung aller Attraktionsbecken eines Zellularautomaten mit einer nur wenig größeren Zahl von Zellen stellt bereits ein ziemlich haariges Programmierproblem dar.

## Übung 2.2-7

Wählen Sie wieder einen eindimensionalen, synchronen Zellularautomaten mit 4 Zellen und zyklischem Gitter, jetzt aber mit Regel Nr. 30.

Bestimmen Sie die Gesamtheit der Attraktionsbecken, das Feld der Attraktionsbecken. Zeichnen Sie die Attraktionsbecken einfach per Hand: Attraktoren als regelmäßige Vielecke, Vorperioden radial davon ausgehend, ggf. verzweigt.

Vergrößern Sie danach das Gitter auf 5 Zellen (32 Systemzustände) und vergleichen Sie das dann erhaltene Feld der Attraktionsbecken mit dem ersten. Über die Perioden der Attraktoren und die Anordnung der Zustände mögen Sie grübeln; vielleicht finden Sie Regelmäßigkeiten.

### 2.2.3.3  Ablaufmodus

Der Ablaufmodus wird im Programm wesentlich in den Schleifenkonstrukten abgebildet.

Bei dem oben verwendeten synchronen Ablaufmodus werden wie schon erläutert die Zellen in der Reihenfolge der Speicherung ihrer Zustände in einer Matrix $S_t$ transformiert, die neuen Zustände in einer weiteren Matrix $S_{neu}$ abgelegt; danach wird die Matrix $S_t$ mit $S_{neu}$ überschrieben und damit zur Matrix für den Zeitschritt t+1 gemacht. Alle Zellen werden also, um dies noch einmal zu betonen, auf der Basis ihrer noch nicht transformierten Umgebungen zum Zeitpunkt t transformiert.

Neben dem synchronen Ablaufmodus werden, wie auch schon bei den Booleschen Netzen erwähnt, gelegentlich sequentielle Modi verwendet. Ein einfacher sequentieller Modus sieht so aus, dass die Zellen in der Reihenfolge, wie sie im Gitter-Vektor (bzw. in der Gitter-Matrix) stehen, durchlaufen werden; der neue Zellzustand wird hier anders als beim Synchronmodus nach Berechnung für jede Zelle *sofort* eingestellt, so dass die nachfolgende Zelle bereits diesen neuen Zustand in ihrer Umgebung vorfindet.

Die Reihenfolge der Zellen beim Durchlauf kann, wenn es inhaltlich Sinn macht, auch eine Zufallsreihenfolge sein. Dann beginnt der Durchlauf mit einer zufällig gewählten Zelle. Nachdem der neue Zustand der gewählten Zelle eingestellt ist, wird jeweils wieder zufällig eine nächste Zelle gewählt und so weiter. Will man sicher stellen, dass bei diesem Verfahren alle Zellen gleich häufig an die Reihe kommen, muss zu jedem Zeitschritt eine neue Permutation der Menge der in geeigneter Weise nummerierten Zellen (z.B. als Vektor von Zell-Indizes) hergestellt werden, die die Reihenfolge definiert. Weiter unten wird Ihnen ein Zellularautomat zur Simulation eines Schulhofs begegnen, bei dem eine solche Reihenfolge inhaltlich geboten erscheint.

Hier eine Pseudocode-Skizze, die andeutet, welche Veränderungen (hervorgehoben) gegenüber dem Synchronmodus im Programm für einen solchen sequentiellen Modus erforderlich werden:

**Code-Beispiel 2.2-4**

```
!...der Systemzustand zur Zeit t sei gespeichert als S(0:N+1),
!   die Regel als Vektor R(0:7) = (0,1,1,1,1,0,0,0),
!   der neue Systemzustand für t+1 als Sneu(0:N+1),
!   die Reihenfolge der Zellen im sequentiellen Modus wird
!   durch einen Vektor P(1:N) gegeben, der zu Beginn mit
!   P(1:N) = (1,2,3,4,.....N-1,N)besetzt wird.

S(0) = S(N)            ! Setzen der Ergänzungselemente
S(N+1) = S(1)

P(1:N) =  PERM(P)      ! PERM ist eine Methode/Funktion, die eine Permutation
                       ! der Reihenfolge der Elemente in P liefert

  do i = 1,N           ! Schleife über alle Zellen des eindim. ZA

    j = P(i)           ! ruft den permutierten Index auf

    U(1:3) = S(j-1:j+1)          ! Umgebung der Zelle i als Vektor U

    k = 4*U(1)+2*U(2)+U(3)       ! Index des Regelvektors

    Sneu(j) = R(k)               ! transformierter Zustand der Zelle i

  enddo                          ! Ende Schleife über alle Zellen


Sneu(0) = S(N)      ! diese Befehle sind entbehrlich, wenn dieser
Sneu(N+1) = S(1)    ! Programmabschnitt in einer Schleife liegt
```

## Übung 2.2-8

Nehmen Sie wieder den Zellularautomaten aus der Übung 2.2-3 mit dem angegebenen Anfangszustand. Lassen Sie diesen nach dem einfachen sequentiellen Modus sowie nach dem geschilderten Permutationsverfahren ablaufen (geeignete Algorithmen zur Berechnung der Permutation der Menge der Zellen, hier also von $z_1$ bis $z_{20}$, finden Sie in der Standardliteratur zu Algorithmen, z.B. bei Sedgewick 1992). Vergleichen Sie die erhaltenen Trajektorien des synchronen mit denen der beiden sequentiellen Modi.

## 2.2.4    Wichtige Varianten des Zellularautomaten

### 2.2.4.1   Totalistische Regeln

Wenn Sie einen zweidimensionalen Zellularautomaten mit der erwähnten MOORE-Umgebung konstruieren wollen, dann haben Sie bereits im Falle binärer Zellzustände für die Definition der Transformationsregeln $2^8 = 256$ (bzw. $2^9 = 512$ bei Einbeziehung der Zentralzelle) verschiedene Umgebungskonfigurationen zu berücksichtigen. Da jede Umgebungskonfiguration entweder zu dem neuen Zustand 0 oder zu 1 führen kann, müssten $2^{256}$ Regeln formuliert werden, eine praktisch nicht mehr überschaubare Zahl. Man beschränkt sich deshalb im Falle zwei- und höher dimensionalen Fällen fast immer auf Regeln, bei denen die möglichen Umgebungskonfigurationen zu wenigen Klassen zusammengefasst werden. Diese werden *totalistische Regeln* genannt.

Ein berühmtes Beispiel eines totalistischen Zellularautomaten ist das *Game of Life* des britischen Mathematikers Conway (siehe Stoica-Klüver u.a. 2009, 28), das Sie sich einmal in einer der zahlreichen Fassungen im Internet ansehen sollten.

## Übung 2.2-9

Suchen Sie im Internet eine Version des Game of Life und experimentieren Sie mit verschiedenen Anfangskonfigurationen. Besonders interessant sind die so genannten Gleiter (s. Abb. 2-15). Überlegen Sie, wie eine Trajektorie beim Gleiter aussehen würde und ob bzw. welche Periode eine solche Trajektorie bei einem als Torus konfigurierten Gitter des Game of Life zeigen würde.

Die Programmierung des Game of Life und ähnlicher totalistischer Zellularautomaten entspricht dem oben skizzierten Schema. Das Gitter wird bei jedem Zeitschritt gemäß dem gewählten Ablaufmodus durchlaufen. Die abgefragten Umgebungszustände müssen bei totalistischen Zellularautomaten entsprechend den totalistischen Regeln (in der Regel bezogen auf die Summe der Umgebungselemente) kombiniert werden. Danach muss eine Fallunterscheidung (geschachtelte IFs oder ähnliches) folgen.

Im Falle des Game of Life sind bekanntlich 4 Fälle zu unterscheiden, nämlich

- die Summe der Zustände der Umgebung ist < 3,
- die Summe ist >4: in beiden Fällen wird der neue Zustand der Zelle 0,
- die Summe ist genau 4: die Zelle behält ihren Zustand bei;
- die Summe ist genau 3: die Zelle nimmt als neuen Zustand 1 an.

Wie man das programmieren könnte, können Sie der nachfolgenden Codeskizze entnehmen, die eine oben schon gegebene Skizze modifiziert:

**Code-Beispiel 2.2-5**

```
!...der Systemzustand zur Zeit t sei gespeichert als S(1:M,1:N),
!   der neue Systemzustand für t+1 als Sneu(1:M,1:N),
do i = 2,M-1        ! Schleife über alle Zellen einer Zeile des 2dim. ZA
  do j = 2,N-1      ! Schleife über alle Zellen einer Spalte des 2dim. ZA

    U(1:3,1:3) = S(i-1:i+1, j-1:j+1)     ! Umgebung der Zelle ij als
                                          ! Matrix U

    k = SUM(U) - U(2,2)                   ! Summe der Matrixelemente U,
                                          ! ohne Zentralzelle

    IF(k<3.OR.k>4) then
        Sneu(i,j) = 0        ! transformierter Zuständ d. Zelle ij wird 0
    ELSE
        IF(k==4) then
            Sneu(i,j) = S(i,j)            ! Zelle behält bisherigen Zustand
        ELSE
            Sneu(i,j) = 1                 ! Zelle bekommt Zustand 1
        ENDIF
    ENDIF

  enddo

enddo                                     ! Ende Schleife über alle Zellen
!...Randzellen müssen gesondert behandelt werden
```

### 2.2.4.2 Stochastische Zellularautomaten

Während sich die bisherigen Betrachtungen und Beispiele auf *deterministische* Zellularautomaten bezogen,  d.h. Systeme, deren Regeln immer und eindeutig angewandt werden, falls die entsprechenden Bedingungen, in diesem Fall Umgebungsbedingungen, vorliegen, treten bei Vorliegen der entsprechenden Bedingungen bei stochastischen Zellularautomaten die Regeln nur mit einer gewissen Wahrscheinlichkeit p in Kraft. Sinnvoll sind stochastische Zellular-automaten zur Modellierung von Prozessen, die in der Realität nicht determi-nistisch ablaufen. Ein Beispiel ist die Modellierung von sozialen Prozessen, wenn die Zellen einzelne Individuen symbolisieren. Denn menschliche Entscheidungen werden häufig nur mit gewisser Wahrscheinlichkeit in bestimmter Weise fallen und können daher auch nur durch stochastische Regeln modelliert werden.

Das realisiert man bei der mathematischen Formulierung der Regeln dadurch, dass man den Übergängen zwischen einzelnen Zellzuständen Wahrscheinlichkeiten zuordnet.

Die sei am Beispiel des "Börsenmodells" in Übung 2.2-5 erläutert.

Angenommen, Käufer treffen ihre Kaufentscheidung mit einer Wahrscheinlichkeit von $p_{11}$; wenn sie nicht kaufen, können sie in unserem Modell nur verkaufen[46]. Dafür gilt dann die Wahrscheinlichkeit

$$p_{10} = 1 - p_{11}.$$

Entsprechend gelten $p_{00}$ und $p_{01}$ für Verkäufer. Die Werte können zu einer Matrix zusammengefasst werden:

| Übergang von\ nach | 0 | 1 |
|---|---|---|
| 0 | $p_{00}$ | $1 - p_{00}$ |
| 1 | $1 - p_{11}$ | $p_{11}$ |

Die Matrix ist eine so genannte stochastische Matrix[47], d.h. die Summe der Elemente einer Zeile ist immer 1; einer der alternativen Übergänge muss schließlich gewählt werden. Eine solche, entsprechend größere Matrix kann natürlich leicht auch für Zellularautomaten mit mehr möglichen Übergängen aufgestellt werden.

Im Programm wirkt sich die Stochastik nur in dem Teil aus, der die Regelanwendung enthält. Dort wird ein Zufallsgenerator aufgerufen, ein Unter-programm bzw. eine Methode, die meist eine Zufallszahl x im Intervall $0 \leq x < 1$ liefert; ein solcher Zufallsgenerator ist in jeder höheren Programmiersprache

---

[46]  Wenn man auch die Möglichkeit vorsehen möchte, dass der potenzielle Käufer weder kauft noch verkauft, muss ein dritter Zellzustand eingeführt werden, wozu das ganze Regelsystem erweitert werden muss. Davon wollen wir hier zur Vereinfachung einmal absehen. In Stoica-Klüver u.a. (2009) haben wir übrigens die stochastische Matrix auch als Wahrscheinlichkeitsmatrix bezeichnet.

[47]  Stochastische Matrizen kennen Sie vermutlich im Zusammenhang mit Markoff-Prozessen.

enthalten[48]. Die Transformation einer Zelle in einen neuen Zustand, für die die Wahrscheinlichkeit p gilt, hängt nun davon ab, ob p > x ist oder nicht; bei p = 1 wird die Transformation immer ausgeführt, bei p = 0 nie[49].

## Übung 2.2-10

Nehmen Sie den ersten Zellularautomaten aus Übung 2.2-2 mit Regel Nr. 22. Modifizieren Sie die Regel durch Wahrscheinlichkeiten für die Übergänge gemäß folgender Wahrscheinlichkeitsmatrix:

$$P = \begin{pmatrix} 0.2 & 0.8 \\ 0.7 & 0.3 \end{pmatrix},$$

wo $p_{ij}$ mit $i,j \in \{0,1\}$ die Wahrscheinlichkeit bedeutet, dass der Übergang von Zustand i zum Zustand j tatsächlich ausgeführt wird.

Vergleichen Sie die Dynamik dieses stochastischen Zellularautomaten mit der des deterministischen aus Übung 2.2.-2 (z.B. qualitativ anhand der Bildes auf dem Monitor oder geeigneter Trajektorien).

Die grundsätzliche Dynamik stochastischer Zellularautomaten ist von der deterministischer Zellularautomaten nicht wesentlich verschieden. Trajektorien stochastischer Zellularautomaten weisen jedoch gewöhnlich lokale Schwankungen auf, d.h., sie entwickeln sich nicht wie die Trajektorie des entsprechenden deterministischen Zellularautomaten, sondern fluktuieren gewissermaßen ständig darum herum. Die Regeln steuern die Gesamtdynamik in bestimmte Richtungen, während die zusätzlichen probabilistischen p-Werte lokale Störungen bewirken können. Die Dynamik des stochastischen Zellularautomaten sieht daher in der Bildschirmdarstellung im Ganzen betrachtet wie die eines deterministischen Zellularautomaten aus, in dem an einzelnen Stellen immer wieder quasi-chaotische Abweichungen auftreten.

### 2.2.4.3 Erweiterte Umgebungen

Der klassische Zellularautomat verwendet überwiegend Umgebungen mit dem Radius 1, d.h. die Zellen der Umgebung sind mit der Zentralzelle ausschließlich direkt verbunden. Das ist jedoch nicht zwingend, und so werden auch *erweiterte Umgebungen* eingesetzt. Als Beispiel sei hier die "erweiterte Moores-Umgebung" abgebildet (Abb. 2-18), die einschließlich der Zentralzelle $5^2 = 25$ Zellen umfasst.

---

[48] Beachten Sie, dass Zufallsgeneratoren in der Regel von einem Startwert ("seed") ausgehen. Dieser wird entweder explizit als Parameter eingegeben oder es wird automatisch eine Systemzeit eingesetzt; der Zufallsgenerator erzeugt mit jedem Aufruf eine weitere Zufallszahl, also eine bestimmte Folge von Zufallszahlen. Im ersteren Falle kann nun durch erneutes Verwenden *desselben* Startwertes exakt dieselbe Folge von Zufallszahlen generiert werden. Damit kann auch der Verlauf eines stochastischen ZA reproduziert werden.

[49] Gibt es mehr als 2 Zustände und entsprechend mehr Übergänge, muss ein "Roulette-Verfahren" angewendet werden: die Elemente einer Zeile der Wahrscheinlichkeitsmatrix werden z.B. in folgender Weise addiert :
$(w_1 = p_{i0}, w_2 = p_{i0}+p_{i1}, w_3 = p_{i0}+p_{i1}+p_{i2},............$usw.) mit $w_0 = 0$.
Danach wird eine Zufallszahl x erzeugt. Das Intervall $[w_{k-1}, w_k)$, in das x fällt, gibt den auszuführenden Übergang an.

Wann erweiterte Umgebungen sinnvoll eingesetzt werden können, entscheidet sich daran, was modelliert werden soll. Im Kapitel 2.2.5 wird ein Beispiel geschildert, bei dem auch erweiterte Umgebungen verwendet werden.

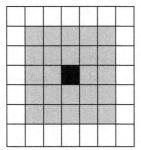

**Abbildung 2-18:** Zweidimensionaler Zellularautomat, Zelle mit 24 Nachbarn (erweiterte Moore-Umgebung)

## 2.2.5    Beispiel: Simulation einer Schülergruppe (MORENO)

An einem Simulations-Beispiel soll hier eine Variante eines Zellularautomaten skizziert werden, der mit erweiterten Umgebungen, sequentiellem Ablaufmodus und stochastischen Elementen arbeitet und zudem die Bewegung von Zellen abbildet. Das zu simulierende System ist eine Gruppe von N Schülern (repräsentiert durch Zellen eines bestimmten Zustandes), die sich auf einem Schulhof (repräsentiert durch ein quadratisches Gitter von $(N+1)\times(N+1)$ Zellen) aufhalten. Die Regel basiert auf dem Prinzip, dass jeder Schüler sich einen Platz neben anderen Schülern sucht, der ihm möglichst angenehm ist; was "angenehm" heißen soll, muss natürlich noch mathematisch formuliert werden.

Der hier zu konstruierende Zellularautomat unterscheidet sich von den oben vorgestellten Grundformen in zwei wesentlichen Punkten, dass nämlich

1.  die Umgebung einer Zelle „bewertet" werden muss, d.h. dass eine Funktion der Zellzustände von Umgebungszellen zu berechnen ist, und

2.  eine Bewegung (Platzwechsel) der Zelle modelliert werden muss, d.h. dass nicht nur die aktuelle Umgebung der Zelle, sondern auch die einer Reihe weiterer Zellen zu bewerten sind.

Im Folgenden soll kurz erläutert werden, wie diese Anforderungen im Programm realisiert werden können. Für die Skizze nehmen wir als Beispiel $N = 5$ Schüler an.

Die notwendige Bewertungsfunktion soll zeigen, wie „angenehm" einer Zelle, die ja einen Schüler repräsentiert, eine bestimmte Umgebung ist. Die Bewertungsfunktion basiert auf den wechselseitigen Sympathien zwischen Schülern. Dazu werden für jedes Paar von Schülern die wechselseitigen Sympathien definiert. Man stellt diese in einer $5\times5$ Interaktionsmatrix $(a_{ij})$ (nach dem Soziologen Moreno als Moreno-Matrix benannt) dar[50]. Die Matrix ist asymmetrisch; die Sympathien, die man einem anderen gegenüber hegt, werden bekanntlich nicht immer erwidert. Die Diagonalelemente $a_{ii}$ der Matrix sind in dieser Simulation bedeutungslos. Hier als Beispiel eine solche Matrix:

---

[50]   Diese Matrix stellt noch nicht die Regeln des Zellularautomaten dar! Sie ist eine Datengrundlage für die Regelanwendung

| Schüler | 1 | 2 | 3 | 4 | 5 |
|---|---|---|---|---|---|
| 1 | 0 | +1 | +1 | 0 | -1 |
| 2 | +1 | 0 | 0 | -1 | -1 |
| 3 | +1 | -1 | 0 | +1 | -1 |
| 4 | 0 | -1 | +1 | 0 | 0 |
| 5 | -1 | -1 | +1 | +1 | 0 |

**Abbildung 2-19:** Beispiel einer Moreno-Matrix

Als Codierung der Sympathie ist hier eine einfache ternäre (-1 = unsympathisch, 0 = neutral, +1 = sympathisch) gewählt. Diese kann natürlich je nach sozialwissenschaftlichem Ansatz auch differenzierter sein, beispielsweise eine Skala von 0 bis 9). Die Matrix soll hier so gelesen werden, dass der Schüler in der Zeile i denjenigen in der Spalte j mit dem Wert $a_{ij}$ sympathisch findet. Man sollte, wenn man so etwas programmiert, die Definition der Interaktionsrichtung (Zeile→Spalte oder Spalte→Zeile) für den Anwender explizit machen, da es hierfür keine einheitliche Konvention gibt.

Als Anfangszustand sei eine Zufallsverteilung der Schüler (Zellen mit Nummer) im Gitter angenommen; die Zellen eines Gitter seien wie eine Matrix durch 2 Indizes i,j (Zeile, Spalte) nummeriert:

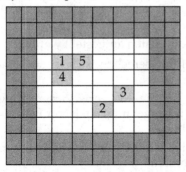

**Abbildung 2-20:** Gitter des Beispiel-Zellularautomaten (Randzellen dunkelgrau)

Was sind nun die Zellzustände?

Neben den Schülern gibt es Zellen, die "freie Plätze" symbolisieren.

Der Zellzustand kann deshalb einfach dadurch definiert werden, dass er die Bezeichnung eines Individuums, also die Nummer eines Schülers, erhält, der den betreffenden Gitterplatz, die Zelle, besetzt, oder aber den Zustand 0, falls die Zelle unbesetzt ist.

Da es bei diesem Zellularautomaten um Platzwechsel von Individuen geht, müssen die Transformationsregeln vorsehen, dass eine (leere) Zelle vom Zustand 0 in einen Zustand n, der die Nummer eines Schülers bezeichnet, übergehen kann; gleichzeitig muss jedoch ein Übergang der Zelle, die bisher den Zustand n besaß, die also den Platz des Schülers n markierte, in den Zustand 0 stattfinden.

Selbstverständlich müssen Bedingungen dafür definiert werden, dass überhaupt ein Platzwechsel vorzunehmen ist. Diese beruhen auf einem Wert, der angibt, wie angenehm der Schüler (bzw. die ihn symbolisierende Zelle) an dem betreffenden Platz sich fühlt; nennen wir dies das "Wohlgefühl".

Das Wohlgefühl eines Schülers / einer Zelle kann beispielsweise definiert werden als *Mittelwert der Sympathiewerte*, die der Schüler den Mitschülern / Zellen in der MOORE-Umgebung entgegenbringt,[51] und die aus der Moreno-Matrix abzulesen sind. Für die Berechnung dieses Mittelwerts ist im Programm eine entsprechende Methode / Funktion vorzusehen.

Im Programm kann dieser Mittelwert in den Zellzustand aufgenommen werden; dieser ist dann ein Vektor mit zwei Komponenten: eine Nummer für den Schüler oder eine Null und eine reelle Zahl für das "Wohlgefühl" (bei nicht leeren Zellen). Eine einfachere Lösung ist, die Werte des Wohlgefühls für jeden Schüler in einem Vektor bzw. einer Liste zusammenzufassen, die nach der Nummer der Schüler indiziert sind, also z.B.

$$\mathbf{W} = (w_1, w_2, \ldots, w_N) \text{ mit N als Anzahl der Schüler.}$$

Dieser Vektor muss allerdings bei jedem Platzwechsel eines Schülers aktualisiert werden, da das Wohlgefühl von der (veränderten) Umgebung abhängt.

Ein Problem bei der Definition des Wohlgefühls ist, wie leere Zellen in der Umgebung dabei zu behandeln sind. Das ist natürlich ein inhaltliches Problem. Ein möglicher Ansatz ist, leere Zellen bei der Mittelwertbildung zu ignorieren; dann muss allerdings für den Fall, dass ein Schüler nur leere Plätze in der Umgebung besitzt, ein spezieller Wert für dessen Wohlgefühl definiert werden. Dieser Wert wird oft etwas negativ (z.B. -0.3) angesetzt, weil man unterstellt, dass Schüler die Isolation zu vermeiden trachten.

Damit kann folgende Regel für den Zellularautomaten aufgestellt werden:

– Der Umgebungsmittelwert (das Wohlgefühl) berechnet sich in der genannten Weise.

– Jeder Schüler (jede Zelle) untersucht, ob in einer erweiterten Umgebung (beispielsweise in der erweiterten MOORE-Umgebung) ein leerer Platz existiert, der ihm ein höheres Wohlgefühl verspricht.

– Existiert ein besserer Platz, bewegt sich der Schüler dorthin, existieren mehrere bessere Plätze, dann bewegt er sich zum besten.

Das Gitter, das den Schulhof repräsentiert, ist natürlich begrenzt. Spezielle Randregeln kann man dadurch vermeiden, dass man einfach auf jeder Seite des Gitters zwei zusätzliche Zeilen / Spalten von leeren Zellen (Zustand 0) hinzufügt. Diese werden bei der Abfrage der Umgebung berücksichtigt, können aber nicht von Schülern besetzt werden. Die erweiterte Umgebung zur Suche besserer Plätze muss also am Rand modifiziert werden. Das Gitter wird entsprechend dann von i,j = -1 bis 8 indiziert[52].

---

[51]  Natürlich sind viele andere Varianten denkbar, etwa auch unter Einbeziehung der Sympathie, die dem Schüler von den Mitschülern der Umgebung entgegengebracht werden.

[52]  Wenn ein negativer Index unsympathisch erscheint, indiziert man von 0 bis 9 und das von den Schülern besetzbare Teilgitter mit 2 bis 7.

Als Ablaufmodus ist der Synchronmodus nicht sinnvoll; beispielsweise müssten dann für den möglichen Fall, dass zwei Schüler auf denselben besseren Platz wechseln wollten, besondere „Konflikt-Regeln" aufgestellt werden. Das kann bei Anwendung eines sequentiellen Ablaufmodus vermieden werden: Jeweils nur ein Schüler prüft neue Umgebungen und entscheidet, ob er dorthin wechselt. Zu definieren ist lediglich die Reihenfolge, einfach nach Nummern oder in zufälliger Reihenfolge.

Das Zellularautomaten-Programm sieht dann ungefähr folgendermaßen aus:

Vor der Schrittschleife muss die Interaktionsmatrix definiert oder eingelesen werden (aus einer Datei, was wegen der Reproduzierbarkeit anzuraten ist, oder interaktiv aus einer entsprechenden grafischen Oberfläche).

Das Gitter wird als (zweidimensionale) Matrix $G = (g_{ij})$ definiert, wo die $g_{ij}$ entweder 0 sind (leere Plätze) oder gleich der Nummer des Schülers, der den Gitterplatz besetzt.

Für die Schüler wird eine nach den Nummern der Schüler geordneter Vektor $W = (w_i)$, i=1....N bzw. eine entsprechende Liste angelegt, die die Wohlgefühle der Schüler an ihrem jeweils eingenommenen Platz enthalten.

Die Schrittschleife folgt wegen des sequentiellen Ablaufmodus einfach der Nummerierung der Schüler. d.h. man fängt mit Schüler Nr. 1 an und geht dann die ganze Reihe durch. Als Zeitschritt können Sie am einfachsten jede einzelne Behandlung eines Schülers definieren

Wenn Sie eine Zufallsreihenfolge wählen wollen, können Sie einfach mit dem Aufruf einer Zufallszahl $r \in [0,1)$ und mit n als Anzahl der Schüler eine zufällige Schülernummer als

$$m = \text{int}(r * (n + 1))$$

berechnen. Eine andere Variante, die schon oben erwähnt wurde, arbeitet die Schüler in der Reihenfolge einer Permutation ihrer Nummern ab, nimmt dies als Zeitschritt und erzeugt dann eine neue Permutation für den nächsten Zeitschritt.

Zur Illustration des weiteren Verfahrens sei hier Schüler Nr. 1 gewählt mit dem Platz (2, 2). In seiner Umgebung befinden sich Nr. 5 und Nr. 4. Sein "Wohlgefühl" nach der oben angegebenen einfachen Formel ist dann w = (0 - 1)/2 = -0.5. Ein besserer Platz wird in der erweiterten Moore-Umgebung gesucht, die durch den Index-Bereich (0:4, 0:4) beschrieben wird[53]; davon kann allerdings nur der Bereich (1:4, 1:4) erlaubte Plätze liefern.

Offensichtlich ist für Nr. 1 der leere Platz (4, 4) mit w = (1 + 1)/2 =1 der günstigste. Also ist in der Gittermatrix an der Stelle (2,2 ) dann 0, an der Stelle (4, 4) eine 1 einzutragen.

Andere erweiterte Umgebungen (oder auch eine zufällig gewählte Auswahl von Plätzen oder das ganze Gitter) als Suchradius sind je nach inhaltlichen Erfordernissen ganz analog zu programmieren.

Als Trajektorien für diesen Zellularautomaten können Sie beispielsweise den Verlauf des Wohlgefühls der einzelnen Schüler, aggregiert über den Mittelwert dieser Werte über alle Schüler oder auch die Anzahl der Platzwechsel nach Durchgang durch die Menge der Schüler darstellen. Interessant aus sozialwissen-

---

[53] Nochmals zur Erinnerung die hier verwendete Nomenklatur: 0:4 bedeutet: alle Komponenten von Index 0 bis Index 4.

schaftlicher Sicht sind (bei größeren Anzahlen von Schülern) vor allem die Beobachtung von Subgruppenbildungen, Punktattraktoren (stabilen Verhältnissen) oder aber periodischen Attraktoren (instabile Verhältnisse).

Die Abb. 2-21 zeigt einen typischen Screenshot eines MORENO-Zellular-automaten.

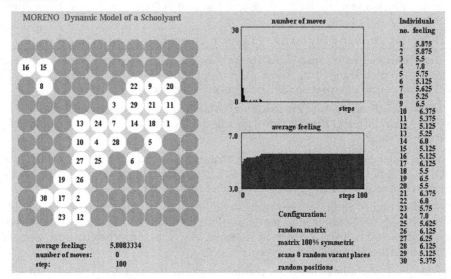

**Abbildung 2-21:** MORENO-Zellularautomat, der nach ca. 20 Schritten einen Attraktor erreicht.

Mit dieser Skizze sei die Darstellung von Zellularautomaten zunächst abgeschlossen. Nach dem Muster dieses Beispiels lassen sich unschwer auch kompliziertere Zellularautomaten konstruieren.

Im Kapitel 6 werden Sie noch weitere Beispiele von Zellularautomaten als Komponenten zusammengesetzter, „hybrider" Modellsysteme kennen lernen.

# 3 Modellierung adaptiver Prozesse

Zellularautomaten und Boolesche Netze eignen sich besonders gut für die Simulation einfacher selbstorganisierender Prozesse, d.h. Prozesse, die ihre Interaktionsregeln nicht verändern. Reale Systeme, wie insbesondere soziale, sind jedoch häufig in der Lage, sich an Umweltbedingungen anzupassen und ggf. ihre Regeln zu verändern. Diese adaptive Fähigkeit lässt sich mathematisch vor allem durch so genannte Evolutionäre Algorithmen oder durch Neuronale Netze nachbilden. Wir werden in den folgenden Kapiteln zuerst drei Typen Evolutionärer Algorithmen, nämlich Genetische Algorithmen, Evolutionäre Strategien und Simulated Annealing behandeln.

> Evolutionäre Algorithmen sind Optimierungsverfahren, die sich an den allgemeinen Prinzipien der biologischen Evolution oder – im Falle des Simulated Annealing – bestimmten physikalischen Prozessen orientieren bzw. diese nachahmen. Die wesentlichen Mechanismen der biologischen Evolution, deren Übertragung auf mathematische Simulationen hier zunächst behandelt werden soll, sind bekanntlich Mutation, Rekombination und Selektion (siehe z.B. Schöneburg u.a., 1994). Dies sind auch die wichtigsten Komponenten evolutionärer Algorithmen.

Mutation und Rekombination operieren auf dem Genom der Organismen, während die Selektion den Phänotypus bewertet, der das Ergebnis der Wirkungen der Gene, der so genannten Genexpression, ist. Die biologische Evolution operiert also zweistufig. Mutation und Rekombination, zusammengefasst unter dem Begriff der Variation, sind stochastische Prozesse, d.h., sie operieren auf der Basis von Zufälligkeit. Für die "kreative" Wirkung der Evolution ist die Selektion verantwortlich. Diese zwingt die Variationsprozesse – durch entsprechende Auswahl der Variationsergebnisse – in die Richtung von bestimmten Optima. Allerdings müssen dies nicht unbedingt die bestmöglichen Lösungen (globale Optima) sein. Dies macht eines der Probleme – nicht nur dieser – Optimierungsverfahren aus.

Die Effizienz von Optimierungsalgorithmen wird danach bewertet, wie schnell sie Optima erreichen und außerdem, ob sie bei Erreichen lokaler Optima in diesen "gefangen" werden, ohne jemals das globale Optimum zu erreichen. Es ist nun ein entscheidender Vorteil stochastischer – gegenüber deterministischen – Optimierungsverfahren, dass sie lokale Optima prinzipiell immer wieder verlassen können. Rein stochastische Verfahren haben zwar diesen Vorteil, aber sie sind gewöhnlich sehr zeitaufwändig, da jede Stichprobe unabhängig von vergangenen gezogen wird; es gibt also keine direkte Steuerung und kein Lernen aus der Vergangenheit. Das ist bei den Evolutionären Algorithmen und beim Simulated Annealing, die im Folgenden vorgestellt werden, anders und erklärt deren Effizienz.

# 3.1    Genetische Algorithmen (GA)

### 3.1.1    Grundprinzip des Genetischen Algorithmus

Wenn man von evolutionären Algorithmen (EA) spricht, dann sind vor allem die genetischen Algorithmen (GA) sowie die Evolutionsstrategien (ES) gemeint, die beide den wesentlichen Prinzipien der biologischen Evolution folgen.

In der mathematischen Umsetzung dieser Prinzipien beim GA wird die Population als eine Menge $\{V_k\}$ von Genvektoren $V_k = (v_{k1}, v_{k2}, \ldots v_{kN})$ dargestellt, deren Komponenten $v_{ki}$ die Gene repräsentieren. Die Mutation operiert auf einzelnen Vektoren und verändert eine oder mehrere ihrer Komponenten. Der Operator der Rekombination hingegen erzeugt aus Paaren $(V_j, V_k)$ von Vektoren neue Paare $(V'_j, V'_k)$, ist also eine Abbildung des cartesischen Produktes $V \times V$ in sich. Die Paare werden aufgespalten zu einer neuen Population $\{V'_k\}$ mit zunächst größerer Anzahl von Vektoren, da sich ja aus N Vektoren bis zu $N^2$ Paare bilden lassen. Die Bewertung der Vektoren prägt dieser Population eine Totalordnung auf, die es gestattet, genau die N "besten" Vektoren $V'_k$ zu einer neuen, gleichgroßen Population auszuwählen, mit der ein neuer Transformationsschritt gestartet wird. Auf diese Weise wird eine rekursive Folge von Vektoren-Mengen erzeugt. Die Konvergenz dieser Folgen, d.h. des Genetischen Algorithmus, ist im Allgemeinen keineswegs gesichert. Dennoch liefern Genetische Algorithmen in vielen praktischen Fällen erstaunlich schnell gute Optima, so dass sich, wenn für ein Problem keine erprobten besseren Optimierungsverfahren bekannt sind, ein Versuch mit einem Genetischen Algorithmus immer lohnt.

Das Prinzip des Genetischen Algorithmus, des zurzeit weitaus gebräuchlichsten evolutionären Algorithmus, ist von John Holland entwickelt worden. Der sog. Standard-GA lässt sich sehr einfach durch einen Pseudocode darstellen:

a)    Generiere eine Zufallspopulation von N Genvektoren; im einfachsten Fall sind dies binär codierte Strings.

b)    Bewerte die einzelnen Vektoren der Population gemäß der vorgegebenen Bewertungs- bzw. Fitnessfunktion.

c)    Selektiere Eltern, d.h., Paare von Vektoren nach einem festgelegten Verfahren (Rekombinations- oder „Heirats"-schema) und erzeuge Nachkommen (je zwei neue Vektoren) durch Rekombination (Crossover).

d)    Mutiere die Nachkommen; d.h., variiere per Zufall einen bestimmten Anteil der Komponenten der Vektoren.

e)    Ersetze die Elterngeneration durch die Nachkommengeneration gemäß einem definierten Ersetzungsschema (meist Wahl der N Vektoren mit höchsten Fitnesswerten).

f)    Wende Schritte (b) – (e) rekursiv auf die Nachkommengeneration an.

g)    Wiederhole diese Schritte, bis das Verfahren konvergiert oder andere Abbruchbedingungen erfüllt sind.

Dies Verfahren sei zunächst einmal an einem – nicht sehr tiefsinnigen – Beispiel demonstriert:

Gegeben sei eine Population von 6 Vektoren mit je 6 Komponenten aus der Wertemenge {-1, 0, +1}. Das Verfahren soll einen Vektor X (Optimum) liefern, der möglichst hohe Werte für das "Produkt" mit dem Vektor Z=(-1,-1,1,1,-1,1) liefert; dabei ist das "Produkt" definiert als $XZ=\sum z_i(z_i-x_i)$.

Die Anfangspopulation mit den Fitnesswerten f sei:

$$
\begin{array}{ll}
X_1 = (-1, 0, 0, 0, 1, 1) & f = 5 \\
X_2 = ( 1, 1, 1,-1,-1,-1) & f = 8 \\
X_3 = ( 1, 1, 1, 1, 1, 1) & f = 6 \\
X_4 = ( 0, 0, 0, 0, 1, 0) & f = 7 \\
X_5 = (-1,-1,-1, 1, 1, 0) & f = 5 \\
X_6 = (-1,-1, 1,-1, 1, 0) & f = 5
\end{array}
$$

Die Reihenfolge nach absteigender Bewertung ist also $X_2 > X_4 > X_3 > X_1 = X_5 = X_6$.

Ein "Heiratsschema" soll hier fest vorgegeben werden wie folgt:

Wenn die absteigende Bewertung mit a, b, c, d, e, g bezeichnet wird, also $f(a) \geq f(b) \geq f(c) \geq f(d) \geq f(e) \geq f(g)$ gilt, dann verwendet man die ersten $N/2$ der Vektoren mit den besten Fitness-Werten[54] und definiert eine Kombination unter ihnen, in der die Kombinationen mit den "besten" Vektoren häufiger vorkommen. Diese Gewichtung ist bei 6 Vektoren, von denen die 3 "besten" gewählt werden, natürlich nicht möglich; in dem Falle unseres Beispiels sollen deshalb die 4 "besten" Vektoren kombiniert werden zu (a, b), (a, c), (b, d). Die Zahl der nach der Rekombination erhaltenen neuen Vektoren muss natürlich gleich der Zahl N der Ausgangsvektoren sein, also in jedem Fall eine Auswahl unter den möglichen $N^2$ paarweisen Kombinationen. Es ist übrigens durchaus möglich, Vektoren mit sich selbst zu rekombinieren; ob das sinnvoll ist, ist eine andere Frage, die letztlich durch das Ergebnis – schnellere Adaptation oder nicht – entschieden wird.

Für die Rekombination zweier Vektoren sind eine Reihe verschiedener Verfahren möglich und üblich.

Ein dem Crossover der Biologie nahes Verfahren teilt beide Vektoren in der Mitte oder an einer beliebigen, aber bei beiden Vektoren gleichen Position und tauscht die beiden vorderen Hälften aus. Dies bedeutet am Beispiel der Rekombination $(X_2,X_4)$ folgendes:

( **1, 1, 1**,-1,-1,-1)    → (0, 0, 0,-1,-1,-1)

( 0, 0, 0, 0, 1, 0)    → (**1, 1, 1**, 0, 1, 0)

Eine mathematische Rekombination muss sich natürlich nicht an die Vorgaben des biologischen Crossover halten. So können im Genetischen Algorithmus auch die Hälften der Vektoren über Kreuz vertauscht werden, was nur bei Teilung in der Mitte Sinn macht:

( **1, 1, 1**,-1,-1,-1)    → (0, 1, 0,-1,-1,-1)

( 0, 0, 0, 0, 1, 0)    → (0, 0, 0, **1, 1, 1**).

Für viele Simulationsanwendungen des GA hat sich das vorstehende Verfahren als zu grob erwiesen; die Veränderungen der Vektoren sind zu stark und führen zu sprunghaften Ergebnissen und schlechter Konvergenz der Optimierung. Deshalb

---

[54]  Bei Gleichheit der Fitnesswerte geht man bei der Auswahl am einfachsten nach der Nummerierung der Vektoren vor oder man wählt nach Zufall aus. Wir nehmen hier das einfache Verfahren.

sind Verfahren üblich, die beim Crossover nur kürzere Teilstücke der Vektoren austauschen. Vielfach haben sich als Längen der auszutauschenden Fragmente ca. 10 bis 25% der Komponenten bewährt, also im vorliegenden Beispiel 1 oder 2 der 6 Komponenten. Die Fragmente können an festen, vordefinierten Positionen, oder an zufälligen Positionen ausgetauscht werden. Das letztere Verfahren wird häufig vorgezogen.

Führen Sie das hier skizzierte Verfahren unter Verwendung des oben angegebenen "Heiratsschemas" durch, so erhalten Sie die folgenden 6 neuen Vektoren:

Zufällig gewählte Austauschposition 2,6

$$X_2 \ ( 1, \mathbf{1, 1}, -1, -1, -1) \quad \rightarrow \quad X'_1 \ (1, \mathbf{0, 0}, -1, -1, -1) \qquad f = 8$$

$$X_4 \ ( \mathbf{0}, 0, 0, 0, 1, \mathbf{0}) \quad \rightarrow \quad X'_2 \ (\mathbf{1}, 0, 0, 0, 1, \mathbf{1}) \qquad f = 7$$

Austauschposition 3,1

$$X_2 \ ( 1, 1, \mathbf{1, -1}, -1, -1) \quad \rightarrow \quad X'_3 \ ( 1, 1, \mathbf{1, 1}, -1, -1) \qquad f = 6$$

$$X_3 ( \mathbf{1, 1}, 1, 1, 1, 1) \quad \rightarrow \quad X'_4 \ ( \mathbf{1, -1}, 1, 1, 1, 1) \qquad f = 4$$

Austauschposition 4,5

$$X_4 \ ( 0, 0, 0, \mathbf{0, 1}, 0) \quad \rightarrow \quad X'_5 \ ( 0, 0, 0, \mathbf{1, 1}, 0) \qquad f = 6$$

$$X_1 \ (-1, 0, 0, 0, \mathbf{1, 1}) \quad \rightarrow \quad X'_6 \ (-1, 0, 0, 0, \mathbf{0, 1}) \qquad f = 6$$

Der Durchschnitt der Fitness-Werte dieses Vektoren- (bzw. Chromosomen-) Satzes hat sich zwar etwas verbessert, nicht jedoch der höchste Fitness-Wert, der nach wie vor weit vom natürlich bei diesem einfachen Beispiel leicht zu ermittelnden Maximalwert von 12 entfernt ist.

In der Tat muss ein Crossover-Schritt eines Genetischen Algorithmus keineswegs immer eine Verbesserung bzw. Annäherung an das gesuchte Optimum bringen, es kommt sogar recht häufig zu Verschlechterungen. Eine mögliche Verschlechterung ist in der Regel auch eine der Bedingungen, die eine zu schnelle Konvergenz zu einem lokalen Optimum verhindert. Um jedoch zu starken "Rückfällen" eines Genetischen Algorithmus entgegenzuwirken, wird daher oft eine so genannte elitistische Variante des Genetischen Algorithmus verwendet; dies bedeutet, dass der beste Vektor einer Generation (oder gelegentlich auch mehrere der besten Vektoren) unverändert in die nächste Generation übernommen wird. Im obigen Beispiel verzichten wir wegen der geringen Zahl der Vektoren darauf.

Hier wird das – in diesem Fall schon bekannte – Optimum bereits nach dem zweiten Schritt erreicht, den Sie sich selbst überlegen können. Nun ist ein Problem, dessen optimale Lösung direkt berechnet werden kann, im Allgemeinen kein Fall für die sinnvolle Anwendung eines Genetischen Algorithmus. Es gibt zwei typische Fälle der Anwendung eines Genetischen Algorithmus:

1) Der eine Fall sind Probleme, die für eine exakte Lösung, hier also das Finden des absoluten globalen Optimums, das vollständige Durchrechnen aller kombinatorisch möglichen Fälle erfordern, was bei etwas komplexeren Problemen zu nicht mehr akzeptablen Rechenzeiten führt. Besonders charakteristisch dafür sind Probleme wie das bekannte *traveling salesman*-Problem (finden der optimalen Route eines Handlungsreisenden, der Kunden in N Städten besuchen soll) oder

herauszufinden, ob es in einem Graphen (Netz) einen Hamiltonschen Zyklus (einen geschlossenen Weg, der jeden Knoten genau einmal anläuft) gibt[55].

In solchen Fällen kann der Genetische Algorithmus zu einer starken Verkürzung der Rechenzeit führen, d.h. wesentlich schneller zu einem Optimum konvergieren. Die Frage jedoch, ob dies das absolute globale Optimum ist, lässt sich damit leider nicht beantworten. Man kann Genetische Algorithmen mit verschiedenen Parametern (Anzahl der Vektoren, Codierungen, Rekombinationsschemata, Länge der Crossover-Fragmente, Mutationsraten usw.) anwenden, den GA eine längere Anzahl von Schritten ablaufen lassen und damit die Wahrscheinlichkeit erhöhen, das globale Optimum zu erreichen. Dass der Genetische Algorithmus das globale Optimum liefert, kann aber nicht gesichert werden.

2.) Bei Simulationen von Systemen, die sich adaptiv verhalten, kann ein Genetischer Algorithmus zur Modellierung der Adaptation eingesetzt werden. Dies ist – von der Herkunft des Genetischen Algorithmus her verständlich – bekanntlich bei der Simulation adaptiver biologischer Systeme der Fall. Wie wir jedoch auch gezeigt haben (Stoica-Klüver u.a. 2009), können damit ebenso Adaptationen in sozialen Systemen, z.B. die Reaktion von Gesellschaften auf Veränderungen ihres sozialen und ökologischen Umfeldes, modelliert werden. Diese Modellierungen erfordern im allgemeinen hybride Systeme, d.h. Systeme, die aus zwei verschiedenen Teilsystemen bestehen (s. u. Kap. 6).

### 3.1.2 Hinweise zum Programmieren eines Genetischen Algorithmus

Nach diesen einführenden Erläuterungen eines Genetischen Algorithmus ist natürlich die Frage, wie ein Programm zur Simulation eines Genetischen Algorithmus, kurz ein GA-Programm, konstruiert werden kann. Beginnen wir mit den wesentlichen Bausteinen, die im oben dargestellten Pseudocode eines "Standard-GA" erwähnt sind.

Zunächst ist danach ein Satz Genvektoren zu definieren. Ein Genvektor ist ein Vektor, der die Eigenschaften etwa eines Systems, das vermittels des Genetischen Algorithmus optimiert werden sollen, in geeigneter Weise codiert. Die k Komponenten des Genvektors werden einer Wertemenge M entnommen, die grundsätzlich finit oder infinit sein kann und die diskrete oder auch kontinuierliche Werte enthält. Das ist die so genannte Codierung. Am häufigsten werden finite Wertemengen mit diskreten Werten verwendet, also z.B.

- die binäre Codierung mit $M = \{0, 1\}$ bzw. $M = \{-1, +1\}$ bei zu codierenden Eigenschaften, die entweder gegeben oder nicht gegeben sind,

- oder ternär $M = \{-1, 0, +1\}$ bei Eigenschaften, die entweder nicht vorliegen oder die, wenn sie vorliegen, positiv oder negativ wirken können,

- oder $M = \{1, 2, 3, ........n\}$ bei Eigenschaften, die in der Stärke abgestuft vorliegen.

Diese Arten der Codierung führen zu relativ einfachen und schnellen Algorithmen. Es ist jedoch ohne weiteres möglich, einen Genetischen Algorithmus mit Genvektoren zu konstruieren, deren Komponenten reelle Zahlen sind.

Ein einzelner Genvektor $X = (x_1, x_2, ..... x_k)$ wird also in einem Programm beispielsweise als

---

[55] Diese Probleme werden in der Mathematik als NP-vollständige Probleme bezeichnet, die algorithmisch aufwändigsten Probleme.

```
INTEGER X(1:k) oder
int X[k-1]
```

auftauchen.

Für den GA wird ein Satz von m Genvektoren benötigt, der am einfachsten als Matrix bzw. Vektor oder Liste von Vektoren

$$X(1:m,1:k) \quad bzw. \quad X[m-1][k-1]$$

definiert wird.

Dieser Satz Genvektoren ist zu Beginn des Programms im Allgemeinen mit zufälligen Werten für die Vektorkomponenten zu besetzen. Der folgende Programmabschnitt gibt eine Möglichkeit für den Fall der Codierung aus einer Menge $M = \{1, 2, 3,........n\}$ an:

**Code-Beispiel 3.1-1**

```
INTEGER X(m,k), ix                      ! s. Fußnote 56
REAL r
do i = 1,m
  do j =1,k
    CALL Random_Number (r)  ! erzeugt eine reelle Zufallszahl aus [0,1)
    ix = n*r  + 1           ! erzeugt daraus eine natürl. Zahl 1≤ix≤n
!...beachte: bei Indizierung der Vektoren ab 0, wie in C üblich,
!   gilt ix = n*r mit 0≤ix≤n-1
    X(i,j) = ix
  enddo
enddo
```

Die Genvektoren sind zu Anfang sowie nach jedem Simulationsschritt des Genetischen Algorithmus gemäß der Fitnessfunktion zu bewerten. Die Art der Fitnessfunktion hängt naturgemäß vom zu modellierenden Problem ab. Deshalb kann hier kein allgemein verwendbares Codebeispiel angegeben werden. Ein Beispiel einer einfachen Fitnessfunktion enthielt das einführende GA-Beispiel. Die Programmierung der Bewertung soll an einer häufig vorkommenden Bewertung demonstriert werden, die die Fitness eines Vektors daran misst, wie klein sein Euklidischer Abstand zu einem Referenzvektor

$$Y = (y_1, y_2, ...., y_n)$$

ist. Die Bewertung wird im Programm zweckmäßigerweise als eigenes Unterprogramm/Methode (*subroutine*) definiert:

---

[56]  m und k sind in diesen Deklarationen im Allgemeinen als konkrete Werte einzugeben, also z.B. X(20, 6).

**Code-Beispiel 3.1-2**

```
SUBROUTINE BEWERTE(X,Y,m,k,WERT)
!...als Argumente der Funktion dienen hier die Matrix des ganzen
!   Satzes von Genvektoren sowie der Referenzvektor und die
!   Anzahl der Komponenten
!...hier sind je nach Programmsprache verschiedene Deklarationen
!   erforderlich, z.B. INTEGER X(m,k), Y(k) ; REAL WERT(m), s…….usw.
do i = 1,m                  ! Schleife über alle m Genvektoren

  s=0.0

  do j = 1,k                ! Schleife über die Anzahl der Komponenten

    s = s +(X(i,j) - Y(j))**2

  enddo

  WERT(i) =SQRT(s)          ! euklid. Abstand des Vektors X(i,1:k) von
                            ! Y(1:k)

enddo
END SUBROUTINE
```

Der Euklidischen Distanz äquivalent ist das Skalarprodukt X(i,:)·Y(:) eines Genvektors mit dem Referenzvektor, allerdings entspricht dabei dem Minimum der Distanz das Maximum des Skalarprodukts. Das Skalarprodukt ist bei größeren Vektoren oft schneller zu berechnen, wenn die Programmiersprache eine interne Funktion zu dessen Berechnung besitzt. In diesem Falle sähe der Code ungefähr so aus:

**Code-Beispiel 3.1-3**

```
do i = 1,m                  ! Schleife über alle m Genvektoren
  WERT(i) =Dot_Prod(X(i,:),Y(:))  ! Skalarprodukt von X(i,1:k) und Y(1:k)
enddo
```

Natürlich kann die Fitnessfunktion je nach inhaltlicher Problemstellung auch völlig anders aussehen, z.B. gar nicht auf Referenzgrößen bezogen sein. Sehr häufig wird ein Analogon zu einer Energiefunktion (s. Kap. 3.3) als Funktion des jeweiligen Genvektors definiert, die dann mit Hilfe des Genetischen Algorithmus zu einem möglichst niedrigen Wert geführt werden soll. Das obige Unterprogramm erhielte in jedem Fall als Argument einen Genvektor; aus diesem wird im Unterprogramm durch Anwenden der Fitnessfunktion ein reeller Zahlenwert erzeugt. Es sei betont, dass die Bewertung, wenn sie für den Genetischen Algorithmus brauchbar sein soll, entweder einen einzelnen Zahlenwert für jeden Genvektor liefern muss oder aber eine andere Totalordnung der Menge der Genvektoren. Denn benötigt wird für den Genetischen Algorithmus eine eindeutige (Wert-)Reihenfolge der Genvektoren.

Hier ist noch eine Bemerkung bezüglich der Definition der Variablen, also z.B. der Genvektoren usw. anzufügen: Variablen können, wie Sie vermutlich wissen, in den Programmen mit mehr oder weniger großem Geltungsbereich (engl. *scope*) als globale oder eingeschränkter als lokale Variable definiert werden. Es ist üblich und auch – vor allem für weniger routinierte Programmierer – empfehlenswert, von einer möglichst engen lokalen Definition der Variablen Gebrauch zu machen, z.B.

Variablen innerhalb von Unterprogrammen / Methoden lokal zu definieren. Das hat den Vorteil, dass nicht unbeabsichtigt globale Variable innerhalb eines Unterprogramms verändert und danach im Hauptprogramm mit falschen Werten weiter verarbeitet werden. In der Regel sind z.B. die Schleifenvariablen (i, j, ... usw) indizierter do-Schleifen oder for-Schleifen automatisch als lokal inner- halb der Schleifen definiert. Das ist nicht automatisch der Fall, wenn Sie z.B. folgende Schleifenkonstruktion anwenden:

**Code-Beispiel 3.1-4**

```
logical f = .true.
do while(f)
    …[irgendein Befehl]…
    n = n +1
    IF(n>10) f = .false.
enddo
```

Hier hat die Schleifenvariable n, deren Anfangswert natürlich irgendwo als $n < 10$ gegeben sein muss, nach Ende des Schleifendurchlaufs im weiteren Programm den Wert 11.

Ein Nachteil lokal definierter Variabler ist allerdings, dass Unterprogramme / Funktionen oft mit einer Vielzahl von Argumenten, womöglich sogar mit größeren Matrizen als Argumenten, aufgerufen werden müssen, was der Rechengeschwindigkeit nicht gerade zuträglich ist. Wenn Sie deshalb vermehrt globale Variable einsetzen, verstehen Sie diese Bemerkungen als Aufruf zu besonderer Sorgfalt bei der Programmkonstruktion.

Nachdem nun der Satz von Genvektoren bewertet ist, sind diejenigen Genvektoren, die dem weiteren Verfahren der Rekombination unterzogen werden sollen, auszuwählen. Dazu sind sie als erstes in der Reihenfolge der Bewertungen zu ordnen, wobei wir hier entsprechend dem Minimum des Euklidischen Abstands eine aufsteigende Sortierung annehmen wollen. Für die Sortierung gibt es eine Reihe leistungsfähiger Algorithmen (*bubble sort*, *quick sort* usw.), die allerdings zunächst nur eine Reihe von Werten sortieren; im Falle des Genetischen Algorithmus müssen aber *die Vektoren* entsprechend der Reihenfolge der Bewertungen mit sortiert werden. Im Folgenden stellen wir eine Möglichkeit, beruhend auf dem bubble-sort-Algorithmus, vor.

Das Unterprogramm erhält als Argumente den Vektor WERT(1:m) der m Bewertungen und die Matrix X(1:m,1:k) des Satzes der Genvektoren; m und k müssen natürlich durch konkrete Zahlenwerte ersetzt werden. Das Unter- programm gibt X(m,k) ansteigend sortiert zurück.

**Code-Beispiel 3.1-5**

```
SUBROUTINE GVSort(WERT,X)
!...Deklaration der Variablen und Hilfsvariablen
!   INTEGER X(m,k),XT(m,k), IDX(m),ntemp, m
!   LOGICAL sorted
!   REAL WERT(m),wtemp
!   WERT(m) Vektor der Bewertungen, nach denen sortiert werden soll
!   X(m,k) Genvektoren
```

```
!    X and WERT werden sortiert zurückgegeben
!    XT() ist temporärer Hilfsvektor
!    k ist die Größe eines Genvektors X(m,k)
!...Anfangswerte setzen; IDX Vektor der Indizes
   IDX(:)=(/1,2,3,4,5,6,7,8,9,10,11,12,13,14,15,16,17,18,19,20/)
   n=0
   sorted = .FALSE.          ! Indikator für Sortier-Abschluss
   m = SIZE(WERT)            ! Anzahl der Komponenten von WERT und Gen
   do WHILE(.NOT.sorted)     ! Schleife, sortieren bis perfekt
       sorted=.TRUE.
       n=n+1
   do j = 1,k-n
      IF(WERT(j)>WERT(j+1)) then        ! aufsteigende Sortierung
         wtemp=WERT(j)        ! kleinerer Wert steigt auf, größerer steigt ab
         WERT(j)=WERT(j+1)
         IDX(j)=IDX(j+1)               ! Indexvektor wird parallel sortiert
         WERT(j+1)=xtemp               ! Reihenfolge j/j+1 jetzt getauscht
         IDX(j+1)=j
         sorted=.FALSE.
      ENDIF
   end do
   end do
!...XT(1:m,1:k) Genvektoren jetzt in neuer Ordnung
   do i = 1,m
           XT(i,:)=X(IDX(i),:)
   end do
   X(1:m,1:k)=XT(1:m,1:k)     ! überschreibt X mit aufsteigender Sortierung
END SUBROUTINE
```

Gemäß dem obigen Standard-Schema des Genetischen Algorithmus ist ein Teil der Genvektoren – wir nehmen hier die Hälfte, also $m/2$ – zu Paaren zu kombinieren, und zwar zu genau $m$; die Anzahl der Genvektoren, die in jedem Iterationsschritt des GA verarbeitet werden, bleibt in der Regel konstant. Die Kombination erfolgt nach einem festen Rekombinations- oder Heiratsschema, wie es gern in der Literatur genannt wird. Dazu ist im Programm das Heiratsschema konkret zu definieren bzw. einzugeben, was durch eine Matrix HSchema(1:2, 1:m/2) geschieht, die als Elemente die Indizes der zu kombinierenden Genvektoren aus der halbierten, sortierten Menge enthält. Welche Genvektoren mit welchen kombiniert werden sollen, d.h. welche der $(m/2)^2$ möglichen Kombinationen für den nächsten Iterationsschritt des GA ausgewählt werden, ist zunächst willkürlich und mehr oder weniger eine Frage des Ausprobierens. Häufig werden mehr Kombinationen mit den "besten" Genvektoren gewählt.

Wir geben hier ein Beispiel für $m = 20$ und die besten 10 Genvektoren:

HSchema(1,1:10) = (/ 1, 1, 1, 2, 2, 3, 4, 5, 6, 7/)

HSchema(2,1:10) = (/ 2, 3, 8, 3, 4, 5, 6, 7, 8, 10/).

Das Schema bedeutet, dass nun der Genvektor X(1, 1:k) mit X(2, 1:k), X(1, 1:k) mit X(3, 1:k) usw. gepaart wird.

Die Paare werden dann dem Crossover und der Mutation unterworfen:

**Code-Beispiel 3.1.-6**

```
do i = 1,m/2
    n1 = HSchema(1,i)
    n2 = HSchema(2,i)
    Y1(1:k) = X(n1,1:k)
    Y2(1:k) = X(n2,1:k)
    CALL CROSSOVER(Y1,Y2)              ! (evtl. weitere Argumente)
    Xneu(i,1:k)= Y1(1:k)
    Xneu(m/2+i,1:k) = Y2(1:k)
enddo
X(1:m,1:k) = Xneu(1:m,1:k)
```

Wir haben hier angenommen, dass jeweils die "bessere" Hälfte des Genvektoren-Satzes zur Bildung eines gleich großen neuen Satzes benutzt wird. Man kann selbstverständlich andere Ersetzungsschemata verwenden, z.B. das häufig vorkommende so genannte "elitistische Ersetzungsschema" (s.o.). Dieser Modus hat den Vorteil, dass sich die Bestwerte jedes Iterationsschritts nicht verschlechtern können; eine Verbesserung ist aber dadurch nicht garantiert. Bei der Programmierung dieser elitistischen Variante wird einfach der beste Genvektor gespeichert und einer der m rekombinierten Vektoren nach dem Crossover damit überschrieben. Die ausgewählten Kombinationen Y1 und Y2 werden in einem Unterprogramm dem Crossover unterzogen, als rekombinierte Vektoren wieder zurückgegeben und zu einem neuen Satz Xneu von m Genvektoren zusammengestellt, mit dem der vorhandene, alte Satz überschrieben wird.

Für das Unterprogramm zum *crossover* sei hier nur eine recht elegante unter den vielen Möglichkeiten vorgeführt. Sie geht davon aus, dass die Programmbibliothek Ihrer Sprache einen sog. *"cyclic shift"*-Operator enthält bzw. dass Sie eine entsprechende Methode konstruieren. Dieser verschiebt die Komponenten eines Vektors, den man sich als zyklisch denkt, zum Beispiel:

X' = CSHIFT(X, 3) bildet aus X = (1, 0, 2,-1,-2,3) den Vektor X' = (-1, -2, 3, 1, 0, 2).

Damit wird das Crossover recht einfach. Man ruft sich über einen Zufallsgenerator, der meist reelle Zahlen im Intervall $0 \le x < 1$ liefert, für jedes Genvektorpaar 2 Zufallszahlen zwischen 0 und der Vektorlänge k auf, also z.B.

**Code-Beispiel 3.1-7**

```
INTEGER r,s
REAL x
CALL RANDOM_NUMBER(x)
r = k*x + 1
CALL RANDOM_NUMBER(x)
s = k*x + 1
```

Dann shiftet man die Vektoren mit r bzw. s, tauscht (wenn m die Länge des auszutauschen Fragments ist) die ersten m Komponenten der beiden Vektoren und shiftet zurück (mit –r bzw. –s):

Mit den Genvektoren

$$X = (1, 0, 2, -1, -2, 3)$$
$$Y = (0, 0, 1, 3, 0, -3)$$

und beispielsweise r=3 und s=1 ergibt sich dann

$$X' = CSHIFT(X,3) = (-1, -2, 3, 1, 0, 2)$$

$$Y' = CSHIFT(Y,2) = (1, 3, 0, -3, 0, 0)$$

und nach Rekombination eines Fragments der Länge von z.B. 2 Komponenten

$$X'_{neu} = (1, 3, 3, 1, 0, 2)$$
$$Y'_{neu} = (-1, -2, 0, -3, 0, 0)$$

erhält man die neuen, rekombinierten Genvektoren

$$X_{neu} = CSHIFT(X'_{neu}, -3) = (1, 0, 2, 1, 3, 3)$$
$$Y_{neu} = CSHIFT(Y'_{neu}, -2) = (0, 0, -1, -2, 0, -3).$$

Da es keinen Sinn macht, bei einer Länge nc des auszutauschenden Fragments weiter als k–nc zu shiften, kann k bei der Bildung von r und s durch (k–nc) ausgetauscht werden.

Ein gesamtes Unterprogramm zum Crossover könnte dann etwa so aussehen:

**Code-Beispiel 3.1-8**

```
SUBROUTINE CROSSOVER(Y1,Y2,nc,fmu)
!...Y1 und Y2 sind die zu rekombinierenden Genvektoren
!...nc ist die Länge des dabei auszutauschenden Gen-Fragments
!...fmu ist die Mutationsrate
INTEGER r,s, Y1(1:k), Y2(1:k), nc
REAL x, fmu
CALL RANDOM_NUMBER(x)
r = (k-nc)*x + 1
CALL RANDOM_NUMBER(x)
s = (k-nc)*x + 1
!...Fragment nc an 2 zufälligen Stellen bei Y1 und Y2 tauschen
Y1(1:k) = CSHIFT(Y1(1:k),r)        ! shiften
Y2 (1:k)= CSHIFT(Y2(1:k),s)
YC(1:nc) = Y1(1:nc)                ! Fragment nc am linken Rand tauschen
Y1(1:nc) = Y2(1:nc)
Y2(1:nc) = YC(1:nc)
Y1(1:k) = CSHIFT(Y1(1:k),-r)       ! zurück shiften
Y2 (1:k)= CSHIFT(Y2(1:k),-s)
!...Y1 und Y2 sind jetzt die rekombinierten Vektoren
!...nun folgt die Mutation mit einer Mutationsrate von 0 < fmu << 1
!...Annahme: binäre Genvektoren, Mutation nur 0/1 oder 1/0
do i = 1,k
    CALL RANDOM_NUMBER(x)
```

```
        IF(x<fmu) then
            IF(Y1(i) == 0) then
                Y1(i) = 1
        ELSE
                Y1(i) = 0
            ENDIF
        ENDIF
        CALL RANDOM_NUMBER(x)
        IF(x<fmu) then
            IF(Y2(i) == 0) then
                Y2(i) = 1
            ELSE
                Y2(i) = 0
            ENDIF
        ENDIF
enddo
END SUBROUTINE
```

Beachten Sie, dass bei dieser Variante des Crossover-Moduls die beiden zu rekombinierenden Genvektoren sowie die Fragmentlänge nc und die Mutationsrate als Argumente übergeben werden; die Genvektoren werden unter gleichem Namen als rekombinierte zurück gegeben. Es gibt eine Reihe anderer Arten, das *Crossover* zu gestalten, die Sie ganz entsprechend programmieren können; für diese müssen wir Sie auf die Literatur verweisen (s. Stoica-Klüver u.a. 2009, 66 ff.)

Mit den hier skizzierten Programm-Teilen haben Sie fast alles zusammen, was Sie für ein GA-Programm benötigen. Die Teile müssen nur noch mit Hilfe einer Iterationsschleife zusammengefügt werden. Der Kern des Gesamtprogramms – ohne die "technischen" Teile wie Deklarationen, Initiierungen usw. – lässt sich ungefähr wie folgt skizzieren; die Unterprogramme sind die weiter oben detailliert beschriebenen:

**Code-Beispiel 3.1-9**

```
!...Programm GA
!...Deklarationen, Definitionen
!...ggf. Eingeben oder Einlesen von Parametern
!...z.B. Heiratsschema, Mutationsrate, Crossover-Fragment
!...erzeugen eines Satzes von m Genvektoren X(1:m,1:k)
!    mit je k Komponenten
!...Bewertung des Anfangssatzes von Genvektoren:
CALL BEWERTE(X,Y,m,k,WERT)

!...Sortieren der Genvektoren nach Fitnesswert
CALL GVSort(WERT,X)

DO nstep = 1, nmax                    ! Iterationsschleife
!...Auswahl der m/2 besten Genvektoren und Crossover/mutation
    do i = 1,m/2
        n1 = HSchema(1,i)
```

```
    n2 = HSchema(2,i)

    Y1(1:k) = X(n1,1:k)

    Y2(1:k) = X(n2,1:k)

    CALL CROSSOVER(Y1,Y2,nc,fmu)

    Xneu(i,1:k)= Y1(1:k)

    Xneu(m/2+i,1:k) = Y2(1:k)

  enddo

  X(1:m,1:k) = Xneu(1:m,1:k)
!...Bewertung des neuen Satzes von Genvektoren:
  CALL BEWERTE(X,Y,m,k,WERT)
!...Sortieren der Genvektoren nach Fitnesswert
  CALL GVSort(WERT,X)
!...ggf. speichern von Einzelwerten pro Schritt für Trajektorien
!...evtl. anzeigen von Fitnesswerten je Schritt in einem
!   dynamischen Diagramm
!...Abbruchkriterien, z.B. wkriterium:
  wbest = WERT(1)            ! bester erhaltener Fitnesswert
  IF(wbest<wkriterium) EXIT  ! Schleife mit Erfolg beenden
  IF(nstep==nmax) EXIT       ! Abbruch wegen zu hoher Schrittzahl
END DO                       ! Ende der iterationsschleife
!...anzeigen und speichern der Ergebnisse:
!...letzte Genvektoren,Fitnesswerte
!...Schlussbefehle: Dateien schließen,Programm beenden
```

Hier sei noch einmal hervorgehoben, dass die Hinweise vor allem die mathematische Prozedur verdeutlichen sollen und dass sie deshalb von Vektoren, Matrizen, entsprechenden Kalkülen usw. ausgehen. Bei der Programmierung werden Sie vielleicht eher objektorientiert arbeiten, d.h. mit Klassen, Listen, Zeigern, dazu passenden Methoden und dergleichen hantieren.

Wenn Sie das gewohnt sind, wird Ihnen die Transformation unserer Darstellung in Ihr objektorientiertes Programm keine Schwierigkeiten machen. In jedem Falle sollten Sie sich in der verfügbaren Literatur nach eleganten und schnellen Algorithmen für die rechenzeitintensiven Teile des Programms umsehen.

Wie Sie sicher bemerkt haben, ist ein entscheidender Punkt bei der Programmierung eines Genetischen Algorithmus die Codierung der Genvektoren. Da diese vom Problem abhängt, dessen Lösung durch eine vom Genetischen Algorithmus gelieferten Optimierung angestrebt wird, kann für die Codierung kein allgemeines Rezept angegeben werden – außer dem, dass die Codierung für den Programmablauf möglichst vorteilhaft sein sollte. Mit einer eleganten Codierung, was Sie immer im Auge behalten sollten, können Sie sich die Programmierung wesentlich erleichtern.

Das spricht für eindimensionale Vektoren mit binären, ternären oder ganzzahligen Komponenten. Dass die Codierung dennoch gelegentlich etwas komplizierter sein kann, soll exemplarisch an einem Beispiel demonstriert werden, dessen Grundlagen und Ergebnisse wir bereits andernorts[57] dargelegt haben, nämlich der

---

[57] Siehe Stoica-Klüver u.a. 2009, 87 ff.

Optimierung eines Kabelnetzes. Das Beispiel soll auch ein weiteres Phänomen illustrieren, das den Anfänger auf den ersten Blick irritieren kann, dass nämlich die Optimierung mittels eines Genetischen Algorithmus nicht notwendig zu einer eindeutigen besten Lösung führt. Vielmehr können Veränderungen von Parametern oder Anfangsbedingungen oder auch nur andere seed-Werte des Zufallsgenerators immer wieder zu noch etwas besseren oder gleichwertigen anderen Lösungen führen. Mit anderen Worten: eine GA-Optimierung kann nicht sichern, dass nicht eine noch bessere Lösung mit eben diesem GA-Programm gefunden werden kann.

### 3.1.3   Beispiel eines Genetischen Algorithmus: Optimierung eines Kabelnetzes

Doch nun zu einem etwas ausführlicheren Beispiel, der Programmierung eines Genetischen Algorithmus zur Optimierung eines Kabelnetzes.

Das Beispiel geht kurz gesagt von dem Szenario aus, dass eine Anzahl von Kommunikationsgeräten bei Kunden, die über ein gewisses Gebiet verteilt sind, durch ein teures Breitbandkabel mit einer Verteilerstelle verbunden werden soll. Da es für die Verbindungen zwischen den verschiedenen Installations-Punkten bereits bei einer nicht allzu hohen Anzahl eine sehr große Zahl kombinatorischer Möglichkeiten gibt, scheint eine Optimierung mittels eines Genetischen Algorithmus angemessen.

Ein einfaches Modell für dieses Problem geht von n beliebig in einem Gebiet der Ebene verteilten Punkten aus, von denen Punkt 1 als Anfangspunkt gewählt wird. Das mathematische Modell ist also ein zusammenhängender Digraph mit n Ecken, für den bestimmte Bedingungen gelten:

Erstens wird angenommen, dass die Installationskosten der Länge der zu legenden Kabel, d.h. der Summe der Länge der Kanten, proportional sind. Das optimale Netz ist also der Digraph, dessen Kantenlängensumme – ausgehend von Ecke 1 – minimal ist. Die Kantenlängen sollen als Euklidische Distanzen von Ecken-Paaren definiert sein.

Zweitens kann unterstellt werden, dass das optimale Netz mit n Ecken genau $n - 1$ Kanten besitzt, denn jede weitere Kante wäre für einen zusammenhängenden Graphen überflüssig und würde die Längensumme unnötig vergrößern.

Drittens sind die Kanten so gerichtet, dass der Digraph einen Baum darstellt mit einer Quelle in Punkt 1. Von Punkt 1 aus gibt es also nur ausgehende Kanten.

Viertens besitzt jede Ecke nur eine eingehende Kante, aber beliebig viele ausgehende (Verzweigungen).

Der Digraph wird durch eine Adjazenzmatrix $\mathbf{A} = (a_{ij})$ repräsentiert[58], die die obigen Bedingungen durch einige spezielle Eigenschaften abbildet:

1)   es gibt keine Schleifen, $a_{ii} = 0$;

2)   die Spalte j gibt die Anzahl der eingehenden Kanten an;

3)   die 1. Spalte enthält nur 0, da die Ecke 1 als Ausgangspunkt (Quelle) definiert ist;

---

[58]   Für A gelte die Konvention: ein Element $a_{ij} = 1$ ist zu lesen als: "von Ecke i geht eine Kante aus zur Ecke j".

4) jede weitere Spalte enthält nur eine 1, d.h. der Innengrad der Ecken 2 bis n ist stets 1.

5) die Zeilensumme (Außengrad) gibt an, wie viele Zweige von der jeweiligen Ecke ausgehen;

6) Zeilensumme 0 bedeutet, dass die betreffende Ecke eine Endecke (Senke) des Netzes ist.

Wie kann ein solches Problem nun als Genetischer Algorithmus programmiert werden?

Die erste Frage ist die der Codierung. Eine Lösung, die zu einer binären Codierung führt, ist, die Adjazenzmatrizen vom Genetischen Algorithmus direkt als Genvektoren verwenden zu lassen. Die Genvektoren wären dann also zweidimensional, was bestimmte Konsequenzen für die Art der vom Genetischen Algorithmus verwendeten Variationen hat.[59]

Man hat abweichend vom einfachen Standard-GA, zusätzliche strukturelle Bedingungen zu beachten. Darüber hinaus sind weitere Bedingungen, gewissermaßen "Randbedingungen", im Programm zu berücksichtigen, die die Einhaltung der oben genannten 6 Eigenschaften der Adjazenzmatrix nach Anwendung der üblichen 2 Operationen, Crossover und Mutation, des GA garantieren. Denn wenn das Crossover in diesem Beispiel wie üblich durch zufallsgesteuerten Austausch von Spalten zweier Genvektoren/Adjazenzmatrizen geschieht, könnte die modifizierte Adjazenzmatrix die obigen Bedingungen verletzen, indem z.B. eine Spalte zwei Einsen enthält.

Es gibt prinzipiell zwei Möglichkeiten, mit einem derartigen Fall umzugehen.

Man kann erstens das *Crossover* so lange wiederholen, bis ein zulässiger Genvektor erzeugt wird. Das hat den Nachteil, dass die Anzahl der Wiederholungen nicht vorhersehbar ist, in speziellen Fällen möglicherweise überhaupt kein zulässiger Genvektor durch den Algorithmus erzeugt werden kann.

Zweitens – dieser Weg soll im vorliegenden Beispielprogramm beschritten werden – kann der unzulässige Genvektor korrigiert werden.

Im Programm werden nach dem *Crossover* durch Austausch zweier zufällig ausgewählter Spalten die dann vertauschten Spalten in folgender Weise korrigiert:

– Wenn ein Diagonalelement $a_{ii} = 1$ ist, wird diese 0 gesetzt und eine 1 an eine zufällige Position derselben Spalte eingesetzt.

– Wenn der Anfangs-Knoten 1 keine Verbindung besitzt, also $a_{1j} = 0$ für alle j, dann wird in der 1. Zeile an zufälliger Position k eine 1 eingesetzt, sofern in der k-ten Spalte nicht schon eine 1 enthalten ist.

---

[59] Eine vorteilhafte alternative Codierung ist hier möglich, weil jede Spalte der Matrix maximal eine Eins und sonst Null enthält. Man kann die Matrix deswegen zu einem Vektor $B = (b_i)$ komprimieren. In diesem Vektor gibt i die Nummer des Knotens an, und der Wert von $b_i$ ist die Nummer des Knotens, dessen Verknüpfung als gerichtete Kante auf den Knoten i zeigt. Durch die Darstellung als Vektor anstelle einer zweidimensionalen Matrix können die Algorithmen des Crossover sowie der Mutation in manchen Programmiersprachen erheblich beschleunigt werden. Da die Programmierung dieser Variante jedoch weniger durchsichtig ist, wird hier die Variante mit zweidimensionalen Genvektoren skizziert.

– Bei doppelten Kanten, d.h. wenn $a_{ij}$ **und** $a_{ji} = 1$, wird nach Zufall eine der Kanten gelöscht und dafür eine andere Kante, dh. eine 1 in einer anderen Spalte, eingefügt.

– Schließlich wird geprüft, ob alle Knoten vom Knoten 1 aus erreichbar sind. Dazu ist die Erreichbarkeitsmatrix R zu bestimmen[60]:

$$R = \sum_{k=1}^{n-1} A^k.$$

Wenn in der ersten Zeile der entstehenden Matrix R an der Position j eine Null steht, dann ist der Knoten j nicht vom Knoten 1 aus erreichbar. Im Beispielprogramm wird dies einfach dadurch korrigiert, dass eine Verbindung vom Knoten 1 zum Knoten j hinzugefügt wird; dafür wird eine etwa vorhandene andere Verbindung zum Knoten j gelöscht.

Das Crossover kann auch durch Vertauschen weiterer Paare geschehen; hierdurch erhält man einen Parameter, der gewissermaßen die "Stärke" des Crossover reguliert.

Zur Mutation werden per Zufall eine oder mehr der Spalten 2 bis n des Genvektors ausgewählt (Spalte 1 darf nur Nullen enthalten, da Knoten 1 als Quelle definiert war); in diesen Spalten wird die vorhandene 1 gelöscht (zur Erinnerung: in zulässigen Genvektoren gibt es nur *eine* 1 in diesen Spalten) und stattdessen wird an einer anderen, zufälligen Position eine 0 durch 1 substituiert. Die Anzahl der zu mutierenden Genvektoren und Spalten kann wiederum durch Parameter eingestellt werden. Selbstverständlich sind auch die mutierten Genvektoren auf Zulässigkeit zu prüfen und gegebenenfalls zu korrigieren.

Mit diesen Bedingungen kann das Programm für das Beispielproblem skizziert werden. Das Beispielprogramm arbeitet mit einem Netz von 12 Knoten, gegeben durch Koordinaten im $R^2$. Die Population der Genvektoren[61] besteht aus 20 jeweils 12-dimensionalen Adjazenzmatrizen, von denen die jeweils 10 am besten bewerteten nach einem festgelegten Rekombinationsschema ("Heiratsschema") – in diesem Fall als elitistische Variante des GA – neu kombiniert werden. Die Summe der Euklidischen Distanzen zwischen den verknüpften Knoten als Fitnesswert soll minimiert werden.

---

[60]  Die Erreichbarkeitsmatrix ist die Matrix, die durch Addition aller Potenzen von der ersten bis zur n-ten der Adjazenzmatrix gebildet wird. Da eine k-te Potenz der Adjazenzmatrix durch ein Element $x_{ij} > 0$ anzeigt, dass ein Weg zwischen den Knoten i und j mit der Anzahl k der zu passierenden Kanten (Weglänge) existiert, gibt die Erreichbarkeitsmatrix demzufolge an, zwischen welchen Knoten überhaupt eine Verbindung irgendeiner Länge vorliegt. Bei unserem Beispiel mit maximal (n – 1) Kanten und Baumstruktur genügt es, bis zur Potenz (n – 1) zu addieren und festzustellen, ob *alle* Knoten Verbindung mit dem Anfangsknoten 1 haben; in dem Falle darf also die erste Zeile der Erreichbarkeitsmatrix – außer dem Element $R_{11}$, der Verbindung von Knoten 1 mit sich selbst – keine weitere Null enthalten.

[61]  Wir behalten den Begriff "Genvektor" bei, obwohl es sich hier eher um "Gen*matrizen*" handelt.

**Code-Beispiel 3.1-10**

```
!...Programmskizze "Netz-GA"
!...HAUPTPROGRAMM
!...Deklarationen, Definitionen, usw. sind hier einzusetzen
!...ggf. einlesen/eingeben von Parametern ( z.B. nstop = 10000)
!...festlegen der seed-Werte für das Unterprogramm zur Erzeugung von
!   Zufallszahlen
!...definieren oder eingeben/einlesen der Koordinaten
!   der 12 Netzknoten P(1:2,1:12)
!...erzeugen der Anfangspopulation POP(20,12,12) von 20 Genvektoren,
!   d.h. 20 Adjazenz-Matrizen 12*12 mit bin., zufälligen Elementen;
!...Spalte 1 enthält nur Nullen, Spalten 2 bis 12 jeweils eine 1

  POP=0

  do i = 1,20               ! Schleife über alle 20 Genvektoren

    do k = 2,12             ! Schleife über die Spalten der A-Matrix

        call random_number(r)

        nr=12*r+1               ! zufällige Zeile nr

        IF(nr==k) nr = nr-1     ! Diagonale nicht besetzt!

        POP(i,nr,k)=1          ! setzt eine 1 pro Spalte 2 bis 12

    end do                 ! Ende der Schleife über k

!...die Genvektoren könnten evtl. nicht den Bedingungen für
!   die A-Matrix erfüllen; deshalb sind ggf. Korrekturen
!   am "unzulässigen" Genvektor nötig:
!...Korrektur, falls zufällig Knoten 1 ohne Verbindung,
!   d.h. in Zeile 1keine 1
    IF(SUM(POP(i,1,:))==0) then    ! Zeilensumme der 1. Zeile = 0

      call RANDOM_NUMBER(r)        ! setzt eine 1 in eine der
                                   ! Spalten 2 bis 12

      kr=11*r+2
      POP(i,1,kr)=1

    ENDIF
!...korrigieren der Spalte kr, falls dort in Zeile 2 bis 12
!   schon eine 1 steht
    do l = 2,12
        IF(POP(i,l,kr)==1) POP(i,l,j)=0

    enddo
  end do                        ! Ende der Schleife über i = 1...20
!...Ende der Korrekturen
!...Heiratsschema HSCHEMA(10,2) definieren, z.B.
  HSCHEMA(:,1)=(/0,1,1,1,2,2,3,5,7,8/)
  HSCHEMA(:,2)=(/1,2,4,6,3,5,8,9,2,10/)

!...Element 0 wird im Programm als elitistische Variante des GA
!   interpretiert;
!...dabei wird der jeweils beste Genvektor eines Zeitschritts in die
!   nächste Generation übernommen
!...als Grundlage der Bewertung wird die Matrix der Abstände
!   zwischen je 2 Knoten
!...(Distanzmatrix D(1:12,1:12)) berechnet; hier als Quadrat der
!   Euklidischen Distanz:
```

```
   do i = 1,12
      do j = 1,12
         x=P(j,1)-P(i,1)
         y=P(j,2)-P(i,2)
         D(i,j)=x*x+y*y
      end do
   end do
!...Definition der Anfangswerte oder Hilfsvariablen
      nstep = -1                      ! Schrittzähler


!...jetzt beginnt die Iterationsschleife
do while (nstep<nstop)             ! Schleife bis nstop erreicht ist
      SWERT=0.         ! SWERT(1:20) Fitnesswerte der Genvektoren
      nstep=nstep+1
!...Bewertung der Anfangspopulation; POP wird aufsteigend geordnet
!    ausgegeben
      CALL BEW(POP,D,SWERT)          ! Unterprogramm zur Bewertung
!...der GA wird hier in ein Unterprogramm ausgelagert
      CALL GENALG(POP,HSCHEMA,SWERT)
!...hier müsste Code zur Anzeige/Abspeicherung von Zwischen-Ergebnissen
!    für jeden bzw. für eine Auswahl von Schritten (z.B. für
!    mod(nstep,100)) eingesetzt werden
enddo                              ! Ende der Iterationsschleife
!...hier müsste Code zur Anzeige/Abspeicherung der Endergebnisse
!    eingesetzt werden

!...Ende HAUPTPROGRAMM

!...erforderliche Unterprogramme (extern oder intern einzubinden)
!...Unterprogramm GENALG....organisiert GA-Algorithmus


SUBROUTINE GENALG (POP,HSCHEMA,SWERT)
!...Ausgangspunkt sind die npop Chromosomen in POP(20)
!...und der Vektor der Ergebnis-Bewertung SWERT(20)
!...zunächst Deklarationen, z.B.:
   INTEGER POP(20,12,12), POPN(20,12,12), HSCHEMA(10,2)
   REAL SWERT(20),SSW(20)
!...einige Vektoren, die global definiert sind, werden kopiert, damit sie
!    nicht unabsichtlich im Unterprogramm verändert werden
   SSW=SWERT
   POPN=POP
!...sortieren der Genvektoren nach aufsteigenden Fitnesswerten
!...in einem entsprechenden Unterprogramm (s. Code-Beispiele oben), das
!    an die Größe der Genvektoren anzupassen ist
   call GVSort(SSW,POPN)
!...jetzt tritt das "Heiratsschema" in Aktion:
!...HSCHEMA(10,2) definiert Paare zum Crossover, die elitistische
!    Variante übernimmt den besten Genvektor als ersten im neuen Satz
!    sowie den zweitbesten als elften
!...Auswahl, ob elitist.(HSCHEMA(1,1) = 0) oder normal (HSCHEMA(1,1) > 0)
   IF (HSCHEMA(1,1)==0) then
```

```
      POP(1,:,:)=POPN(1,:,:)
      POP(11,:,:)=POPN(2,:,:)
      nu=2                       ! nu Indikator für elitist. oder nicht
    ELSE
      nu=1
    ENDIF
!...jetzt Übergabe der Paare an Unterprogramm zum Crossover
    do npaar = nu,10         ! Schleife über 10 Paarungen
        n1=HSCHEMA(npaar,1)
        n2=HSCHEMA(npaar,2)
        CALL CROSSOVER(npaar,n1,n2,POPN,POP)
    enddo
END SUBROUTINE
!...Ende des Unterprogramms GENALG
!...Unterprogramm CROSSOVER, der eigentliche GA-Algorithmus


SUBROUTINE CROSSOVER(npaar,n1,n2,POPN,POP)
!...rekombiniert und mutiert 1 Paar von Genvektoren  aus POPN
!   und gibt neue als POP zurück
!...zunächst Deklarationen und Definitionen:
    INTEGER POP(20,12,12), POPN(20,12,12),POPT(12,12),POPTT(12,12)
    INTEGER POPC(2,12,12),POPH(2),ISH(2)
    REAL  SH(2),fmu,SM(4),smu,r,SWERT(20)
    INTEGER ncl,n1,n2,icl,nstep,ndiff
    fmu=0.10                    ! Mutationsrate hier definieren
                               ! oder als globale Variable
!...zunaechst Crossover der Genvektoren-Paare
!...isolieren der beiden Genvektoren gemaess HSCHEMA:
    POPC(1,:,:)=POPN(n1,:,:)
    POPC(2,:,:)=POPN(n2,:,:)
    ncross=2                    ! ncross gibt an, wie oft Tausch
                               ! zweier Spalten auszuführen ist

    do nn = 1,ncross
!...bestimmen der zu tauschenden Spalten
        CALL RANDOM_NUMBER (r)
        nr=11*r+2                    ! eine Zahl von 2 bis 12
        CALL RANDOM_NUMBER (r)
        mr=11*r+2                    ! noch eine Zahl von 2 bis 12
!...im Folgenden wird der Spaltentausch vorgenommen;
!...Anmerkung: die implizite Schleife (1:12,...) entspricht einer
!   expliziten Schleife do i=1,12
!...der zweite Genvektor des Paares wird in temporären POPT kopiert
        POPT(1:12,1:12)=POPC(2,1:12,1:12)
!...die Spalte nr aus dem ersten Genvektor wird in POPT kopiert
        POPT(1:12,nr)=POPC(1,1:12,nr)
!...die Spalte mr aus dem ersten Genvektor wird in POPT kopiert
        POPT(1:12,mr)=POPC(1,1:12,mr)
!...jetzt die analoge Prozedur mit dem ersten Genvektor
```

```
        POPTT(1:12,1:12)=POPC(1, 1:12,1:12)

        POPTT(1:12,nr)=POPC(2, 1:12,nr)

        POPTT(1:12,mr)=POPC(2, 1:12,mr)
!...nach beendetem Tausch werden die temporären Vektoren zurück kopiert
        POPC(2, 1:12,1:12)=POPT(1:12,1:12)

        POPC(1, 1:12,1:12)=POPTT(1:12,1:12)

   end do                              ! Ende der Schleife über ncross
!...es folgt die Mutation; hier durch Löschen einer 1, die wegen der
!   Randbedingungen an anderer Stelle eingesetzt werden muss
!...zuerst Spalte, in der evtl. mutiert wird
   call random_number(r)

   nr=11*r+2                 ! eine Zahl von 2 bis 12


   do n = 1,2                ! Schleife für zweimalige Mutation

     CALL RANDOM_NUMBER(SM)   ! SM(1:4) enthält 4 Zufallszahlen

     do m = 1,12             ! Schleife über 12 Spalten

        IF(SM(1)<fmu) then    ! Entscheidung, ob Mutation

           kr=12*SM(2)+1      ! zufällige Zeile der Mutation

           do i = 1,12        ! Schleife über 12 Zeilen

              IF(POPC(1,i,nr)==1) then      ! sucht 1 in der Spalte nr
                                            ! im ersten Vektor

                IF(nr.NE.i.AND.kr.NE.nr) then    ! Ausschluss der
                                                 ! Diagonalen

                 POPC(1,i,nr)=0             ! 1 bei nr durch 0 ersetzt

                 POPC(1,kr,nr)=1            ! 1 stattdessen in Zeile
                                           ! kr eingesetzt

                ENDIF

              ENDIF

           end do                         ! Ende Schleife über 12 Zeilen

        ENDIF
!...jetzt Wiederholung der Mutation für den zweiten Genvektor des Paares
        IF(SM(3)<fmu) then

           kr=12*SM(4)+1

           do i = 1,12

              IF(POPC(2,i,nr)==1) then

                 IF(nr.NE.i.AND.kr.NE.nr) then

                   POPC(2,i,nr)=0

                   POPC(2,kr,nr)=1

                 ENDIF

              ENDIF

           end do

        ENDIF

     enddo                   ! Ende Schleife über 12 Spalten

   enddo                     ! Ende der Schleife über beide Genvektoren
```

```
!...jetzt müssen an den neuen Genvektoren Korrekturen vorgenommen werden,
!   die sicher stellen, dass die Randbedingungen für die Adjazenzmatrix
!   eingehalten sind
!...Korrektur, falls Knoten ohne Verbindung: jede Spalte ab 2 muss eine 1
!   enthalten
!...falls nicht, wird eine 1 an zufälliger Stelle eingesetzt
  do m = 1,2                 ! Schleife über beide Genvektoren des Paares
    do i = 2,12              ! Schleife über Spalten 2 bis 12
        IF(SUM(POPC(m,:,i))==0) then      ! prüfen, ob Summe der
                                          ! Spalte gleich 0 ist
            CALL RANDOM_NUMBER(r)
            kr=12*r+1
            IF(kr==i) kr=i+1    ! nicht in Diagonale
            IF(kr>12) kr=kr-2
            POPC(m,kr,i)=1        ! neue 1 gesetzt an zufälligem Platz
        ENDIF
    end do
  end do


!...Korrektur, falls Knoten 1 ohne Verbindung:
!   Zeile 1 muss eine 1 enthalten
  do m = 1,2         ! Schleife über beide Genvektoren des Paares
    IF(SUM(POPC(m,1,:))==0) then      ! prüfen, ob Zeilensumme 0
        CALL RANDOM_NUMBER(r)
        kr=11*r+2                     ! Zufallszahl zwischen 2 und 12
        POPC(m,1,kr)=1                ! setzt 1 in Zeile 1, Spalte kr
    ENDIF
!...weitere Korrektur, falls nun eine Spalte zwei Einsen enthält;
!...ggf. wird erste 1 gelöscht
    IF(SUM(POPC(m,:,kr))==2) then
            do j = 2,12
                IF(POPC(m,j,kr)==1)  POPC(m,j,kr)=0
            end do
    ENDIF
  end do           ! Ende der Schleife über beide Genvektoren


!...Korrektur für doppelte Verbindung i->j und j->i existiert
!   (Weg direkt zurück)
  do m = 1,2
    do i = 2,12
      do j = i,12
            IF(POPC(m,i,j)==1.AND. POPC(m,j,i)==1) then
!...doppelte Verbindung?
                POPC(m,j,i)=0                    ! eine 1 wird versetzt
                kr=j-1
                IF(kr==i) kr=j-2
                IF(kr<1)  kr=j+1
```

```
!...es könnte nun wieder eine doppelte Verbindung sein:
!...jetzt wird einfach mit Knoten 1 verbunden
                    IF(POPC(m,i,kr)==1) then
                        POPC(m,1,i)=1
                    ELSE
                        POPC(m,kr,i)=1
                    ENDIF
                ENDIF
            end do
        end do
    end do
!...letzte Korrektur:  falls nicht alle Knoten von 1 erreichbar sind
!...falls i unerreichbar, wird Verbindung von 1 zusätzlich eingefügt
!...hierzu wird ein spezielles Unterprogramm aufgerufen
    CALL REACH(POPC)
!...Rekombination, Mutation und Korrekturen beendet; Genvektoren zurück
!   kopieren
    POP(npaar,:,:)=POPC(1,:,:)
    POP(npaar+10,:,:)=POPC(2,:,:)
```

**END SUBROUTINE**

```
!...Ende des Unterprogramms CROSSOVER
!...Unterprogramm REACH prüft und korrigiert die Erreichbarkeit aller
    Knoten
```

**SUBROUTINE REACH(POPC)**

```
!...berechnet die Erreichbarkeitsmatrix
!...korrigiert die Adjazenzmatrix, falls ein Knoten nicht von 1 erreicht
!   wird der nicht-erreichbare Knoten einfach mit Knoten 1 verbunden
    INTEGER POPC(2,12,12), MP(12,12), MR(12,12), POPT(12,12)
    do m = 1,2                    ! Schleife über beide Vektoren des Paares
        POPT=POPC(m,1:12,1:12)        ! kopieren in lokale Variable
        MP=POPT
        MR=POPT
!...die Potenzen der Matrix(=Genvektor) werden bis zur 11. Potenz addiert
        do i = 1,11
            MP=MATMUL(MP,POPT)    ! intrins. Funktion zur Matrixmultiplikation
            MR=MR+MP
        end do
!...prüfen, ob Knoten 1 mit allen anderen verbunden ist
!...falls nicht, wird der Knoten mit Knoten 1 verbunden
        do i = 2,12
            IF(MR(1,i)==0) POPC(m,1,i)=1
        end do
    end do
```

**END SUBROUTINE**

```
!...Ende des Unterprogramms REACH
!...Unterprogramm BEW zur Bewertung der Genvektoren
```

```
SUBROUTINE BEW(POP,D,SWERT)
!...berechnet Fitness-Werte SWERT(1:20) für die 20 Genvektoren einer
!   Population
!...als Argumente werden die Genvektoren POP(1:20,1:12,1:12)
!   und die im Hauptprogramm
!...berechnete Distanzmatrix D(1:12,1:12) übergeben;
!...das Unterprogramm gibt Fitnesswerte als Vektor SWERT(1:20) zurück
!...Deklarationen, Definitionen hier einzusetzen

  do m = 1,20                        ! Schleife über alle 20 Genvektoren
     w=0
     do i = 1,12     ! Schleifen über Zeilen u. Spalten des Genvektors
        do j = 1,12
!...die Distanzwerte für jede Verbindung werden addiert
           IF(POP(m,i,j)==1) w = w + D(i,j)
        end do
     end do
     SWERT(m)=w
  end do
END SUBROUTINE
!...Ende des Unterprogramms BEW
```

Einen Eindruck von den Ergebnissen eines Genetischen Algorithmus für das beschriebene Beispiel mag Ihnen die grafische Darstellung eines typischen Optimums des Kabelnetzes (Abb. 3-1) geben.

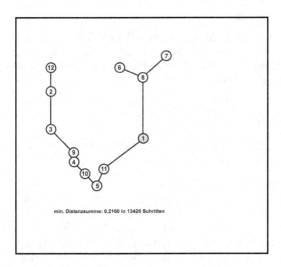

min. Distanzsumme: 0.2160 in 13426 Schritten

**Abbildung 3-1:** Ergebnis einer Optimierung des Netzes mit dem GA.
min. Distanzsumme: 0.2160 in 13426 Schritten

Die folgende Abbildung (Abb. 3-2) zeigt den Verlauf der Optimierung anhand der je Iterationsschritt (Generation) erreichten besten Summen der Quadrate der Distanzen.

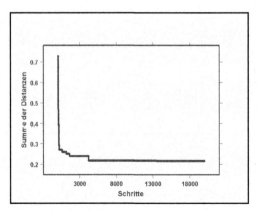

**Abbildung 3-2:** Verlauf der Optimierung

Wir haben dieses Beispiel so ausführlich erläutert, weil daran die Grundstruktur eines GA-Programms noch einmal sichtbar wird. Diese kann man – abgesehen von den programmtechnisch notwendigen Präliminarien wie Typ-Deklarationen etc. – wie folgt beschreiben:

- Eingabe / Einlesen von Ausgangsdaten und -Parametern,

- Berechnung von Werten, die später im Programm mehrfach benötigt werden (z.B. Distanzmatrix),

- Berechnung von zufälligen Anfangswerten (z.B. Genvektoren),

- Iterationsschleife (evtl. mehrfach, falls noch Parameter oder Anfangswerte systematisch variiert werden sollen), und innerhalb dieser

  o Aufrufe von Unterprogrammen für die wesentlichen Berechnungen, wobei auf die richtige Reihenfolge zu achten ist; (die Auslagerung in Unterprogramme erhöht die Übersichtlichkeit des Hauptprogramms besonders bei mehrfachen Schleifen),

  o Anzeige oder Speicherung (in Dateien) von Zwischenergebnissen,

  o Auswertungen bezüglich Abbruchkriterien,

- Anzeige und Speicherung, ggf. auch Analysen der Endergebnisse.

Im Beispielcode ist der gesamte GA-Algorithmus bis auf die Iterationsschleife in ein Unterprogramm (GENALG) ausgelagert, das seinerseits für *Crossover* und Mutation weitere Unterprogramme aufruft; dies trägt zur Übersichtlichkeit der Schleifenkonstrukte bei. Man könnte im Unterprogramm CROSSOVER natürlich wiederum einzelne Teile wie die Mutation auslagern in weitere, hierarchisch tiefer angesiedelte Unterprogramme. Zu bedenken ist dabei jedoch, dass der Aufruf eines Unterprogramms in der Regel mehr Rechenzeit erfordert als ein entsprechender Codeteil, der in das aufrufende Programm integriert ist. Deshalb sollten die am häufigsten zu durchlaufenden Schleifen eines Programms möglichst wenige Aufrufe von Unterprogrammen enthalten.

Am Code unseres Beispiels sehen Sie ferner, dass die vom zu optimierenden Problem her bestimmten Randbedingungen wegen der Vielzahl möglicher Fälle unzulässiger Adjazenzmatrizen (Genvektoren) zu einer erheblichen Erweiterung des – an sich recht simplen – Programmcodes des Standard-GA führen. Es lohnt sich, beim Programmieren dieser korrekturbedürftigen Fälle große Sorgfalt walten zu lassen, da diese logisch vertrackt sein können und da ihre mathematische Einfachheit leicht zur Nachlässigkeit verführt.

Wenn man die Trajektorie der Iteration (Abb. 3-2) genauer untersucht, stellt man fest, dass in dieser Iteration noch nach sehr hoher Schrittzahl (> 13000) weitere Verbesserungen erzielt wurden. Das ist ein Hinweis darauf, dass es, wie schon bemerkt, keine Garantie gibt, dass der GA das absolute Optimum erreicht, und infolgedessen auch kein Abbruchkriterium, das ein globales Optimum garantiert. Für Optimierungen mit dem Genetischen Algorithmus folgt daraus, dass es immer geboten ist, mehrfache Optimierungen mit unterschiedlichen Parametern und Anfangswerten, unterschiedlich initiierten Zufallsgeneratoren und auch unterschiedlichen GA-Varianten (elitistisch oder nicht-elitistisch) durchzuführen.

Das gilt im Übrigen nicht nur für Optimierungen mit dem Genetischen Algorithmus, sondern auch für andere Evolutionsalgorithmen wie die Evolutionsstrategien, die wir Ihnen im Folgenden an einigen Beispielen vorstellen werden.

## 3.2  Evolutionsstrategien (ES)

### 3.2.1  Grundprinzip

Während beim GA, wie Sie im Kapitel 3.1. gesehen haben, die Gen-Vektoren von Generation zu Generation vorwiegend durch die Operation des Crossovers und zusätzlich, aber meist in geringerem Maße durch Mutation verändert werden, spielt bei den von Rechenberg (1972) und Schwefel (1975) entwickelten Evolutions-Strategien (ES) die Mutation die Hauptrolle.

> In der einfachsten Grundversion, der so genannten (1+1)-ES wird ein Problem bzw. ein Systemzustand in einem Vektor, hier meist mit reellen Komponenten, codiert. Dieser Vektor wird, geleitet durch eine geeignete Bewertungsfunktion, iterativ verbessert.

Man beginnt beispielsweise mit einem zufällig generierten Vektor als "Elterneinheit". Der Elternvektor wird dupliziert, und das Duplikat wird in einer Komponente einer Mutation unterworfen, indem zu einer zufällig ausgewählten Komponente ein relativ zu dieser Komponente kleiner, positiver oder negativer, reeller Wert addiert wird. Anschließend werden der so entstandene "Kind-Vektor" und der "Elternvektor" mittels der Bewertungsfunktion verglichen – daher der Name (1+1)-ES; das "+" weist darauf hin, dass sowohl Eltern als auch Kinder im selben Verfahren bewertet werden. Der bessere Vektor – das kann ein Kind-Vektor oder auch der Eltern-Vektor sein – wird ausgewählt, dupliziert, und das Duplikat wird mutiert. Dies Verfahren wird fortgesetzt bis – gemessen an einem geeigneten Abbruchkriterium – hinreichend gute Ergebnisse erreicht worden sind.

Grundlage auch der Evolutionsstrategien ist, das sei hier noch einmal hervorgehoben, eine Bewertungsfunktion, mit der die Reihe der in jedem Iterationsschritt erzeugten Nachkommen in eine eindeutige Rangordnung gebracht werden kann.

Der nachfolgende Pseudocode skizziert den relevanten Programmausschnitt eines (1+1)-ES.

**Code-Beispiel 3.2-1**

```
Elter(1:k) = (e1, e2,..., ek)     ! definiert Anfangs-Elternvektor
d = ...                           ! definiert Mutations-Inkrement
krit = ...                        ! definiert hinreichend gute Fitness
do n = 1, nmax
    Kind(1:k) = Elter(1:k)        ! kopiert Elternvektor
    CALL Random_Number(r)         ! erzeugt eine reelle Zufallszahl
                                  ! 0 ≤ r < 1
    i = INT((k+1)*r+1)            ! erzeugt eine Integer-Zufallszahl
                                  ! 0 < i < k+1
    CALL Random_Number(r)         ! noch eine reelle Zufallszahl
                                  ! zwischen 0 und 1
    IF(r<0.5) then
          Kind(i) = Kind(i) - d          ! Mutation negativ
    ELSE
          Kind(i) = Kind(i) + d          ! Mutation positiv
    ENDIF
    eE = EVAL(Elter)                     ! berechnet Fitnesswerte
    eK = EVAL(Kind)                      ! (je kleiner desto besser)
    IF(eK<eE) then                       ! Kindvektor besser
       Elter(1:k) = Kind(1:k)            ! besserer Vektor wird neuer
                                         ! Elternvektor

    ENDIF
    IF(eK<krit.OR.eE<krit) then          ! Abbruch, wenn hinreichende
                                         ! Fitness erreicht ist

          EXIT
    ENDIF
enddo
```

Diese einfache (1+1)-ES-Strategie führt oft nicht bzw. nur sehr langsam zu befriedigenden Ergebnissen. Daher wurde die (1+1)-ES zur $(\mu + \lambda)$-ES erweitert, bei der $\mu$ Eltern (reell codierte Vektoren) generiert werden, aus denen $\lambda$ Nachkommen durch Duplikation und Mutation erzeugt werden. Dabei gilt, dass $\lambda \geq \mu \geq 1$ sein soll und dass aus den $\mu$ Eltern statistisch gleichverteilt $\lambda$ Eltern zufällig ausgewählt werden. Da ferner $\lambda \geq \mu \geq 1$ gefordert wird, kommt es auch zu Mehrfachauswahl einzelner Eltern. Die ausgewählten Eltern erzeugen $\lambda$ Nachkommen; diese werden *zusammen mit ihren $\lambda$ Eltern* wieder bewertet und die besten $\mu$ "Individuen" bilden dann die neue Elterngeneration. Dies Verfahren wird iteriert. Hierbei "überleben" die Eltern, die besser als ihre Nachkommen sind, die übrigen werden nicht weiter berücksichtigt. Man hat es also mit einer elitistischen Strategie zu tun.

Der Vorteil elitistischer Verfahren wurde schon beim Genetischen Algorithmus erwähnt: Die Bewertung wird monoton besser; einmal erreichte Optima werden nicht wieder verlassen. Der Nachteil besteht in der Gefahr, gegen lokale Optima zu konvergieren. Man kann das Problem beim Genetischen Algorithmus beheben, indem man das elitistische Verfahren gewissermaßen unterbricht, um es für wenige Iterationsschritte nicht-elitistisch weiter laufen zu lassen.

Bei den Evolutionsstrategien führte Schwefel, um dies Problem zu beheben, eine Variante mit der Bezeichnung $(\mu,\lambda)$-ES ein. Bei dieser werden – bei gleicher Generierung der Nachkommen – die Eltern nicht mehr mit den Nachkommen verglichen, sondern es werden allein aus der Gesamtmenge der $\lambda$ *Nachkommen* die $\mu$ Besten ausgewählt, die dann als neue Eltern für die Generierung von $\lambda$ weiteren Nachkommen dienen[62]. Diese Variante kann ebenfalls zeitweise aktiviert werden.

Die bisher beschriebenen Evolutionsstrategien verwenden keine Rekombinations-verfahren. Da jedoch aus der Evolutionsbiologie – und dem Genetischen Algorithmus – bekannt ist, wie wirksam Rekombination bei der Optimierung von Individuen und Populationen sein kann, wurden den Evolutions-Strategien ebenfalls entsprechende Möglichkeiten beigefügt.

Es gibt zwei Standardverfahren. Das eine entspricht praktisch dem Crossover beim Genetischen Algorithmus, d.h. es werden gleich lange Abschnitte je zweier Eltern-Vektoren ausgetauscht. Das zweite, bei reeller Codierung, führt als Rekombination eine bestimmte *Mittelwertbildung* der einzelnen Komponenten der zu kombinierenden Vektoren durch.

Der einfachste Fall ist, dass jeweils zwei Eltern rekombiniert werden. Bei den ES spricht man dann davon, dass eine $\rho$-Gruppe mit $\rho = 2$ gebildet wird. Aus den $\mu$-Eltern werden $\lambda$–Paare gebildet. Der (einzige) Nachkomme eines Paares entsteht nun dadurch, dass ein neuer Vektor gebildet wird, dessen Komponenten die Mittelwerte der jeweiligen Komponenten der Elternvektoren sind. Dieser Vektor wird dann noch mutiert.

Gibt es z.B. $\mu = 5$ Eltern und es sollen $\lambda = 10$ Nachkommen gebildet werden, dann werden 10 Elternpaare aus je zwei Vektoren zusammengestellt und daraus 10 neue Vektoren erzeugt. Je nach gewählter Selektionsstrategie werden anschließend 5 Vektoren ausgewählt, mit denen dann erneut Paarbildung, Rekombination über Mittelwert, Mutation und Selektion durchgeführt werden.

Dies Verfahren wird als $(\mu / \rho \#\lambda)$-ES bezeichnet.

Es sei wiederum an einem Programmausschnitt in Pseudocode skizziert:

**Code-Beispiel 3.2-2**

```
Eltern(1:5,1:k) = ...          ! definiert 5 Anfangs-Elternvektoren
Kinder(1:10,1:k)               ! deklariert 10 Kinder-Vektoren
d = ...                        ! definiert Mutations-Inkrement
krit = ...                     ! definiert hinreichend gute Fitness
k = ...                        ! Anzahl der Komponenten der Eltern-/
                               ! Kinder-Vektoren
do n = 1, nmax
!...Unterprogramm, das aus 5 Eltern 10 (vorläufige) Kinder erzeugt:
    CALL PaarBildung(Eltern, Kinder)
```

---

[62]  Falls es offen ist, welche Selektion vorgenommen werden soll – Eltern + Kinder oder nur Kinder –, spricht man allgemein von einer $(\mu\#\lambda)$-ES.

```
   do j = 1,5                       ! Schleife für paarweise
                                    ! Rekombination der Kinder

      CALL CROSS(Kinder(j,1:k),Kinder(j+5,1:k))

   enddo                            ! liefert 10 rekombinierte Vektoren


   do j = 1,10                      ! Mutation und Bewertung der neuen
                                    ! Generation:
!...Mutation:
      CALL Random_Number(r)

      i = INT((k+1)*r+1)            ! erzeugt eine Integer-Zufallszahl
                                    ! 0 < i < k+1

      CALL Random_Number(r)         ! eine reelle Zufallszahl
                                    ! zwischen 0 und 1

      IF(r<0.5) then
            Kinder(j,i) = Kinder(j,i) - d        ! Mutation negativ
      ELSE
            Kinder(j,i) = Kinder(j,i) + d      ! Mutation positiv
      ENDIF
!...Bewertung
      Fit(j) = EVAL(Kinder(j,1:k))         ! berechnet Fitnesswerte
   enddo
!...jetzt stehen die 10 Fitnesswerte der neuen Generation in Fit(1:10)
!...diese werden in einem Unterprogramm gemäss Fitness sortiert, so dass
!   die Kinder mit besseren Fitnesswerten am Anfang stehen
!...SORT gibt auch die Fitnesswerte entsprechend geordnet aus:
      CALL SORT(Kinder(),Fit())
!...die 5 "besten" Kinder bilden neue Elterngeneration:
      Eltern(1:5,1:k) = Kinder(1:5,1:k)

      IF(Fit(1)<krit) then          ! Abbruch, wenn hinreichende Fitness
                                    ! erreicht ist

         EXIT

      ENDIF
enddo
!...Hinweise:
!...Das Prinzip der Unterprogramme PaarBildung() und CROSS() entspricht
!   dem beim GA.
!...Unterprogramme zum Sortieren sind Standard-Algorithmen
!   (Bubble-Sort, Quick-Sort usw.).
!...Die EVAL-Funktion richtet sich natürlich nach dem jeweiligen
!   inhaltlichen Problem.
!...RANDOM-Funktionen sind in allen gängigen Programmiersprachen
!   enthalten; sie liefern in der Regel reelle Pseudo-Zufallszahlen r
!   im Intervall [0,1).
!   Will man eine Integer-Zufallszahl i in einem Intervall [1,n]
!   erzeugen, dann wird diese z.B. mit i = INT (r*n +1) dargestellt.
!...Die Zufallszahlen sind gleichverteilt.
```

## Übung 3.2-1

Ein häufiges praktisches Problem ist, eine empirische gefundene Kurve durch Polynome anzunähern. Da Ihnen nicht zugemutet werden soll, eine längere Reihe von Punkten einer Kurve, also (x, y)-Koordinatenpaare, in eine Datei zu übertragen, berechnen Sie bitte (mittels eines Programms) die Punkte der Funktion $y = \sin(\pi x / 2)$ im Intervall $-1 \leq x \leq 1$ und lassen Sie sich diese entweder in eine Text-Datei schreiben, aus der Sie sie für das ES-Verfahren auslesen können. Oder Sie bauen die Berechnung der Punkte in den Anfang des ES-Programms ein, das Sie in dieser Übung konstruieren sollen.

Ziel des ES-Programms ist, diese Funktion im angegebenen Intervall durch ein Polynom 5. Grades ($z = a_5x^5 + a_4x^4 + \ldots\ldots + a_1x + a_0$) anzunähern. Bestimmen Sie geeignete Koeffizienten $a_i$ mittels ES. Die Eltern- bzw. Kindvektoren besitzen also Komponenten, die die Koeffizienten des Polynoms darstellen.

Vergleichen Sie eine (1+1)ES, eine ($\mu + \lambda$)-ES, eine ($\mu$, $\lambda$)-ES sowie eine ($\mu$ / $\rho$ # $\lambda$)-ES (mit $\lambda = 10$ und $\mu = 20$ sowie $\rho = 2$) miteinander.

Überlegen Sie sich, wie viele Komponenten die Elternvektoren, die Sie zufällig wählen, haben müssen und welches eine geeignete Größe der reellen Komponenten ist. Als Bewertungsfunktion kann z.B. die Quadratsumme der Differenzen $y(x_i) - z(x_i)$ für eine hinreichend große Anzahl von $x_i$-Werten verwendet werden (Fehlerquadratfunktion).

(Die (1+1)-ES können Sie, wenn Sie wollen, noch per Hand rechnen; für die übrigen Beispiele müssen Sie ein Programm schreiben.)

### 3.2.2 Varianten der Evolutionsstrategien: Mutative Schrittweitensteuerung

Das Maß der Schwankungen bei den einzelnen Komponenten kann zur Steuerung verwendet werden. Diese sogenannte mutative Schrittweitensteuerung beruht darauf, dass ein gewünschtes "Mutationsmaß" der zu mutierenden Vektorkomponente hinzugefügt wird

Aus einem Vektor X wird ein neuer Vektor Y generiert, indem zu X ein "Zufallsvektor" addiert wird:

$$X = Y + N(0, \sigma),$$

wobei $N(0,\sigma)$ ein Vektor ist, der aus Gauß-verteilten Zufallszahlen mit dem Mittelwert 0 und der Standardabweichung $\sigma$ besteht.

Im Detail heißt das, dass pro Komponente eine Standardabweichung definiert wird und dass zum Mittelwert 0 pro Komponente Zufallszahlen generiert werden, die innerhalb der jeweiligen Standardabweichung liegen müssen. Diese werden dann zu den Komponenten des Elternduplikats addiert.

Angenommen der Elternvektor sei E = (0.4, 0.6, 0.5) sowie die Standardabweichung $\sigma$ = (0.2, 0.2, 0.4). Die Zufallszahlen seien dann – innerhalb der jeweiligen Standardabweichung zufällig gewählt – x = (0.05, -0.1, 0.25). Dann wäre der neue Vektor (0.45, 0.5, 0.75).

> Das Grundprinzip der Evolutions-Strategien mit mutativer Schrittweitensteuerung ist also die punktuelle Variation von Einzelkomponenten mit nicht allzu großen Veränderungen. Das Ausmaß der durch Mutation erzielbaren Veränderungen hängt von der Größe von $\sigma$ ab.

Für Evolutions-Strategien gilt wie beim Genetischen Algorithmus, dass Mutationsveränderungen vorsichtig dosiert werden sollten. Da $\sigma$ komponentenweise definiert wird, besitzt man bei Evolutions-Strategien ein Mittel für feinste Steuerung.

Für die Größe von $\sigma$ gibt Rechenberg aufgrund von Experimenten mit einfachen Bewertungsfunktionen eine heuristische Faustregel an, die sich grob so formulieren lässt:

Der Quotient aus erfolgreichen und nicht erfolgreichen Mutationen sollte mindestens $1/5$ betragen.

Ist er kleiner, sollte die Streuung der Mutationen, also die Standardabweichung, verringert werden und umgekehrt. Das ist natürlich nicht mehr als ein erster Hinweis. Optimale Werte können nur durch Erfahrung, also Ausprobieren, gewonnen werden.

Man kann nun die Standardabweichung selbst auch noch von der Entwicklung des Optimierungsprozesses abhängig machen, sei es durch einfache Verringerung mit der Schrittzahl oder sei es, dass auch der Vektor der Standardabweichungen gewissen Mutations- oder Rekombinationsmechanismen unterworfen wird. Mit dieser Steuerung durch den Optimierungsprozess selbst wird gewissermaßen ein evolutionäres Prinzip 2. Ordnung verwirklicht: Die Evolution steuert ihre eigenen evolutionären Parameter. Basis der Steuerung ist, wie oben schon betont, immer eine geeignete Bewertungsfunktion, mit der festgestellt werden kann, ob Mutationen nach Veränderung von Parametern besser oder schneller besser werden.

Die Evolutionsstrategien sind, so kann man aus dem Vorangehenden ersehen, für Modellierungen den genetischen Algorithmen vor allem dann vorzuziehen, wenn die Veränderung der Vektoren nicht radikal stattfinden soll, es also um *gesteuerte* bzw. *kontrollierte* Variations- oder Lernprozesse geht.

### 3.2.3    Beispiel einer einfachen Anwendung einer Evolutionsstrategie

Ein verbreiteter Typ technischer Kleber besteht aus mehreren Komponenten. Basis ist eine Mischung aus einem flüssigen Harz (z.B. Polyester oder Epoxid) und Härter, die nach dem Zusammenmischen innerhalb kurzer Zeit zu einem festen Kunstharz erhärten.
Die wichtigste Kenngröße eines Klebers ist seine Endfestigkeit $f_e$.

Die Aushärtung kann durch so genannte Beschleuniger, sowie durch Temperaturerhöhung verkürzt werden; das wird durch charakteristische Zeiten (Topfzeit, Zeit bis Erreichen eines bestimmten Anteils der Endfestigkeit $t_e$ o.ä.) gemessen. Zum Verkleben von größeren Spalten oder zum Ausfüllen von Vertiefungen werden dem Kleber Füllstoffe zugesetzt, die eine höhere Viskosität $v_i$ des Klebers bewirken.

Der Anwender kann durch die Wahl von Parametern, hier also der zugesetzten Menge von Beschleuniger oder Füllstoff sowie der Arbeitstemperatur, die erwähnten Kenngrößen Endfestigkeit, Härtezeit und Viskosität in großem Umfang beeinflussen. Wie diese Kenngrößen mit den zu wählenden Parametern zusammenhängen, ist – so wird hier vorausgesetzt – durch physikalisch-chemische Gesetzmäßigkeiten genau beschrieben. Diese bilden ein nicht-lineares Gleichungssystem, aus dem sich eine erwünschte Optimierung, ein Kleber mit ganz bestimmten Kenngrößen, nicht so einfach berechnen lassen. In solchen Fällen können Evolutions-Strategien schnellere Lösungen liefern.

Im Beispiel wird zur Vereinfachung angenommen, dass das Verhältnis von Harz und Härter konstant gehalten wird. Das technische Problem ist, durch die Zusätze und die zu wählende Arbeitstemperatur einen Kleber mit bestimmten Werten für die Kenngrößen zu erzeugen.

Parameter und Kennwerte können zweckmäßig als relative Größen, bezogen auf mögliche Maximalwerte, codiert werden[63]. Die Konzentration von Beschleuniger $c_B$ und Füllstoff $c_X$ werden also auf die (vom Hersteller) zugelassen Maximalwerte bezogen und variieren deshalb zwischen 0 (kein Zusatz) und 1 (maximal zugelassener Zusatz); die relative Temperatur $T_{rel}$ liegt ebenfalls zwischen 0 (niedrigste) und 1 (höchste zugelassene Arbeitstemperatur). Entsprechend sollen auch die Kennwerte zwischen 0 (minimale Werte) und 1 (maximal erreichbare Werte) codiert werden.

Am Beispiel der Temperaturen sei dies konkretisiert:

Angenommen der Kleber darf nur im Bereich von $T_{min} = 10$ bis $T_{max} = 50$ Grad Celsius verwendet werden. Dann wäre die relative Temperatur $T_{rel}$ bei 10 Grad $=0$, bei 50 Grad $=1$ und dazwischen gilt

$$T_{rel} = 0.025(T - 10) \text{ bzw. } T = 40T_{rel} + 10.$$

Die gewünschten Eigenschaften des Klebers werden demgemäß als Zielvektor $Z = (z_1, z_2, z_3)$ mit $0 \le z_i \le 1$ codiert.

Aufgabe für die ES ist es, einen Satz von Parametern, also einen Vektor $X = (T_{rel}, c_B, c_X)$ zu finden, der zu einem Kleber mit Kennwerten möglichst nahe am Zielvektor führt.[64] Natürlich ist ein beliebig gewählter Zielvektor keineswegs immer erreichbar. Sie können sich leicht selbst Zielwerte ausdenken, die widersprüchlich oder unerfüllbar sind.

Um die unterschiedliche Bedeutung zu modellieren, die die Kenngrößen bezogen auf den jeweiligen technische Anwendungsfall haben können, wird im Beispiel dem Zielvektor noch ein Gewichtsvektor $G = (g_1, g_2, g_3)$ zugeordnet. Die Annäherung des Vektors der Kennwerte $K = (t_e, f_e, v_i)$ an den Zielvektor, also der "Fitnesswert" wird als Quadrat der damit gewichteten Euklidischen Distanz berechnet, die zu minimieren ist.

Die Beziehungen zwischen Kenngrößen und Parametern (Kennfunktionen) werden hier ein wenig willkürlich in folgender Weise angenommen:

$$t_e = a_1 \cdot ((\exp(1 - 0.7 \cdot T_{rel}) - 1) \, / \, 1.7183) \cdot (1 - c_B)^2 + a_2 \cdot c_x$$

$$f_e = a_3 \cdot (1 + T^2_{rel}) - a_4 \cdot c_B - a_5 \cdot c_x^2$$

$$v_i = a_6 \cdot (1 - T^3_{rel}) + a_7 \cdot c_x^2$$

mit

$a_1 = 1.2$
$a_2 = 0.2$
$a_3 = 0.8$
$a_4 = 0.5$

---

[63] Der Vorteil ist, dass die Vektor-Komponenten alle in derselben Größenordnung liegen sowie in demselben begrenzten Intervall 0 bis 1. Andernfalls kann es passieren, dass sich die Komponenten wie gewichtete Größen verhalten, so dass z.B. eine um Größenordnungen kleinere Komponente bei der Optimierung nur eine geringe Rolle spielt und ihre letztlich erreichten Werte unzuverlässig werden.

[64] Natürlich können die Optimalwerte im Prinzip, wie oben schon erwähnt, auch durch Berechnungen ermittelt werden, wenn die Beziehungen zwischen Kennwerten und Parametern exakt formuliert werden können. Allerdings sind die entstehenden – oft nichtlinearen – Gleichungen im Allgemeinen keineswegs geschlossen lösbar, vor allem, wenn die Praxis die Berücksichtigung weiterer Parameter erfordert.

$a_5 = 0.7$

$a_6 = 0.3$

$a_7 = 2.0$

Um das Beispiel einfach zu halten, wird eine (1+10) ES mit reiner Mutation gewählt. Zunächst werden also 10 Kopien des "besten" Elternvektors generiert. 9 dieser kopierten Vektoren werden dann an einer Komponente mutiert, der zehnte Vektor bleibt unverändert. Diese elitistische Variante hat wie bemerkt den Vorteil, dass sich die Fitnesswerte von Generation zu Generation nicht verschlechtern können (monotone Verkleinerung der Distanz). Sie müssen allerdings auch nicht notwendig besser werden, denn die Monotonie ist nicht streng; insofern ist das Erreichen eines Optimums auch in der elitistischen Variante nicht gesichert.

Jeder Komponente $x_i$ des Parametervektors wird im Sinne der Schrittweitensteuerung der Mutation eine Standardabweichung $\sigma_i$ zugeordnet. Die Mutation wird durch Addition einer (positiven oder negativen) Gauß-verteilten Zufallszahl mit dieser Standardabweichung zu $x_i$ erzeugt, wobei allerdings $x_i$ das Intervall [0.0, 1.0] nicht verlassen darf.

Die Standardabweichungen werden unter Anwendung der 1/5-Regel von Rechenberg[65] pro Schritt verkleinert (Faktor 0.99) bzw. vergrößert (Faktor 1.005).

Wenn als Anfangsvektoren

$\qquad X = (0.8, 0.2, 0.2)$ mit $\sigma = (0.05, 0.05, 0.05)$

sowie $Z = (0.3, 0.6, 0.3)$ mit $G = (1., 1., 1.)$

gewählt werden[66], so erhält man als erste Nachkommengeneration mit den zugehörigen Fitness-Werten zum Beispiel:

in Schritt 1

| *Parameterwerte:* | | | *Fitness:* |
|---|---|---|---|
| (0.7763 | 0.1962 | 0.2271) | 0.3016 |
| (0.7975 | 0.2370 | 0.1930) | 0.3257 |
| (0.7593 | 0.2020 | 0.2060) | 0.2837 |
| (0.8361 | 0.1776 | 0.2222) | 0.4103 |
| (0.8085 | 0.1802 | 0.2357) | 0.3550 |
| (0.7910 | 0.2210 | 0.2454) | 0.3012 |
| (0.8332 | 0.2376 | 0.2398) | 0.3609 |
| (0.7578 | 0.1725 | 0.1502) | 0.3183 |
| (0.8150 | 0.2306 | 0.2086) | 0.3499 |
| (0.8000 | 0.2000 | 0.2000) | 0.3466 |

Die Vektoren sind – bis auf den unverändert übernommenen Elternvektor an 10. Stelle – also jeweils durch Addition kleiner Zufallszahlen mutiert und dann bewertet worden. Der "beste" Vektor ist der dritte mit Fitness 0.2837

Die aus diesem erzeugte nächste Generation ist dann:

---

[65] Wenn weniger als 1/5 der Nachkommen bessere Fitnesswerte aufweisen, wird die Standardabweichung, also die zulässige Streuung der für die Mutation benutzten Zufallszahlen, beim nächsten Schritt vergrößert, sonst verringert.

[66] Die Gewichtung wird hier also, um einen einfachen Vergleich mit dem Zielvektor zu ermöglichen, als 1 angenommen. In der Praxis könnten jedoch andere Gewichtungen wichtig sein, z.B. wenn man auf schnelle Härtung hohen Wert legt.

Schritt 2

```
(0.7632  0.1638  0.2490)  0.2939
(0.7270  0.1966  0.1654)  0.2594
(0.7414  0.2405  0.1858)  0.2484
(0.7432  0.2290  0.1723)  0.2608
(0.8005  0.2051  0.1805)  0.3532
(0.7124  0.2096  0.2136)  0.2212
(0.7464  0.2070  0.1680)  0.2776
(0.7816  0.1608  0.2503)  0.3200
(0.7745  0.1811  0.2022)  0.3179
(0.7593  0.2020  0.2060)  0.2837
```

Offensichtlich sind hier 5 Vektoren besser als der Elternvektor. Nach der 1/5-Regel wird die Standardabweichung nun verringert.

Die besten Vektoren der nächsten Generationen sind dann

```
(0.6898  0.2228  0.1791)  0.2013
(0.6456  0.2528  0.1486)  0.1549
(0.6015  0.2959  0.1921)  0.0998
(0.5733  0.3412  0.1897)  0.0718
```

und so weiter.

Mit Schritt 23 wird schließlich ein Vektor (0.1808 0.4518 0.0350) mit einer Fitness von <0.001 erreicht, der sich nicht mehr verbessert. Der Ergebnisvektor von 0.2999 0.5994 0.3007 ist dann fast genau gleich[67] dem Zielvektor (0.3 0.6 0.3). Man sieht also die stetige Annäherung an den Zielvektor.

Die folgenden Diagramme (Abb. 3-3 und 3-4) stellen den Verlauf dar.

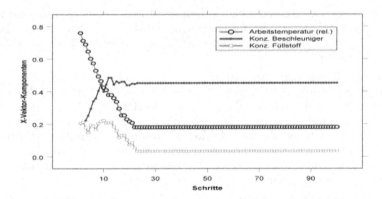

**Abbildung 3-3:** Veränderung der Parameter im Verlauf der Iteration

---

[67]  Diese Gleichheit besteht natürlich nur, wenn alle Gewichte im Gewichtsvektor 1 sind. Andernfalls muss ein wenig komplizierter gerechnet werden

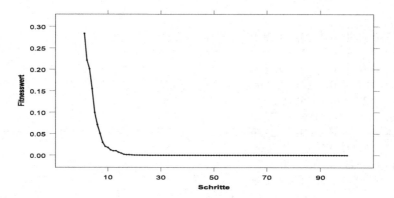

**Abbildung 3-4** Veränderung der Fitnesswerte des jeweils besten Vektors im Verlauf der
Iteration

Das praktische Ergebnis der beispielhaften Evolutions-Strategie ist damit, dass die
optimale Zusammensetzung des Klebers mit den gewünschten Kennwerten 3,5%
der zulässigen Menge viskositätserhöhender Füllstoffe und 45,2% der zulässigen
Menge Beschleuniger enthält und dass der Kleber bei einer Arbeitstemperatur
eingesetzt werden sollte, die um 18,1% der Temperaturdifferenz zwischen der
minimalen und maximalen Arbeitstemperatur über der minimalen Arbeitstemperatur liegt.

### 3.2.4   Hinweise zur Programmierung

Zum Verhalten einer Optimierung mit Evolutions-Strategien seien hier noch einige
Bemerkungen angefügt:

Beachten Sie, dass unterschiedliche Anfangsvektoren (erste Elterngeneration)
durchaus zu verschiedenen Endergebnissen führen können. Daher ist es
zweckmäßig, die Berechnungen immer mehrfach, mit verschiedenen Anfangsvektoren durchzuführen.

Wenn Sie eine nicht-elitistische Variante wählen, kann es auch bei großer
Schrittzahl immer wieder zu Verschlechterungen der Werte kommen; der Vorteil
ist jedoch, wie schon mehrfach erwähnt, dass das Verfahren sich nicht so leicht in
einem Nebenminimum "festläuft". Die elitistische Variante konvergiert zwar
zuverlässig, vor allem wenn die Standardabweichung der Mutation schrittweise
verringert wird, die Konvergenz kann aber unter Umständen ein Artefakt sein, d.h.
weit entfernt vom Optimum liegen. Auch um dies Risiko zu verringern, empfehlen
sich verschiedene Anfangsvektoren.

Da die ES stochastisch ist, können verschiedene Durchläufe trotz gleicher
Anfangswerte und Parameter durchaus in verschiedenen Attraktoren enden. Will
man reproduzierbare Ergebnisse erzeugen, muss man daher dafür sorgen, dass
alle im Programm aufgerufenen Zufallsgeneratoren mit immer denselben
Startwerten (seeds) beginnen und so immer dieselben Folgen von Zufallszahlen
generieren.

Die Programmierung einer Evolutions-Strategie des obigen Typs ist relativ einfach.
Wir geben hier zunächst einige allgemeinere Hinweise, allerdings exemplarisch für
den Fall eines einfachen (1+n)-ES. Andere Varianten werden Sie sich leicht selbst

analog erschließen können. Als Abschluss des Kapitels soll dann der Code für obiges Beispiel etwas konkreter erläutert werden.

Die zur Optimierung zu variierenden p Parameter sowie die ihnen zugeordneten Standardabweichungen sind als Vektoren $X = (x_1, x_2, x_3, ...x_p)$ und $\Sigma = (\sigma_1, \sigma_2, \sigma_3, .. \sigma_p)$ abgelegt.

Um Zufallszahlen gemäß der Gaußverteilung oder einer anderen von Ihnen gewünschten Verteilungsfunktion $f(x, \sigma)$ zu erzeugen, verwenden Sie entweder eine Methode oder Klasse aus einer Programmbibliothek oder Sie erzeugen diese selbst z.B. nach dem hit-and-miss-Verfahren: Sie erzeugen zwei gleichverteilte Zufallszahlen (mit dem entsprechenden Befehl in Ihrer Programmiersprache) (x, y) im Intervall [0, 1). Wenn $y < f(x, \sigma)$ wird x als Zufallszahl verwendet, andernfalls werden solange zwei neue Zufallszahlen erzeugt, bis die obige Bedingung eingehalten ist.

Zur Evaluierung der X-Vektoren, d.h. zur Bestimmung des Fitnesswertes dient eine entsprechende Methode/Klasse bzw. ein Unterprogramm. Die Evaluierungs-formel hängt natürlich von der jeweiligen Anwendung ab. Gibt es mehrere Zielwerte, so ist ein gängiges Verfahren, diese zu einem Zielvektor zusammen-zufassen und einen geeignet zu definierenden Abstand (z.B. den Euklidischen Abstand) der zu evaluierenden X-Vektoren zum Zielvektor zu minimieren.[68]

Das Programmschema ist im Prinzip das folgende:

1.  Eingabe bzw. Definition der Anfangs- und Zielwerte;
2.  Schrittschleife:
    a)  kopiere den besten Elternvektor $X_0$ sowie $\Sigma_0$ n Mal;
    b)  mutiere n-1 der kopierten $\Sigma$-Vektoren (liefert n Vektoren als Nachkommen, davon der letzte identisch mit $\Sigma_0$, n-1 Vektoren mutiert); die $\sigma_i$ können z.B. in Abhängigkeit von der Schrittzahl durch Multiplikation mit einem Faktor kleiner bzw. größer als 1 verkleinert bzw. vergrößert werden (siehe e.);
    c)  mutiere dann n-1 der kopierten X-Vektoren (liefert n Vektoren als Nachkommen, davon der letzte identisch mit $X_0$, n-1 Vektoren mutiert); die Standardabweichungen bzw. andere Parameter der Mutation werden also zuerst variiert, dann mit den neuen $\sigma_i$ die X-Vektoren; die Mutation der $x_i$ kann durch Addition einer der Gaußverteilung mit der Standard-abweichung $\sigma_i$ gehorchenden Zufallszahl erfolgen;
    d)  evaluiere die Nachkommen-Vektoren;
    e)  bestimme, wie viele der Nachkommen bessere Fitnesswerte zeigen als der Elternvektor, und entscheide gemäß der 1/5-Regel, ob die Standard-abweichungen im nächsten Schritt erniedrigt oder erhöht werden müssen (z.B. entsprechende Wertzuweisung an eine zu übergebende Boolesche Variable);
    f)  weise $X_0$ den Wert des Vektors mit dem besten Fitnesswert zu;
    g)  ggf. Abspeichern oder grafische Darstellung der Vektoren und Fitness-werte;
    h)  prüfe ein geeignetes Abbruchkriterium (Unterschreiten eines genügend kleinen Fitnesswertes oder Überschreiten einer maximalen Schrittzahl);
    i)  Abbruch oder erneutes Durchlaufen der Schrittschleife;
3.  Darstellung und Speicherung der Ergebnisse

---

[68]  Dies Verfahren ist natürlich keineswegs zwingend. Für manche Anwendungen kann z.B. auch das Produkt einiger Zielwerte maximiert oder minimiert werden.

### 3.2.5    Programmierung einer Evolutionsstrategie mit mutativer Schrittweitensteuerung

Abschließend wollen wir die Programmierung des vorstehenden Beispiels skizzieren, um daran noch einmal eine etwas anspruchsvollere ES-Programmierung[69] zu demonstrieren.

**Code-Beispiel 3.2-3**

```
!...HAUPTPROGRAMM
!...Deklarationen, Definitionen, etc.:
REAL X(1:6)           ! Vektor X: Temperatur(rel.),Beschleuniger, Zuschlag,
                      ! drei σ-Werte

REAL Z(1:3), G(1:3)                        ! Zielvektor, Gewichtswerte

REAL XK(1:10,1:6),DELTA(1:10,1:3),XK0(1:10,1:3), XK1(1:10,1:3)

REAL FIT(1:10), xfit, yfit, ran,ren,xx,gx        ! Fitnesswerte und
                                                 ! Hilfsvariable

INTEGER nfit

LOGICAL fran                               ! logische Hilfsvariable

!...Anfangswerte setzen oder einlesen

nmax=100

XK0=0.0

XK1=1.

yfit=1000.     ! speichert jeweils besten Wert der vorigen Generation

!...Koeffizienten a1 bis a7 der Kennfunktionen müssen als globale
!    Variable definiert werden
!...hier Einlesen bzw. Setzen der Anfangswerte für X,Z und G einfügen:
!...Beginn der Iterationsschleife

DO n = 1,nmax                  ! Beginn der Schrittschleife

!...berechnen der Veränderung DELTA durch Zufallswerte aus der
!    Gaussverteilung
!...für jedes Kind der Population gemaess der zugeordneten
!    Standardabweichung:

  do i = 1,10                   ! Schleife über alle 10 Eltern

    do j = 4,6                  ! Schleife über Sigma-Werte in X(4:6)

      CALL RANDOM_NUMBER(ran)   ! eine reelle Zufallszahl 0≤ran<1

      xx=2*ran -1.0        ! eine Zufallszahl - 1 ≤ xx < 1

!...aus der gleichverteilten Zufallszahl wird eine Gauss-verteilte
!    generiert

      gx=GAUSS(xx ,X(j))        ! Funktion GAUSS aufgerufen

      fran=.TRUE.               ! Abbruchkriterium der WHILE-Schleife

      nn=0                      ! zweites Abbruchkriterium
```

---

[69] Wenn Sie zu den schon etwas versierteren Programmierern gehören, werden Sie in diesem Codebeispiel – wie auch in unseren anderen – den einen oder anderen Code finden, den man auch eleganter gestalten könnte. Wir haben bewusst an manchen Stellen die Durchsichtigkeit für den weniger versierten Programmierer der Eleganz vorgezogen.

```
do WHILE(fran)
        nn=nn+1
        CALL RANDOM_NUMBER(ren)   ! noch eine Zufallszahl
        IF(ren<gx) then
            DELTA(i,j-3)=xx*X(j)          ! X(4:6) sind Sigmawerte zu
                                          ! X(1:3)
            fran=.FALSE.          ! Abbruch, wenn ren < gx
        ENDIF
        IF(nn>100) then            ! "Notausgang", wenn kein ren<gx
            DELTA(i,j-3)=xx/100
            fran=.FALSE.
        ENDIF
      end do                              ! Ende der WHILE-Schleife
    end do                                ! Ende Schleife über Sigma
  end do                                  ! Ende Schleife über Eltern

!...jetzt anwenden der Methode ES(1+10): generieren von 9 Kindern
  do i = 1,9
    XK(i,1:6)=X(1:6)                   ! voriger bester Vektor
    XK(i,1:3)=XK(i,1:3)+DELTA(i,1:3)   ! werden modifiziert mit DELTA-
                                       ! Werten
  end do
  XK(10,1:6)=X(1:6)                    ! bester Elter beibehalten bei
                                       ! ES(1+10)

  WHERE(XK(:,1:3)<XK0) XK(:,1:3)=0.0   ! Randbedingungen: keine  X-
                                       ! Komponente
  WHERE(XK(:,1:3)>XK1) XK(:,1:3)=1.0   ! darf < 0 oder > 1 sein

!...evaluiere Kinder und suche beste Nachkommen
!...zuerst einige Hilfsvariable definieren und initiieren
  xfit=1000.0
  nfit=10
  FIT=0.0
  nl=0
!...Aufruf des Unterprogramms EVAL zum Evaluieren der Nachkommen
  CALL EVAL(XK(1:10,1:3),FIT(1:10),Z(1:3),G(1:3))
!...hier ggf. Zwischenergebnisse anzeigen oder abspeichern; z.B. Schritt,
!   X, Fitnesswert
!...einfache Suche des besten Nachkommen nach Fitness
  do i = 1,10                  ! Schleife über alle 10 Nachkommen
    IF(FIT(i)<xfit) then
      xfit=FIT(i)
      nfit=i                   ! bester Nachkomme
    ENDIF
    IF(yfit>xfit) nl=nl+1      ! Anzahl besserer Kinder als Elter (wg.
                               ! 1/5)
  end do
```

```
    yfit=xfit                      ! besten Werte speichern zum Vergleich
                                   ! mit nächster Generation

    X(1:3)=XK(nfit,1:3)            ! bester Vektor wird neuer Elter


!...anpassen der Sigma-Werte
    IF(nl.GE.2) then               ! anwenden der 1/5-Regel
       X(4:6)=X(4:6)*0.99          ! verkleinern um festen Faktor
    ELSE
       X(4:6)=X(4:6)*1.005         ! vergrößern
    ENDIF
END DO                             ! Ende der Schrittschleife


!...hier Ergebnisse anzeigen/abspeichern für Analyse/Trajektorien
!...Dateien schließen nicht vergessen!
!...Ende des Hauptprogramms
!...Funktion GAUSS zur Berechnung einer Gauss-Verteilung
REAL FUNCTION GAUSS(xx,s) RESULT(r)
  REAL xx,s,r
  r=(EXP(-0.5*xx*xx/s*s))/(SQRT(6.28)*s)
  return
END FUNCTION GAUSS
!...Unterprogramm zur Berechnung der Fitnesswerte
SUBROUTINE EVAL(XK,B,Z,G)
REAL XK(10,3),B(10),y,yy,Z(3),G(3),te,fe,vi,dt,cb,cx,AEK(3)
!...Eval-werte: Endfestzeit te, Endfestigkeit fe, Viskosität vi
!    alles relativ zu 1
!...Parameter Temperatur als dT (=DeltaT ) zu Differenz
!    Maximaltemperatur - Standardtemperatur
!...Konzentration Beschleuniger rel. cb von 0 bis 1
!    (=max. zulässige Konz.)
!...Konz. Füllstoff/Zuschläge cx von 0 bis 1 (=max zulässig)
!...Zielvektor kann komponentenweise gewichtet werden
!...Funktions-Koeffizienten a1 bis a7 müssen als globale Variable
!    definiert sein
do j = 1,10                    ! Schleife über 10 Kind-Vektoren
    dt=XK(j,1)                  ! die Komponenten der Kind-Vektoren
    cb=XK(j,2)
    cx=XK(j,3)
!...berechnen der Kennfunktions-Werte
    AEK(j,1) = a1*((EXP(1.-0.7*dt)-1.)/1.7183)*(1.-cb)**2+a2*cx
    AEK(j,2) = a3*(1.+dt*dt)-a4*cb-a5*cx*cx
    AEK(j,3) = a6*(1.-dt**3)+a7*cx*cx
!...Quadrat des euklidischen Abstands zum Zielvektor berechnen
    yy=0.0
    do i = 1,3
       y=AEK(j,i)-Z(i)
       yy=yy + G(i)*y*y
    end do
```

```
FIT(j)=yy              ! Fitness-Werte
end do                 ! Ende der Schleife über 10 Kind-Vektoren
END SUBROUTINE         ! Ende des Unterprogramms
```

Eine abschließende Übung soll Ihnen nicht vorenthalten werden:

## Übung 3.2-2

Versuchen Sie, für die Optimierungsaufgabe aus der obigen Codeskizze ein vollständiges Programm einer ES mit mutativer Schrittweitensteuerung zu machen.

Experimentieren Sie mit dem Programm, indem Sie z.B.

- die Anfangswerte variieren,

- eine nicht-elitistische Variante mit der elitistischen vergleichen,

- die Größe der Nachkommenschaft variieren,

- weitere Varianten der ES implementieren.

Finden Sie heraus, was das Programm bei widersprüchlichen oder nicht erfüllbaren Zielvorgaben (z.B. hohe Temperatur und lange Härtezeit) ergibt.

# 3.3 Simulated Annealing (SA)

## 3.3.1 Grundlagen des Simulated Annealing

Da die Methode des Simulated Annealing, kurz SA, zwar anders als die von der Biologie inspirierten Methoden der Evolutionsstrategien und des Genetischen Algorithmus aus einer physikalischen Disziplin, nämlich der Thermodynamik, sowie an einer auf ihr basierenden Technik der Metallbearbeitung stammt, stellen dennoch auch die SA-Algorithmen eine Orientierung an natürlichen Prozessen dar. Man kann deswegen evolutionäre Algorithmen und Simulated Annealing gemeinsam auffassen als „naturanaloge" Optimierungsalgorithmen.

> SA imitiert einen metallurgischen Prozess, der als *"annealing"*, deutsch als "kontrolliertes Abkühlen" oder auch als "Tempern" bezeichnet wird. Dabei sollen einzelne Atome im Kristallgitter des Metalls, die sich nicht in dem dem globalen Energieminimum des Gitters entsprechenden Zuständen befinden, durch erneute Temperaturerhöhung unter Überwinden eines energetisch höheren Übergangszustandes auf die optimalen Gitterplätze springen.

Ein Atom, das sich im Metallgitter in einem bestimmten Energiezustand E befindet, kann bei einer bestimmten (absoluten) Temperatur T mit einer gewissen Wahrscheinlichkeit

$$p = e^{-\Delta E / kT}$$

einen Zustand höherer Energie $E + \Delta E$ annehmen und hat dadurch eine Chance, ein tieferes oder gar das globale Minimum zu erreichen. Dabei ist k die sog. Boltzmannkonstante.

Simulated Annealing simuliert nun diesen Prozess des kontrollierten Abkühlens. Dabei ist die Suche nach einem Optimum hier die systematische Suche nach dem globalen Energieminimum. Gemäß obiger Formel werden mit bestimmter Wahrscheinlichkeit auch schlechtere Lösungen während der algorithmischen Suche nach dem jeweiligen globalen Minimum zugelassen. Das ist die notwendige Bedingung dafür, dass ein erreichtes lokales Minimum zugunsten besserer globaler Lösungen überhaupt wieder verlassen werden kann. Anschaulich bedeutet das, dass der bei den gängigen Gradientenabstiegsstrategien eingeschlagene Weg "abwärts" durch gelegentliche Schritte "aufwärts" unterbrochen wird, die mit gewisser Wahrscheinlichkeit über die das lokale Minimum umgebende Barriere hinweg führen. Anschaulich kann man sich dies klar machen, wenn man sich einen hüpfenden Ball in einem (natürlich hinreichend niedrigem) Gebirge vorstellt: wenn der Ball mit hinreichend hoher kinetischer Energie (im SA die Temperatur) springt, wird er irgendwann einmal das tiefste aller Täler (globales Minimum) erreichen.

Die am Ende durch Simulated Annealing gefundene Lösung stellt bei unendlicher Abkühlzeit, wie sich mathematisch beweisen lässt, mit Sicherheit das globale Minimum dar. Bei endlicher Abkühlzeit ist das leider nicht immer der Fall. Deshalb kann Simulated Annealing mit einem Abbruchkriterium (z.B. maximale Schrittzahl) möglicherweise ein suboptimales Minimum als Ergebnis liefern.

Das mathematische Verfahren, aus dem das Simulated Annealing entwickelt wurde, ist in der Literatur nach ihrem Entwickler unter dem Namen Metropolis-Algorithmus bekannt.

Für die Anwendung des Simulated Annealing für andere als thermodynamische Probleme müssen folgende Bedingungen gegeben sein:

1.  ein Zustandsraum $X \ni x$ für das System muss definiert sein. x kann als Struktur bezeichnet werden.

2.  Zufällig veränderte Zustände müssen generiert werden (Generatorfunktion).

3.  Eine Bewertungs- oder „Energie"-Funktion E: $X \rightarrow R^1$ (engl. *objective function*", auch gelegentlich Kostenfunktion C(x) genannt), die minimiert werden soll, muss als Analogon zur Energiefunktion der Physik definiert werden.

4.  In Analogie zur Temperatur ist ein Kontroll-Parameter T zu definieren sowie ein "Abkühlungsschema" bzw. eine Funktion, die angibt, wie T mit der Zeit (mit der Zahl der Iterationsschritte) zu vermindern ist. Weil dieser Kontrollparameter beim Simulated Annealing keinen physikalischen Sinn hat, wird die Boltzmannfunktion zu $p = e^{-\Delta E/T}$ vereinfacht.

5.  Schließlich soll eine topologische Struktur des Zustandsraums existieren, die definiert, welche Zustände jeweils einem bestimmten Zustand benachbart sind.

Es hat sich gezeigt, dass die letzte Bedingung durchaus problematisch ist. Eine stetig voranschreitende Optimierung, also eine "glatte" Konvergenz der Energiefunktion gegen ein Minimum ohne zu viele erratische Sprünge, erfordert eine Topologie, bei der die einem bestimmten Zustand mit Energie $E_0$ benachbarten Zustände wenigstens statistisch überwiegend auch eine "benachbarte", d.h. nicht stark abweichende Energie $E_x = E_0 + \epsilon$ (mit $\epsilon$ klein gegen $E_0$) besitzen. Ist diese Bedingung nicht erfüllt, muss mit weniger befriedigenden Optimierungsergebnissen gerechnet werden.

## 3.3.2    Algorithmus

Hat man die obigen Definitionen festgelegt, läuft ein Simulated Annealing-Algorithmus nach einem relativ einfachen Schema ab:

1. Wähle einen beliebigen Systemzustand $S_0$ als Anfangszustand aus und bestimme dessen Energie $E(S_0)$.

2. Initialisiere den (aktuellen) "besten" Zustand zum Zeitpunkt/Schritt $t = 0$ mit $S_0$: $S(0) = S_0$.

3. Durchlaufe Schrittschleife $t = t+1$ bis zum Abbruchkriterium

   $(t > t_{max}$ oder $| E(S(t))–E(S(t-1)) | = \Delta E < \varepsilon)$.

   a) Wähle zufällig einen zu $S(t)$ benachbarten Zustand $S_N$.
   b) Berechne dessen Energie $E(S_N)$ .
   c) Wenn $E(S_N) < E(S(t))$, setze $S(t+1) = S_N$ und beginne erneut die Schrittschleife. Andernfalls:

   d) erzeuge eine Zufallszahl $r \in [0, 1)$. Wenn $r < p = e^{-\Delta E / T}$, dann wähle den benachbarten Zustand als neuen aktuellen Zustand: $S(t+1) = S_N$. Andernfalls wird $S(t+1) = S(t)$; der neue Zustand wird nicht akzeptiert.
   e) Setze ggf. T gemäß der vorgegebenen Temperatur-Zeitfunktion herab.

4. Ende der Schrittschleife.

5. Der nach Schleifenabbruch erhaltene Zustand $S(t+1)_{end}$ ist die beste gefundene Lösung.

Ein entscheidender Vorteil des Simulated Annealing-Algorithmus ist wie erwähnt, dass bei "Temperaturen" $T > 0$ das System auch Konfigurationen annehmen kann, die schlechter als die schon erreichte sind, d.h. die eine höhere "Energie" besitzen. Mit der gemäß der Temperatur-Zeit-Funktion kleiner werdenden Temperatur nimmt dieser Effekt ab und das Simulated Annealing wird gewissermaßen "deterministischer".

Ungeachtet der Einfachheit des Simulated Annealing-Algorithmus enthält dieser einige problematische Bestimmungen.

Wie beim Genetischen Algorithmus und den Evolutionsstrategien muss der Anwender des Simulated Annealing die verschiedenen Parameter und Funktionen bestimmen, die das Simulated Annealing zur Lösung des jeweiligen Problems erfordert. Dabei stellten, wie Sie gesehen haben, die Codierung der möglichen Zustände bzw. Lösungen sowie die Festlegung der "Fitnessfunktion", hier der Energiefunktion (*„objective function“*), die schwierigsten Probleme dar. Beim Simulated Annealing kommt noch dazu die Definition des Nachbarschaftsradius (in der Literatur ist hier auch oft von "Verschiebung" bzw. "*move set*" die Rede), d.h. die Festlegung der Umgebung des aktuellen Zustandes, aus dem die weitere, zufällige Lösung ausgewählt werden soll.

Man kann – bei diskreten Systemzuständen – immer den nächst benachbarten Zustand wählen, aber natürlich auch Zustände zufällig aus erweiterten, mit zunehmender Schrittzahl enger werdenden Umgebungen herausgreifen. Letzteres Verfahren ist insbesondere auch im Falle kontinuierlicher Systemzustände anwendbar. Man kann, falls keine sinnvolle Nachbarschaftsbeziehung oder Metrik des Zustandsraums vorliegt, versuchen, einen Zustand zufällig aus dem gesamten Zustandsraum auszuwählen. Damit kann man gelegentlich auch eine Optimierung erreichen, in der Regel ist die Optimierung jedoch langsam und unbefriedigend, weil man praktisch ein Monte-Carlo-Verfahren anwendet. Bewährt haben sich neben der oben genannten Methode des nächsten Nachbarzustandes, neue Zustände aus einer Umgebung mit festem Radius zu wählen oder nach einer mit dem Radius abnehmenden Wahrscheinlichkeit. Dafür kommt neben der Gauß-Verteilung mit der Verteilungsdichte

$$f(x) = \frac{1}{\sigma\sqrt{2\pi}} \exp\left(-\frac{1}{2}\left(\frac{x-\mu}{\sigma}\right)^2\right)$$

u. a. die so genannte Cauchy-Verteilung in Frage mit einer Verteilungsfunktion

$$G(x \to y) = \frac{T_k}{\left(\|x-y\|^2 + T_k\right)^{(n+1)/2}}$$

wo $\|x-y\|$ der Abstand des neuen Zustandes vom bisherigen besten ist, $T_k$ die Temperatur im k-ten Schritt und n die Dimension des Zustandsraums. Die Cauchy-Verteilung wird vor allem zusammen mit einer Temperaturfunktion $T_k = T_0/k$ verwendet; diese SA-Variante ist unter dem Namen Fast Simulated Annealing (FSA) bekannt.

Für die Temperaturfunktion, also den „Abkühlungs-"Algorithmus, findet man in der Literatur zahlreiche verschiedene Vorschläge. Die einfachsten Formen sind die einer prozentualen Reduzierung des anfänglichen Temperaturwertes nach einer bestimmten Anzahl von Schritten

$$T_k = T_0 \cdot r^k \quad \text{mit } r < 1 \text{ als Temperaturfaktor,}$$

und die inkrementelle Abnahme

$$T_k = T_0 - \varepsilon.$$

Die Temperaturabnahme wird häufig begrenzt durch Anwenden einer unteren Schranke.

Praktisch haben sich auch nicht-lineare Funktionen bewährt, die die Abkühlung insgesamt nicht zu schnell erfolgen lassen. Beispiele dafür sind die oben schon erwähnte Funktion

$$T_k = T_0/k$$

und eine logarithmische Funktion

$$T_k = T_0/\ln(k), \text{ mit } k > 1.$$

Im Einzelnen hängt die Wahl einer günstigen Temperaturfunktion sehr empfindlich vom jeweiligen Problem ab, so dass man in jedem Falle nicht darum herum kommt, erst einmal mit verschiedenen Anfangswerten und Temperaturfunktionen zu experimentieren.

Ähnlich wie bei der mutativen Schrittweitensteuerung bei den Evolutionsstrategien kann man auch die Temperaturabsenkung adaptiv vom Fortschritt der Optimierung abhängig machen, indem man z.B. die Temperatur erst nach einer Anzahl von Schritten absenkt, bei der eine gewisse Konvergenz erreicht ist. Dann finden Temperatursenkungen nach jeweils einer unterschiedlichen Anzahl von Schritten statt. Um das Risiko zu verringern, dass das Simulated Annealing in einem lokalen Minimum "hängen bleibt", kann man gelegentlich die Temperatur vorübergehend auch wieder erhöhen, ggf. bis auf den Anfangswert. Dies wird in der angelsächsischen Literatur als "*restart*" bezeichnet.

Da die Ergebnisse oft stark von den gewählten Anfangszuständen abhängen, empfiehlt es sich, die Simulation parallel mit vielen verschiedenen Anfangszuständen (z.B. 100 bis 1000) laufen zu lassen.

Ob man die einfachsten Varianten des Simulated Annealing wählt oder eine kompliziertere, hängt immer vom Problem und vom Erfolg ab. Empfehlenswert vor allem für Anfänger ist immer, mit den einfachsten Verfahren anzufangen und erst bei unbefriedigenden Ergebnissen kompliziertere zu wählen.

### 3.3.3  Programmierung

Wie der oben dargestellte allgemeine Algorithmus in einen Programmcode umzusetzen ist, wollen wir an einem bewusst vereinfachten Beispiel zeigen. Die einzelnen Bausteine des allgemeinen Simulated Annealing-Algorithmus wie auch verschiedene Varianten, die im Folgenden detaillierter erläutert werden, sind, obwohl aufs Beispiel bezogen, unmittelbar verallgemeinerungsfähig.

Es geht in diesem Beispiel um die Tischordnung einer kleinen Festgesellschaft von 12 Personen. Der Gastgeber hat begründete Vermutungen darüber, welche seiner Gäste einander sympathisch finden und welche gar nicht gerne nebeneinander sitzen möchten. Da der Gastgeber Mathematiker ist, hat er seine Vermutungen bezüglich der gegenseitigen Sympathie der Gäste in einer 12×12 Matrix $S_{ij}$ formalisiert:

| Person Nr. | 1 | 2 | 3 | 4 | 5 | 6 | 7 | 8 | 9 | 10 | 11 | 12 |
|---|---|---|---|---|---|---|---|---|---|---|---|---|
| 1 | 0 | 0 | 0 | 2 | 2 | 4 | 3 | 3 | 1 | 1 | 4 | 3 |
| 2 | 0 | 0 | 4 | 2 | 2 | 0 | 3 | 1 | 0 | 1 | 3 | 3 |
| 3 | 0 | 4 | 0 | 3 | 3 | 1 | 4 | 4 | 2 | 2 | 1 | 4 |
| 4 | 2 | 2 | 3 | 0 | 3 | 1 | 3 | 2 | 4 | 2 | 1 | 2 |
| 5 | 2 | 2 | 3 | 3 | 0 | 4 | 3 | 3 | 1 | 1 | 4 | 3 |
| 6 | 4 | 0 | 1 | 1 | 4 | 0 | 3 | 3 | 2 | 1 | 4 | 3 |
| 7 | 3 | 3 | 4 | 3 | 3 | 3 | 0 | 3 | 0 | 1 | 0 | 4 |
| 8 | 3 | 1 | 4 | 2 | 3 | 3 | 3 | 0 | 0 | 1 | 3 | 3 |
| 9 | 1 | 0 | 2 | 4 | 1 | 2 | 0 | 0 | 0 | 2 | 1 | 4 |
| 10 | 1 | 1 | 2 | 2 | 1 | 1 | 1 | 1 | 2 | 0 | 1 | 2 |
| 11 | 4 | 3 | 1 | 1 | 4 | 4 | 0 | 3 | 1 | 1 | 0 | 3 |
| 12 | 3 | 3 | 4 | 2 | 3 | 3 | 4 | 3 | 4 | 2 | 3 | 0 |

Die Skalenwerte reichen von 0 = „sind sich sehr sympathisch" bis 4 = „möchten keinesfalls benachbart sitzen"[70]. Zur Vereinfachung wird angenommen, dass die Beziehungen symmetrisch sind.

Die Gäste sollen um einen runden Tisch herum sitzen. Jedem Gast k wird eine Art „Zufriedenheitswert" z zugeordnet, der als gewichtete Summe seiner Sympathie bezüglich der beiden nächsten und übernächsten Sitznachbarn definiert wird, also

$$z_k = 1/3[S_{k,k+1} + S_{k,k-1} + 0.5(S_{k,k+2} + S_{k,k-2})],$$

wobei die Sitze (Positionen) mit k = 1 bis 12 nummeriert sind.

Damit kann man für das SA-Modell als einfache „Energiefunktion" den Mittelwert der individuellen „Zufriedenheitswerte"

---

[70]  Die Skala mag zwar als kontraintuitiv empfunden werden, hat aber den Vorteil, dass die Analogie zur Energie, die *minimiert* werden muss, erhalten bleibt.

$$E = \sum_{k=1}^{12} \frac{Z_k}{12}$$

definieren.

Die Energie – wir verwenden den Begriff künftig pragmatisch ohne Anführungs-
zeichen – soll, wie es das Standardmodell des Simulated Annealing vorsieht,
minimiert werden. Beachten Sie, dass Minimierung der Energie hier Maximierung
der „Zufriedenheit" bedeutet.

Der Zustand des Systems wird durch die Sitzordnung der Gäste am runden Tisch
beschrieben.

Als Anfangszustand (also anfängliche Sitzordnung) gelte einfach, dass die 12
Personen in der Reihenfolge der ihnen zugeordneten Nummern sitzen.

Das werde durch einen Positions-Vektor P = (1, 2, 3, 4, 5, 6, 7, 8, 9, 10, 11, 12)
symbolisiert.

Für das SA-Modell sind nun Umgebungen des Anfangs- bzw. der weiteren
Zustände zu definieren.

In einem günstigen Fall eines Simulated Annealing könnte man für den
Zustandsraum eine Topologie finden, in der die Zustände in der Nähe eines
Zustandes x auch eine Energie aufweisen, die nahe dem Wert des Zustandes x
liegt. Das ist in diesem Fall leider nicht gegeben. Deshalb ist man auf Ausprobieren
angewiesen.

Eine einfache Definition wäre: Die nächste Umgebung eines Zustandes wird aus
allen Zuständen/Sitzordnungen gebildet, die sich durch Vertauschung der
Sitzpositionen je zweier *benachbarter* Personen ergibt.

Also wäre P' = (2, 1, 3, 4, 5, 6, 7, 8, 9, 10, 11, 12) ein Zustand in nächster Nachbarschaft.

Weitere Umgebungen können, sofern benötigt, entweder durch zwei- oder mehrfache Vertauschungen definiert werden, z.B. P" = (2, 1, 4, 3, 5, 6, 7, 8, 9, 10, 11, 12),
oder durch Vertauschung mit immer weiter entfernten Sitzpositionen, z.B.
P''' = (3, 2, 1, 4, 5, 6, 7, 8, 9, 10, 11, 12) usw.

Schließlich könnte man einfach auf jede Topologie verzichten und bei jeder
Generierung eines neuen Zustandes beliebige Vertauschungen zulassen.

Wir demonstrieren verschiedene dieser Definitionen in den nachfolgenden
Beispielen, um damit auf die Auswirkungen der Topologie hinzuweisen. Zugleich
geben wir dabei Code-Abschnitte für weitere Varianten des Simulated Annealing.

Das erste Programmbeispiel geht von der Definition der nächsten Nachbarn aus;
der neue Zustand wird ausschließlich durch Vertauschen zweier unmittelbar
benachbarter Positionen erzeugt.

Für den Abkühlungsalgorithmus sei zur Vereinfachung eine Abnahme der
Temperatur nach $T_k = T_0 \cdot r^k$ mit $T_0 = 100$, $r = 0.982$ und einer unteren Schranke von
t = 0.01 angenommen.

Damit wären alle Elemente eines SA für das Beispielproblem bestimmt.

Der Kern eines Programms für dieses Simulated Annealing wird im Folgenden
kurz skizziert. Ein SA-Programm für diesen Fall ist, wie Sie an der Skizze sehen, so
einfach, dass Sie es unbedingt selbst ausarbeiten und testen sollten.

**Code-Beispiel 3.3-1**

```
!...Hauptprogramm:
!...definieren oder einlesen der Matrix S(i,j)
!...maximale Schrittzahl nmax des SA setzen
P0(1:12)=(/1,2,3,4,5,6,7,8,9,10,11,12/)    ! Anfangszustand setzen
t=180.                                      ! Anfangstemperatur setzen
!...Methode zur Berechnung der Energie:
CALL Energie(P0,e0)                         ! berechnet Energie e0 des
                                            !  Anfangszustandes P0
do n = 1,nmax                    ! Schrittschleife des SA
    CALL Vertausch(P0,P)         ! vertauscht die Position
                                 ! 2er Gäste

    CALL Energie(P,e)            ! Energie e des neuen Zustandes P


    IF(e.LE.e0) then             ! wenn neuer Zustand besser oder gleich
        P0=P                     ! aktuellen Zustand durch neuen Z.
                                 ! ersetzt

      e0=e                   ! Energiewert ebenfalls ersetzt
    ELSE                     ! wenn neuer Zustand schlechter
!...jetzt Anwendung der Boltzmann-Formel
      IF(t>0.1) t=t*0.970        ! anwenden der Temperatur-Zeitfunktion
      p=EXP((e0-e)/t)            ! Boltzmann-Funktion p
      call random_number(r)      ! Zufallszahl r bestimmen
      IF(r<p) then           ! aktuellen Zustand ersetzen
            P0=P
            e0=e
      ENDIF
    ENDIF
!...hier ist ein Simulationsschritt abgeschlossen, wobei je nach
!   Energiediff. des aktuellen zum neuen, durch Vertauschen erzeugten
!   Zustandes der aktuelle Zustand P0 durch den neuen Zustand P
!   ersetzt wird oder nicht
!...an dieser Stelle können Ergebnisse des Einzelschrittes gespeichert
!   oder angezeigt werden
end do                           ! Ende der Schrittschleife


!..damit ist die Simulation mit Erreichen der maximalen Schrittzahl
!  abgeschlossen; man kann in die Schleife auch weitere Abbruchkriterien
!  (z.B. keine Verbesserung der Energie mehr) einbauen.
!...hier wäre der Ort, die Ergebnisse in einer Datei abzuspeichern oder
!    anzuzeigen
!...Ende des Hauptprogramms


!...Unterprogramme (Skizzen):
SUBROUTINE Energie(P,e)
!...berechnet "Energie" für den Zustand P und gibt deren Wert
!   als e zurück
```

```
!...Zustandsvektor P wird in einen verlängerten Vektor X geschrieben;
!   damit können Fallunterscheidungen bzgl. Anfang und Ende von P
!   entfallen
X(1)=P(11)
X(2)=P(12)
X(3:14)=P(1:12)
X(15)=P(1)
X(16)=P(2)
e=0.0
do k = 3,14          ! Schleife läuft über die Gäste-Positionen
                     ! von 1 bis 12, in X verschoben um 2

   m=X(k)            ! m ist die Nummer des Gastes auf der Position k
!...Energien für jeweils einen Gast bzgl. seiner Nachbarn werden
!   aufaddiert:
   e=e+0.333*(S(m,X(k-1))+S(m,X(k+1))+0.5*S(m,X(k-2))+0.5*S(m,X(k+2)))
end do
e=e/12.              ! Gesamtenergie des Zustands P als Mittelwert der
                     ! Energien der 12 Personen
END SUBROUTINE


SUBROUTINE Vertausch(P1,P2)
!...dies ist die sog. Generatorfunktion zum Erzeugen neuer Zustände
!...vertauscht die Position zweier zufällig ausgewählter, nebeneinander
!   positionierten Gäste
!...eingegeben wird der Positionsvektor P1; die vertauschten Positionen
!   werden mit P2 zurückgegeben
!...diese Version prüft nicht, ob der erzeugte Zustand schon einmal
!   vorgekommen ist
call RANDOM_NUMBER(r1)          ! 1. Zufallszahl im Intervall [0,1)

call RANDOM_NUMBER(r2)          ! 2. Zufallszahl

i1=12*r1+1          ! umwandeln in Zufallszahl zwischen 1 und 12

IF(r2<0.5) then     ! bestimmt, ob Tausch mit linkem oder rechten
                    ! Nachbarn

   i2=i1+1
   IF(i2==13) i2=1
ELSE
   i2=i1-1
   IF(i2==0) i2=12
ENDIF


P2=P1                           ! zunächst wird P1 in P2 kopiert, da P1
                                ! nicht verändert werden soll
P2(i1)=P1(i2)                   ! Positionen werden in P2 vertauscht

P2(i2)=P1(i1)
END SUBROUTINE
```

Das Ergebnis einer Simulation mit dieser Programmvariante ist in Abb. 3-5 dargestellt.

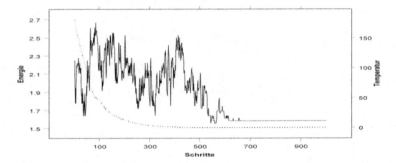

**Abbildung 3-5:** Verlauf des SA mit Parametern Anfangstemperatur 180 und Temperatur-faktor 0.970, wenn nur Vertauschen der nächsten Nachbarn gestattet ist.

Das Simulated Annealing erreicht nach 658 Schritten ein Minimum mit dem Energie-Wert 1.582 bei einer Sitzanordnung P = (5, 10, 12, 1, 3, 6, 2, 4, 8, 11, 9, 7). Die Temperatur erreicht im Schritt 729 die Schranke und bleibt ab da konstant. Das Minimum wird, wenn man die Schrittzahl erheblich erhöht, gelegentlich wieder kurzzeitig verlassen. Diese Erscheinung tritt beim Simulated Annealing häufig auf. Man kann sie vermeiden, wenn man die untere Schranke der Temperatur tiefer setzt. Dabei besteht aber immer die Gefahr, dass das Simulated Annealing in einem lokalen Minimum hängen bleibt, denn schließlich kann man die Konvergenz der Iteration erzwingen, wenn man T in einer Nullfolge beliebig klein werden lässt.

Das Simulated Annealing erreicht nicht das – in diesem einfachen Fall durch Berechnen der Energie aller möglichen Zustände[71] zu ermittelnde – absolute Minimum von 1.332, das für 24 Zustände gilt, z.B. für ( 12, 5, 1, 3, 10, 11, 7, 9, 8, 2, 6, 4 ).

### 3.3.4 Erste Variante des Grundprogramms

Wir wollen jetzt die obige Variante des Simulated Annealing vergleichen mit einer anderen, in der neue Zustände beliebig nach Zufall aus allen Zuständen des Zustandsraums ausgewählt werden. Für diesen Fall wird das Unterprogramm "Vertausch" folgendermaßen geändert:

**Code-Beispiel 3.3-2**

```
SUBROUTINE Vertausch(P1,P2)

!...dies ist die sog. Generatorfunktion zum Erzeugen neuer Zustände
!...vertauscht die Position zweier zufällig ausgewählter Gäste
!...eingegeben wird der Positionsvektor P1; die vertauschten Positionen
!    werden mit P2 zurückgegeben
!...diese Version prüft nicht, ob der erzeugte Zustand schon
!    vorgekommen ist
call RANDOM_NUMBER(r1)     ! 1. Zufallszahl im Intervall [0,1)
call RANDOM_NUMBER(r2)     ! 2. Zufallszahl
```

---

[71] Bei der relativ geringen kombinatorischen Größe des Problems (11!, knapp $4 \cdot 10^7$ Möglichkeiten) können leicht alle Möglichkeiten durchgerechnet werden.

```
i1=12*r1+1                    ! umwandeln in Zufallszahlen
                              ! zwischen 1 und 12

i2=12*r2+1


P2=P1                         ! P1 wird in P2 kopiert, da P1 nicht
                              ! verändert werden soll

P2(i1)=P1(i2)                 ! Positionen werden in P2 vertauscht

P2(i2)=P1(i1)
END SUBROUTINE
```

Die Entwicklung der SA-Simulation ist in der Abb. 3-6 dargestellt.

Das Programm erreicht mit den genannten Parameter-Werten ($S_{ij}$ wie o.a., $T_0 = 180$, r = 0.970) nach ca. 614 Schritten ein Minimum der Energie von 1.415.

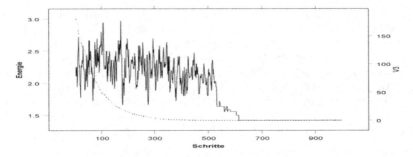

**Abbildung 3-6:**  Verlauf des SA mit Parametern Anfangstemperatur 180 und Temperatur-faktor 0.970, wenn die Positionen beliebiger Personen vertauscht werden können.

Offensichtlich ist ein günstigeres Energieminimum erreicht. Die Optimierung ist ungefähr gleich schnell wie im ersten Fall der "nächsten Nachbarn". Anscheinend spielt in diesem Fall die Topologie im Zustandsraum keine wesentliche Rolle. Das ist verständlich, da die Energiedifferenz zwischen dem bei einem Zeitschritt gegebenen Zustand und dem auszuwählenden neuen Zustand nicht vom Abstand abhängt.

Wenn man ein wenig weiter mit dem Programm experimentiert, stellt man fest, dass die Parameter Temperatur und Temperaturfaktor r einen beträchtlichen Einfluss auf das Ergebnis haben.

Das Programm erreicht beispielsweise mit veränderten Parameter-Werten ( $S_{ij}$ wie oben angegeben, $T_0 = 100$, r = 0.982; s. Abb. 3-3 unten) nach ca. 1400 Schritten sogar das absolute Minimum der Energie von 1.332. Für die Praxis heißt dies, dass man in jedem Falle die Anfangswerte und Parameter vielfach variieren sollte und dabei von relativ hohen notwendigen Schrittzahlen bis zur Konvergenz ausgehen muss. Wie man das systematisch gestalten kann, wird weiter unten noch ausgeführt.

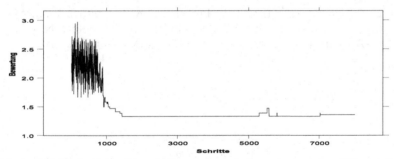

**Abbildung 3-7:** Verlauf des SA mit Parametern Anfangstemperatur 100 und Temperatur-
faktor 0.982, wenn die Positionen beliebiger Personen vertauscht werden
können.

Am Verlauf dieses Durchgangs fällt auf, dass sich das Ergebnis nach weiteren ca.
4000 Schritten wieder für einige Zeit verschlechtert. Das liegt daran, dass der
Standard-Algorithmus des Simulated Annealing nicht-elitistisch arbeitet, er hat
gewissermaßen kein Gedächtnis für schon erreichte Minima. Solange T > 0 ist,
besteht immer die Möglichkeit, einen anderen Zustand zu akzeptieren – auch
wenn er etwas schlechter ist.

Man kann dies, wie schon bemerkt, verhindern, indem man eine niedrigere untere
Schranke der Temperatur oder gar keine wählt. Wählt man in unserem Beispiel
eine Schranke T > 0.0001, so wird nach Erreichen des absoluten Minimums kein
schlechterer Zustand mehr angenommen.

Man könnte auch auf die Idee kommen, eine elitistische Variante zu schaffen,
indem neue Zustände nur akzeptiert werden, wenn sie besser oder gleich gut sind.
Das allerdings würde den großen Vorteil des Simulated Annealing zunichte
machen, nämlich ein lokales Minimum durch vorübergehende Akzeptanz eines
schlechteren Zustandes wieder verlassen zu können. Es gibt eine Variante, die eine
Art "Gedächtnis" besitzt, nämlich ein Simulated Annealing mit "Tabu-Liste". Damit
ist gemeint, dass im Programmablauf alle einmal angenommenen und bewertete
Zustände gespeichert werden; wenn durch den Zufallsgenerator einer der
gespeicherten Zustände erneut ausgewählt wird, wird er nicht akzeptiert. Der
Nachteil dieser Variante ist der hohe Speicherbedarf und der Rechenzeitaufwand
beim Vergleich des jeweils neu aufgerufenen Zustandes mit allen gespeicherten.

### 3.3.5    Berücksichtigung der Topologie

Wir wollen die Eigenschaften des Simulated Annealing anhand des gewählten
Beispiels noch etwas detaillierter vorstellen und zugleich einige weitere Varianten
des Simulated Annealing als Code demonstrieren.

Als erste Variante soll eine andere Topologie eingeführt werden und in dieser die
statistische Auswahl von zu vertauschenden Positionen gemäß einer Gaußverteilung vorgenommen werden.

Die Topologie wird dadurch erzeugt, dass zu jeder Person gemäß der
Sympathiematrix eine Reihenfolge der übrigen Personen nach Sympathie erzeugt
wird. Basis der Reihenfolge ist also die oben dargestellte Matrix $S_{ij}$. Eine Person gilt
als umso näher zu einer anderen, je ähnlicher die den beiden Personen
zugeordneten Zeilenvektoren der Matrix S sind, und das heißt konkret, je kleiner
deren Euklidischer Abstand ist. Man hat also eine 12×12 Matrix $SS_{ij}$ der paarweisen

Abstände von Zeilenvektoren S(i,1:12) zu berechnen, wobei natürlich ein Abstand, nämlich SS(1,1), der Abstand eines Zeilenvektors zu sich selbst Null ist. Der folgende Code-Abschnitt skizziert die Programmierung dieser Berechnung:

**Code-Beispiel 3.3-3**

```
!...Vergleichsmatrix SS(12,12)
SS=0.                      ! Initialisierung mit 0
do i = 1,12                ! Schleife über alle Zeilenvektoren
    ssum=0.                ! Hilfsvariable
    do j = i+1,12          ! Schleife über alle Zeilen, zu denen
                           ! Abstand zu berechnen ist
        do k = 1,12        ! Schleife über alle 12 Komponenten des
                           ! Zeilenvektors
            ssum=ssum +(S(i,k)-S(j,k))**2         ! Quadratsumme
                                                  ! der Differenzen
        end do                       ! Ende der Schleife über Komponenten
        ssum= SQRT(ssum)   ! Euklidischer Abstand
        SS(i,j) = ssum     ! einsetzen in symmetr. Matrix
        SS(j,i) = ssum
    end do
end do                     ! Ende der Schleifen über Zeilen


!...Danach sind die Abstände je Zeile in SS, d.h. die Abstände einer
!   Person zu allen 11 anderen aufsteigend zu ordnen. Die Indizes bzw.
!   Nummern der so geordneten anderen Personen werden in einem Vektor mit
!   11 Komponenten gespeichert und die 12 so erhaltenen Vektoren zu einer
!   12 × 11 Matrix MPOS(12,11) zusammengefasst. Das Element MPOS(i,1)
!   gibt also den Index (bezogen auf S) bzw. die Nummer der zur Person i
!   ähnlichsten anderen Person an usw.
```

Nachfolgend ein möglicher Code für die aufsteigende Ordnung:

**Code-Beispiel 3.3-4**

```
!...ordnen
SSTemp=SS                          ! Hilfsmatrix
WHERE(SSTemp==0.) SSTEMP=99.            ! Abstand zu sich selbst wird
                                        ! neutralisiert
do i = 1,12                             ! Schleife über alle Personen
    do j = 1,11                         ! 11malige Wiederholung
        IMI=MINLOC(SSTemp(i,:))         ! Position des kleinsten
                                        !  Abstands in einer Zeile i
        im=IMI(1)
        MPOS(i,j)=im                    ! wird gespeichert als
                                        ! Matrixelement
        SSTemp(i,im)=99.        ! Komponente wird neutralisiert
    end do                     ! Ende: Reihenfolge festgelegt
end do                         ! Ende Schleife über alle Personen
```

Dieser und der vorangegangenen Code-Abschnitt müssen natürlich im Hauptprogramm *vor der Schrittschleife* eingesetzt werden, da die Berechnungen nur einmal ausgeführt werden müssen.

Gaußverteilte Zustände auswählen bedeutet, dass bei der Auswahl von neuen Zuständen in einem Schritt des SA die dem alten Zustand nähere Zustände einer Gaußverteilung entsprechend häufiger ausgewählt werden als weiter entfernte. Um diese Verteilung bei der Auswahl anzuwenden, sind zunächst Gaußverteilte Zufallszahlen zu erzeugen.

Bei unserer Anwendung der Gaußfunktion setzen wir zur Vereinfachung[72] die Standardabweichung $\sigma = 1$ und den Erwartungswert $\mu - 0$.

Die Zufallszahlen können z.B. nach dem sogenannten Box-Muller-Verfahren berechnet werden, das von 2 zuvor erzeugten gleichverteilten Zufallszahlen $u_1$ und $u_2$ ausgeht, wie sie mit den üblichen Zufallszahlen-Generatoren der Programmiersprachen anfallen. Nachfolgend eine Möglichkeit, Gaußverteilte Zufallszahlen in einem Unterprogramm zu erzeugen:

**Code-Beispiel 3.3-5**

```
SUBROUTINE ZGAUSS(u1,u2)
!...Argumente sind 2 gleichverteilte Zufallszahlen 0 ≤ ui < 1
!...zurückgegeben als 2 positive gaussverteilte Zahlen ui
    x1=SQRT(-2*LOG(1-u1))*COS(6.28*u2)
    x2=SQRT(-2*LOG(1-u1))*SIN(6.28*u2)
    u2=ABS(x2/2)
    u1=ABS(x1/2)
END SUBROUTINE
```

Für die Auswahl neuer Zustände gemäß der Gaußverteilung muss im SA-Programm (s. oben) das Unterprogramm "VERTAUSCH" in folgender Weise geändert werden:

**Code-Beispiel 3.3-6**

```
SUBROUTINE Vertausch(P1,P2, MPOS)
!...dies ist die sog. Generatorfunktion zum Erzeugen neuer Zustände
!...wählt nach Nähe=Abstand der Personen-Vektoren, gaussverteilt
!...die Matrix MPOS(12,11) der Reihenfolge der Nachbarn nach Abstand der
!    Zeilenvektoren muss als Argument übergeben oder global deklariert
!    werden
!...vertauscht die Position zweier zufällig ausgewählter, nebeneinander
!    positionierten Gäste
!...eingegeben wird Positionsvektor P1; die vertauschten Positionen
!    werden mit P2 zurückgegeben
!...diese Version prüft nicht, ob der erzeugte Zustand schon einmal
!    vorgekommen ist
LOGICAL flag                          ! logische Hilfsvariable
```

---

[72] Statistik-Experten mögen uns den etwas laxen Umgang mit der Gaußverteilung nachsehen. Es kommt beim SA tatsächlich nicht darauf an.

```
call RANDOM_NUMBER(r1)                          ! 2 gleichverteilte
                                                ! Zufallszahlen
call RANDOM_NUMBER(r2)

!...beide Gauss-Zufallszahlen sollen < 1 sein (wg. Transformation s.u.)

flag=.true.

do WHILE(flag)

    call ZGAUSS(r1,r2)                          ! Gauss-Verteilung

    IF(r1<1 .AND. r2<1) flag=.false.

end do

!...gaussverteilte Zufallszahlen in Positionen transformieren

i1=12*r1+1

i2=11*r2+1

!...i2 ist der i2-nächste Nachbar zu i1

i2=MPOS(i1,i2)

!...Positionstausch

P2=P1

P2(i1)=P1(i2)

P2(i2)=P1(i1)

END SUBROUTINE
```

Die Abb. 3-8 zeigt einen SA-Durchlauf der dargestellten Variante:

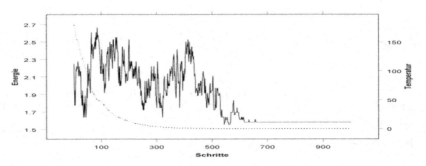

**Abbildung: 3-8** SA mit Auswahl neuer Zustände nach Nähe der Zeilenvektoren.

Diese Variante des Simulated Annealing erreicht mit denselben Parametern ($T_0 = 180$, $r = 0.970$) wie in den oben dargestellten Beispielen ein Optimum von 1.415 und optimiert offensichtlich nicht besser und nicht schneller als die einfacheren Varianten, die keine Topologie berücksichtigen.

Das gilt wohlgemerkt für den gewählten Beispielfall und kann nicht generalisiert werden. Im Beispielfall haben wir es mit einem Problem vom bekannten Typ des *travelling salesman*, also mit einem NP-vollständigen Problem zu tun, bei dem keine Topologie der gewählten Art irgendeine Beziehung zur Energie hat. Es ist deshalb nicht verwunderlich, dass eine SA-Variante mit Berücksichtigung der Topologie nicht besser optimiert als andere, die ganz beliebige Zustände auswählen.

## 3.3.6    Parametervariation

Nun stellt sich allerdings die Frage, woher die offensichtlich starke Abhängigkeit der Ergebnisse von anderen Parametern wie der Anfangstemperatur (s. Abb. 3-7) rührt. Ein allgemeines Verfahren, um so etwas zu untersuchen, besteht darin, auf das SA-Programm zusätzliche Schleifen "aufzupfropfen", mit denen die in Frage stehenden Parameter variiert werden. Derartige Variationsverfahren sind für Untersuchungen der Eigenschaften von mathematischen Simulationen außerordentlich wichtig. Oft können nur mit solchen Verfahren günstige Kombinationen von Parametern herausgefunden werden, die eine praktische Anwendung von Simulationen möglich machen.

Wir wollen beispielhaft skizzieren, welche Veränderungen nötig sind, um die Anfangs-Temperaturen, die Temperaturfaktoren und die seeds (Initialwerte) des Zufallsgenerators zu variieren.

Die Veränderungen müssen *vor dem Beginn der Schrittschleife* eingefügt werden:

**Code-Beispiel 3.3-7**

```
!...Hauptprogramm
!...hier ist der Code des Grundprogramms, der vor der Schrittschleife
!   steht, einzufügen
!...hier folgen die zusätzlichen Parameterschleifen und Definitionen
!...seeds setzen (Code hängt spezifisch für Sprache und Compiler ab!!)
    call RANDOM_SEED(SIZE=kk)
    call random_seed(put=seed(1:kk))
!..."Superschleifen"
    do iran = 1,20              ! Schleife über 20 seed-Werte
       seed(1)=11*iran-6
       call random_seed(put=seed(1:kk))
       do iz = 1,20             ! Schleife über 20
                               ! Anfangstemperaturen
          t= 1050. - 50.*iz
          t0=t
          do jz = 1,30          ! Schleife über 30
                               ! Temperaturfaktoren td
             td=0.995 - 0.005*jz
             td0=td
!...jetzt folgt der Beginn der bisherigen Schrittschleife
             DO n = 1,nmax      ! Schrittschleife des SA

!...hier steht der bisherige Code innerhalb der Schrittschleife


             END DO
!...damit ist eine einzelne Simulation mit Erreichen der maximalen
!   Schrittzahl abgeschlossen
!...hier müssen die Ergebnisse in einer Datei abgespeichert werden, und
!   zwar für jede Schrittschleife mit den zugehörigen (variierten) Werten
!   für seed, Temperatur und Temperaturfaktor
          end do               ! Ende Schleife über
                               ! Temperaturfaktoren td
```

```
      end do                        ! Ende Schleife über
                                    ! Anfangstemperaturen
      end do                        ! Ende Schleife über seed-Werte
!...Ende des Hauptprogramms
```

Im Folgenden nun einige typische Ergebnisse von Parameter-Variationen:

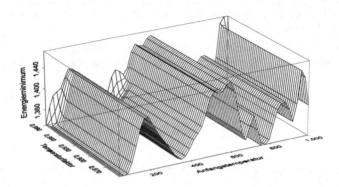

**Abbildung 3-9:** Variation der Anfangstemperaturen (x-Achse) und Temperaturfaktoren (y) beim Beispiel-SA. Auf der 3. Achse (z) sind die jeweils erreichten Minima der Energie aufgetragen.

Die Abb. 3-9 zeigt, dass die Optimierung in diesem Fall praktisch nur von der Anfangstemperatur, kaum dagegen vom Temperaturfaktor, also vom Absinken der Temperatur abhängt. Das theoretisch mögliche Optimum dieses Beispiel-problems kann nur mit Anfangstemperaturen in zwei ganz engen Bereichen erreicht werden. Was der Grund für diese zunächst verblüffende Tatsache sein kann, darauf deutet die folgende Abbildung 3-10 hin:

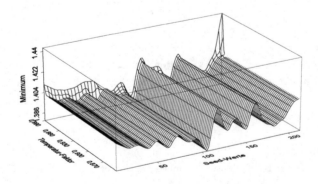

**Abbildung 3-10:** Variation der seed-Werte (x-Achse) und Temperaturfaktoren (y) beim Beispiel-SA. Erreichte Minima auf der z-Achse.

Es zeigt sich, dass die Abhängigkeit der Ergebnisse von den seed-Werten der Abhängigkeit von den Temperaturen sehr ähnlich ist. Die seed-Werte sind bekanntlich die Startwerte, mit denen ein Zufallsgenerator eine Sequenz von so genannten Pseudo-Zufallszahlen erzeugt[73]. Diese Sequenz ist also für jeden seed-Wert eine andere. Die Zufallszahlen dienten in unserem Programm dazu, in jedem Schritt des Simulated Annealing die Positionen festzulegen, zwischen denen ein Tausch stattfindet. Es ist nun offensichtlich so, dass das Simulated Annealing gewissermaßen wie beim Würfelspiel Glück haben kann, dass – bei der richtigen Temperaturstufe – ein sehr günstiger Zustand durch Tausch erzeugt wird, dessen Energie auch noch soweit unter der des bisherigen Zustandes liegt, dass er nicht in den nächsten Schritten wieder durch einen energetisch etwas höheren ersetzt wird. Da wir bei den den *traveling-salesman*-Problemen vergleichbaren Problemen keine wirksame Topologie zur Verfügung haben, ist eine günstige Sequenz von Zufallszahlen offenbar die einzige Garantie für gute Optimierung. Die Variation der Anfangstemperaturen ist möglicherweise nichts anderes als eine Variation der Zufallszahlen, da bei verschiedenen Anfangstemperaturen, aber gleichem seed-Wert zwar dieselbe Sequenz von Zufallszahlen verwendet wird. Wenn wir aber eine bestimmte feste, schon erniedrigte Temperatur, z.B. T = 1 nehmen, dann befinden wir uns bei jeder Anfangstemperatur an einer anderen Stelle dieser Zufallszahlen-Sequenz, so als ob wir einen anderen seed-Wert gewählt hätten.

Die vorstehenden Betrachtungen sollten Ihnen die Wichtigkeit der Parametervariationen deutlich machen. Das Simulated Annealing ist, wie mehrfach betont, wegen der Eigenschaft, lokale Minima relativ leicht wieder verlassen zu können, geeignet für Optimierungen in so genannten "stark zerklüfteten Zustands-Landschaften", in denen keine geeignete Topologie zu finden ist. Die SA-Optimierungen funktionieren aber nur bei günstiger Parameterwahl, die in der Regel nur durch Exploration (systematisches Ausprobieren) gefunden werden kann.

Simulated Annealing gilt nicht nur wegen der Eigenschaft, lokale Optima wieder verlassen zu können, als breit anwendbares Optimierungsverfahren bei komplizierteren nichtlinearen Problemen, sondern auch weil zusätzliche Randbedingungen (*constraints*), die den Lösungs- resp. Zustandsraum einengen, leicht ins Programm eingebunden werden können. Randbedingungen können grundsätzlich in zweierlei Weise in ein SA-Programm integriert werden. Zum einen kann man Randbedingungen bei der Erzeugung neuer Zustände (Generatorfunktion) anwenden, was im Allgemeinen auf einige IFs, Schleifen oder Unterprogrammaufrufe mehr hinausläuft. Gelegentlich werden auch so genannte Tabulisten verwendet: wenn ein Zustand aus dieser Liste generiert wird, wird er verworfen und ein neuer erzeugt. Vorteilhafter ist oft, Randbedingungen indirekt in der Energiefunktion zu berücksichtigen, indem man unzulässige Zustände mit "Strafen" belegt, d.h. zur Energie einen zusätzlichen Anteil addiert, z.B. einen so hohen, dass der unzulässige Zustand wegen des entstehenden Energiewertes nicht mehr akzeptiert wird.

Zum Abschluss der Darstellung des Simulated Annealing wollen wir Ihnen noch ein paar Übungen empfehlen.

---

[73] Wie er das macht, bitten wir Sie, in einem Lehrbuch der Statistik nachzulesen.

## Übung 3.3-1

Das in der Literatur wohl prominenteste Beispiel zur Anwendung des Simulated Annealing ist das schon mehrfach erwähnte berühmte Problem des Handlungsreisenden (*travelling salesman problem*, TSP). Es ist ein sogenanntes NP-vollständiges Problem, ein Problem, das mit zunehmender Größe d.h. Anzahl von Städten nur durch extrem wachsenden Rechenzeitaufwand exakt gelöst werden kann. Derartige Probleme, mögen sie auch nicht immer sehr praxisrelevant sein, sind gute Tests für die Leistungsfähigkeit von Optimierungsalgorithmen.

Finden Sie für ein TSP mit 100 Städten "gute" Parameter für schnelle und gute Lösungen. Beobachten Sie, wie unterschiedlich stark die jeweils erreichten "besten" Lösungen die Anfangsrouten verbessern.

Schreiben Sie das Programm so, so dass mit jedem Aufruf dieselben 100 Städte gewählt werden, aber jeweils andere Anfangspunkte. Beobachten Sie dann, wie weit die jeweils beste gefundene Lösung vom Anfangspunkt, von der Anfangstemperatur und von der Abkühlungsrate abhängt.

## Übung 3.3-2

Finden Sie mit dem Simulated Annealing das Minimum der Funktion

$f(x) = x^2 - \cos(4x^2) + \sin(5x)$   im Bereich $-3 < x < 3$.

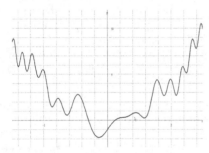

**Abbildung 3-11:** Graph der Funktion $f(x) = x^2 - \cos(4x^2) + \sin(5x)$

Die Systemzustände sind hier einfach die x-Werte, f(x) können Sie als Energiefunktion auffassen.

Sinnvoll ist, von diskreten Systemzuständen auszugehen, indem Sie eine Tabelle von Funktionswerten in festen Intervallen von x anlegen, z.B. $\Delta x=0.003$ bzw. 2000 Werte.

Suchen Sie geeignete Temperaturfunktionen und Anfangswerte. Überlegen Sie sich (z.B. anhand eines Graphen der Funktion) einen sinnvollen Umgebungsradius, der garantiert, dass die Optimierung nicht in einem der vielen Nebenminima hängen bleibt. Wie groß müsste die Umgebung mindestens sein, wenn Sie beispielsweise im Falle eines Anfangszustandes von x in der Nähe von 2.8 das dortige lokale Minimum wieder verlassen wollen?

Konstruieren Sie Fälle (Anfangswerte und Parameter), in denen das Simulated Annealing in Nebenminima verbleibt, und Fälle, wo mit jedem Anfangswert $x_0$ das absolute Minimum erreicht wird.

# 4 Simulationen mit Fuzzy-Logik

## 4.1 Grundprinzipien

In diesem Kapitel werden Ihnen die Anwendungen von Fuzzy-Logik beispielhaft an Expertensystemen vorgestellt. Auf die mittlerweile vielfältigen und breiten anderen Anwendungsgebiete der Fuzzy-Theorie in der Praxis können wir hier nicht eingehen.

Es geht uns hier vor allem darum, dass Sie die – zunächst wahrscheinlich seltsam wirkende – "Logik der Fuzzy-Logik" soweit verstehen, dass Sie sie gegebenenfalls in eigenen kleinen Programmen nachvollziehen können. Lassen Sie sich also einmal mit uns auf einen ganz anderen Blick auf die Praxis der Mathematik ein.

Expertensysteme beruhen, wie Sie vielleicht wissen, auf der Anwendung von WENN-DANN-Regeln, mathematisch oft als logische Inferenz oder Konklusion bezeichnet. Nehmen wir als Beispiel ein medizinisches Diagnose-System.

Wenn eine Expertenregel eines solchen Systems z.B. lautet[74]:

*"Wenn die Körpertemperatur sublingual 38,5 Grad Celsius beträgt und der männliche Patient ein Körpergewicht von 75 kg hat, dann sind 600 mg Paracetamol zu geben",*

dann könnte man diese Regel sofort unter Anwendung der klassischen Aussagenlogik, hier der Implikation (verbunden mit Konjunktion), exekutieren oder programmieren. Es werden nur "scharfe" Aussagen mit genauen Zahlenwerten verknüpft.

In der Praxis sehen aber medizinische Regeln eher so aus:

*"Wenn ein männlicher Patient mittleren Gewichts mäßiges Fieber hat, dann soll ihm eine mittlere Dosis Paracetamol verabreicht werden."*

Man hat es demnach in der Praxis mit unscharfen Mengen ("mittleres Gewicht", "mäßiges Fieber" oder "mittlere Dosis") zu tun. Deren Verknüpfung bis zum logischen Schluss, also bis zur praktischen Folgerung, was zu verabreichen ist, ist offensichtlich auch nur mit fuzzy-logischen Operatoren bzw. unscharfen Logikoperatoren, wie wir die logischen Pendants für unscharfe Mengen zu den mengentheoretischen Operatoren bezeichnen werden, zu machen.

Die sprachlich bezeichneten Kenngrößen unscharfer Mengen, hier "Gewicht", "Fieber", "Dosis", werden übrigens in der Literatur der Fuzzy-Theorie gern als linguistische Variable bezeichnet, die sprachlichen Wertattribute, hier "mittleres", "mäßiges" oder "mittlere", als linguistische Terme. Im Allgemeinen wird für ein Problem ein Satz von mehreren, meist zwischen 2 und 7, linguistischen Termen benötigt, die sich normalerweise etwas überlappen. Abb. 4-1 stellt einen solchen Satz von Termen für das im Beispiel angesprochene Fieber (auf der Temperatur als Grundmenge) dar.

---

[74] Sehen Sie bitte einmal von der medizinischen Sinnhaftigkeit dieser Regel ab.

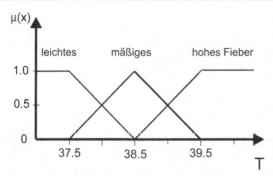

**Abbildung 4-1:** Zugehörigkeitsfunktionen für "leichtes", "mäßiges" und "hohes Fieber"

Zur Erinnerung (vgl. Stoica-Klüver u.a. 2009, 152ff):

Eine unscharfe Menge wird folgendermaßen definiert:

> Gegeben sei eine Teilmenge A einer Grundmenge G, $A \subseteq G$.
>
> Für jedes $x \in A$ wird eine Zugehörigkeitsfunktion (ZGF) $\mu_A \in \mathbf{R}$ definiert mit $0 < \mu_A(x) \leq 1$.
>
> Dann ist die unscharfe Menge $\mathcal{A}$ eine Menge geordneter Paare der Form
>
> $$\mathcal{A} = \{(x, \mu_A(x))\}$$
>
> mit $x \in A$ und $\mu_A(x) \in (0,1]$ .

Die Teilmenge A, für die die ZGF Werte $> 0$ besitzt[75], wird auch als Trägermenge, Support oder Einflussbreite von $\mu$ bezeichnet. In der Praxis werden fast nur so genannte normalisierte unscharfe Mengen verwendet; das sind solche, deren ZGF mindestens für ein x den Wert $\mu = 1$ besitzt und deren ZGF maximal $\mu = 1$ ist[76].

Bei einer ZGF in Dreiecksform hätte die Dreiecksspitze also den Wert $\mu = 1$. Besitzt die ZGF wie die Trapezfunktion einen Bereich $a \leq x \leq b$, in dem $x = 1$ ist, dann nennt man den Bereich [a, b] die Toleranz.

Ein scharfer Wert kann als eine unscharfe Menge mit einer Trägermenge {x} aufgefasst werden, die nur ein Element x besitzt und für die $\mu(x) = 1$. Eine solche „unscharfe" Menge wird als Singleton bezeichnet.

Die Grundmenge G besteht im obigen Beispiel aus Temperaturwerten; die Teilmenge A sind die für unser Problem relevanten Temperaturen (zwischen 37 und 40,5 Grad).

Die Zugehörigkeitsfunktionen geben an, wie stark ein bestimmter Wert der Menge A (x-Wert) zur jeweils definierten unscharfen Menge gehört; z.B. gehört der Wert 38 Grad mit jeweils $\mu = 0.5$ sowohl zur Menge „leichtes Fieber" als auch zur Menge

---

[75]  Diese Definition führt bei Bildung des Komplements einer unscharfen Menge dazu, dass das Komplement nicht normalisiert ist. Gelegentlich kann es daher zweckmäßig sein, die „Ränder" der ZGF mit $\mu = 0$ in die Trägermenge einzubeziehen.

[76]  Wir werden im Folgenden ausschließlich von normalisierten unscharfen Mengen ausgehen.

„mittleres Fieber". Als Zugehörigkeitsfunktionen werden häufig, wie hier dargestellt, Dreiecks- oder Trapezfunktionen gewählt, aber auch beliebig kompliziertere ZGF sind möglich.

Wenn wir annehmen, dass die Temperaturen im medizinischen Bereich nur mit einer Genauigkeit von 0,1 Grad gemessen werden können, dann bestünde die Menge A aus diskreten Temperaturwerten im Intervall 0,1 Grad. Für Berechnungen kann man jedoch generell ohne Einschränkung der Allgemeinheit auch von kontinuierlichen Grundmengen ausgehen ($x \in \mathbf{R}$).

Für unscharfe Mengen lässt sich eine Mengenlehre[77] definieren, die der klassischen Mengenlehre für scharfe Mengen weitgehend (aber nicht uneingeschränkt) entspricht. Dabei kann man sich, solange die Grundmengen identisch sind, allein auf die Betrachtung der µ-Werte beschränken. Für das Folgende wichtig sind die Definitionen der oben bereits erwähnten unscharfen Operationen. Als Mengenoperationen sind das vor allem Durchschnitt, Vereinigung und Komplement, die bekanntlich den logischen Operationen UND, ODER und NICHT entsprechen:

$$(\mu_1 \cap \mu_2)(x) = MIN(\mu_1(x), \mu_2(x)),$$

$$(\mu_1 \cup \mu_2)(x) = MAX(\mu_1(x), \mu_2(x)),$$

$$\mu_1^c(x) = 1 - \mu_1(x)$$

Doch nun zurück zum logischen Schließen bei unscharfen Mengen. Am obigen Beispiel einer umgangssprachlich formulierten Regel sehen Sie bereits ein Prinzip einer Fuzzy-Inferenz:

Die Prämissen (Diagnosen) werden in der Praxis natürlich nicht als unscharfe Mengen erhoben, sondern – denken Sie an Ihren letzten Krankenhausaufenthalt oder Arztbesuch – durch relativ genaue Messung von Temperatur (also doch 38,5 Grad) und Gewicht (75 kg). Für die Anwendung der Fuzzy-Logik müssen diese Daten (in der Fuzzy-Sprache also die erwähnten Singletons) gewissermaßen in unscharfe Mengen eingeordnet werden; dieses Verfahren nennt man Fuzzyfizierung.

Danach werden, da es sich um Verknüpfung unscharfer Mengen handelt, geeignete fuzzy-logische Operatoren angewandt; das ist die Fuzzy-Inferenz. Sie führt zu einer unscharfen Konklusion.

Die Krankenschwester kann jedoch mit einer unscharfen Konklusion – *geben Sie eine "mittlere Dosis"* – nichts anfangen. Sie muss eine exakte Menge Paracetamol ("600 mg") verabreichen. Das Verfahren zur Berechnung eines exakten Wertes aus einer unscharfen Konklusion wird Defuzzyfizierung genannt.

Ein Fuzzy-Expertensystem arbeitet also prinzipiell nach folgendem Schema:

> (scharfe) Messwerte → Fuzzyfizierung → Inferenz → Defuzzyfizierung → (scharfer) Ergebnis-Wert.

Wir werden uns im Folgenden auf dieses Schema, also ausgehend von scharfen Werten, konzentrieren.

---

[77] Für eine solche gibt es verschiedene Ansätze mit unterschiedlichen Definitionen von Mengen-Operationen. Wir verwenden hier nur den gängigsten Ansatz von Zadeh (1968), dem Begründer der Fuzzy-Theorie.

Mit unscharfen Logikoperatoren, also z.B. der Vereinigung als das logische unscharfe ODER, der Durchschnittsbildung als das unscharfe UND und der Komplementbildung als unscharfe Negation, lassen sich also Feststellungen über die Unschärfe von Aussagen gewinnen, die aus unscharfen Aussagen zusammengesetzt werden. Die Basis solcher "Unschärfe-Kombinationen" sind unscharfe Relationen.

Relationen sind allgemein Beziehungen zwischen Mengen. Beschränken wir uns auf zweistellige Relationen, zwischen zwei Mengen $M_1$ und $M_2$, so ist die Relation eine Teilmenge des cartesischen Produkts $M_1 \times M_2$, d.h. eine Teilmenge der geordneten Paare von Elementen aus je einer der Mengen. Handelt es sich um diskrete Mengen, dann kann die Relation durch eine n×m Matrix dargestellt werden, wo $n = |M_1|$ und $m = |M_2|$ die Mächtigkeit, d.h. die Anzahl der Elemente der Mengen sind.

Nehmen Sie wieder das Beispiel des Fiebers.

Angenommen es gäbe nur 3 Regeln:

(Regel 1) niedriges Fieber → kleine Dosis ,

(Regel 2) mäßiges Fieber → mittlere Dosis und

(Regel 3) hohes Fieber → hohe Dosis .

Dann könnte man die Regeln als Tabelle aufschreiben:

| Fieber / Dosis | niedrig | mittel | hoch |
|:---:|:---:|:---:|:---:|
| leicht | 1 | 0 | 0 |
| mäßig | 0 | 1 | 0 |
| hoch | 0 | 0 | 1 |

Als Matrix geschrieben wäre die Relation dann:

$$R = \begin{pmatrix} 1 & 0 & 0 \\ 0 & 1 & 0 \\ 0 & 0 & 1 \end{pmatrix}$$

Dies ist zwar eine *scharfe* Relation, aber eine Relation *zwischen unscharfen Mengen*.

Formuliert man die Werte für Fieber und Dosis als Vektoren, so erhält man:

Fieber:    leicht (1, 0, 0) ; mäßig (0, 1, 0); hoch (0, 0, 1)  sowie

Dosis: niedrig (1, 0, 0);  mittel (0, 1, 0); hoch (0, 0, 1).

Mit den so formulierten Werten kann man die Anwendung der Relation als ein Produkt eines Vektors mit der Relationsmatrix schreiben, beispielsweise

mäßiges Fieber → mittlere Dosis

$$(0,1,0) \circ \begin{pmatrix} 1 & 0 & 0 \\ 0 & 1 & 0 \\ 0 & 0 & 1 \end{pmatrix} = (0,1,0)$$

Nun ist die obige Relation noch eher eine scharfe als eine Fuzzy-Relation. Zu einer Fuzzy-Relation kann man durch Aufstellen von unscharfen Regeln kommen; wenn die Regeln in diesem Sinne „echte" Fuzzy-Regeln sind, dann könnte eine dazu gehörende Fuzzy-Relation beispielsweise so aussehen:

| Fieber / Dosis | niedrig | mittel | hoch |
|:---:|:---:|:---:|:---:|
| leicht | 1 | 0.5 | 0 |
| mäßig | 0.3 | 1 | 0.5 |
| hoch | 0 | 0.3 | 1 |

bzw. als Matrix

$$R = \begin{pmatrix} 1 & 0.5 & 0 \\ 0.3 & 1 & 0.5 \\ 0 & 0.3 & 1 \end{pmatrix}$$

Während eine scharfe Relation als Elemente der Relationsmatrix nur 0 oder 1 enthält, stehen in der Relationsmatrix einer Fuzzy-Relation reelle Zahlen $0 \le \mu \le 1$, die Zugehörigkeitsgrade (Werte der ZGF) für die entsprechenden Paare von unscharfen Mengen (also für die entsprechenden Elemente des cartesischen Produkts) repräsentieren. Zum Beispiel kann man aus der Matrix entnehmen, dass der Zugehörigkeitsgrad des Paares (leichtes Fieber / mittlere Dosis) 0.5 beträgt.

Wenn wir nun mäßiges Fieber beobachten, also einen Zugehörigkeitsgrad $\mu = 1$ zur unscharfen Menge „mäßiges Fieber", dann wäre die 2. unscharfe Regel, repräsentiert durch die 2. Zeile der Matrix mit dem Erfüllungsgrad 1, erfüllt, und man kann auch hier noch durch Anwendung der obigen Multiplikation die Zugehörigkeitsgrade zu den 3 unscharfen Mengen der Dosis erhalten:

$$(0, 1, 0) \circ \begin{pmatrix} 1 & 0.5 & 0 \\ 0.3 & 1 & 0.5 \\ 0 & 0.3 & 1 \end{pmatrix} = (0.3, 1, 0.5)$$

Umgangssprachlich ließe sich das Ergebnis so interpretieren:

Wenn mäßiges Fieber beobachtet wird, dann sollte eventuell (0.3) eine niedrige, vorzugsweise eine mittlere, möglicherweise (0.5) aber auch eine höhere Dosis Paracetamol verabreicht werden.

Dasselbe Verfahren gilt auch, wenn die Beobachtung, von der in der Fuzzy-Inferenz als Faktum ausgegangen wird, selbst unscharf ist. Wenn z.B. die Beobachtung ein mäßiges, aber vielleicht (zu 30%) auch hohes Fieber mit den Zugehörigkeitsgraden (0.0, 0.9, 0.3) wäre, dann ergeben sich die Zugehörigkeitsgrade zur Menge der Dosis als

$$(0, 0.9, 0.3) \circ \begin{pmatrix} 1 & 0.5 & 0 \\ 0.3 & 1 & 0.5 \\ 0 & 0.3 & 1 \end{pmatrix} = (0.27, 0.99, 0.75).$$

Der für die Praxis mit Abstand bedeutendste Fall ist allerdings der, dass die Beobachtung ein scharfer Wert, ein Singleton, ist. In diesem wie auch in einigen anderen speziellen Fällen ist es nicht notwendig, die Relationsmatrix zu kennen bzw. aufzustellen. Man kann die Fuzzy-Inferenz allein mit Kenntnis oder Annahme der Zugehörigkeitsfunktionen der relevanten unscharfen Mengen nach Verfahren durchführen, die grafischen Verfahren angelehnt sind. Diese sind glücklicherweise deshalb auch anschaulich verständlich. Wir werden daher hier nicht weiter mit Fuzzy-Regel-Matrizen arbeiten, sondern uns auf die von scharfen Beobachtungswerten ausgehenden und auf scharfe Ergebniswerte schließenden Fuzzy-Expertensysteme konzentrieren.

## 4.2    Praktische Umsetzung der Fuzzy-Inferenz

Die dem genannten Spezialfall zugrunde liegende Fuzzy-Inferenz war:

(scharfe) Messwerte → Fuzzyfizierung → Inferenz → Defuzzyfizierung → (scharfer) Ergebnis-Wert.

Basis des Expertensystems in unserem Beispiel sind zunächst weiterhin die oben genannten 3 Regeln. Um zu scharfen Ergebniswerten zu gelangen, müssen auch die ZGF für die zu gebenden Dosen definiert werden (Abb. 4-2):

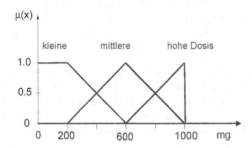

**Abbildung 4-2:**   Zugehörigkeitsfunktionen für "kleine", "mittlere" und "hohe Dosis". Die rechte ZGF bricht bei 1000 mg ab, weil höhere Dosen nicht verabreicht werden sollen.

Die Krankenschwester misst, wie oben schon bemerkt, nicht „mäßiges Fieber", sondern beispielsweise 37.9 Grad und möchte bestimmen, welche Dosis, natürlich genau in mg, dafür indiziert ist.

Aus Abb. 4-1 kann man die zu der gemessenen Temperatur, einem Singleton, gehörendem Zugehörigkeitsgrade ablesen, nämlich, als Vektor geschrieben, $\mu = (0.6, 0.4, 0.0)$ für die unscharfen Mengen niedriges, mäßiges bzw. hohes Fieber.

Man kann die Zugehörigkeitsgrade als „Erfüllungsgrade" der Regeln interpretieren, also Regel 1 wird zu 0.6, Regel 2 zu 0.4 und Regel 3 zu 0.0 erfüllt. Mit der obigen Relation bedeutet das, dass man bei 37.9 Grad Fieber anteilig 0.6 mal die niedrige Dosis, 0.4 mal die mittlere Dosis und 0 mal die hohe Dosis verabreichen sollte. Dies Ergebnis erhält man offensichtlich auch bei der Multiplikation der obigen „scharfen" Relations-Matrix mit dem Vektor (0.6, 0.4, 0.0). Aber Vorsicht: Dieses einfache, aus der gewohnten Mathematik bekannte Produkt eines Vektors mit einer Matrix *gilt nur für eine scharfe* Relation, wenn also die Relationsmatrix binär ist und pro Zeile nur eine Eins enthält!

Anschaulich lassen sich die Verhältnisse wie in Abb. 4-3 darstellen, in der zum Zwecke der Inferenz die Zugehörigkeitsfunktionen die das Fieber betreffenden und die die Dosis betreffenden unscharfen Mengen zusammenbringen.

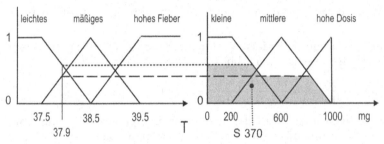

**Abbildung 4-3:** Zugehörigkeitsfunktionen und die entsprechenden unscharfen Mengen

Das Singleton der beobachteten Temperatur von 37.9 Grad schneidet die ZGF für das Fieber bei den genannten Werten $\mu_{res}$ = (0.6, 0.4, 0.0). Das ist die anschauliche Bedeutung des Begriffs "Erfüllungsgrad".

Die Regeln verbinden jeweils eine und nur eine der ZGF des linken (Fieber-) Diagramms mit einer des rechten (Dosis-) Diagramms; man spricht von den jeweils aktiven Regeln. Als aktiv werden alle Regeln bezeichnet, deren Erfüllungsgrad größer als 0 ist; Regeln mit einem Erfüllungsgrad 0 sind inaktiv.

Die 3 Dosis-ZGF werden entsprechend der Interpretation der $\mu$-Werte als Erfüllungsgrad der jeweils aktiven Regel in der Höhe dieser $\mu$-Werte abgeschnitten („geköpft").

Als Defuzzyfizierung bezeichnet man nun das Verfahren, mit dem aus den "geköpften" Ergebnismengen ein scharfer Ergebnis-Wert destilliert wird. Die Defuzzyfizierung bedarf mithin einer Methode, der Gesamtheit der geköpften ZGF genau ein einziges Singleton zuzuordnen.

Sie finden dafür in der einschlägigen Literatur (z.B. Kahlert und Frank 1994) eine Reihe von Methoden, von denen wir hier nur eine der gängigsten vorstellen. Diese bestimmt den Flächenschwerpunkt der geköpften Zugehörigkeits-Funktionen, in der Abbildung als S bei ca. 370 mg angedeutet.

Die Schwerpunktmethode besteht darin, den Flächenschwerpunkt der resultierenden ZGF $\mu_{res}$ zu bestimmen; die Abszisse $x_s$ des Schwerpunkts ist der gesuchte scharfe Ergebniswert. Die allgemeine Form des Flächenschwerpunkts ist:

$$x_s = \frac{\int_0^\infty x\mu_{res}(x)dx}{\int_0^\infty \mu_{res}(x)dx}.$$

Für trapezförmige ZGF, deren Überlagerung praktisch eine mit den Erfüllungsgraden $h_i$ gewichtete Summe ist, gilt als hinreichende Näherung:

$$x_s = \frac{\sum_i x_{si}h_i}{\sum_i h_i},$$

wo $x_{Si}$ die Schwerpunktkoordinaten der Schwerpunkte der einzelnen relevanten ZGF sind[78].

Für den einfachen Fall des Beispiels mit nur 2 aktiven Regeln wird dies, wenn man die Werte näherungsweise aus der Abb. 4-3 entnimmt, vereinfacht zu:

$$x_{res} = \frac{x_{s1}h_1 + x_{s2}h_2}{h_1 + h_2} \approx \frac{175 \cdot 0.6 + 600 \cdot 0.4}{0.6 + 0.4} \approx 370$$

Das Fuzzy-Expertensystem liefert damit also für eine gemessene Temperatur von 37.9 Grad als Empfehlung die Gabe von 370 mg Paracetamol.

## Übung 4-1

Bestimmen Sie nach der skizzierten Methode die Dosis, die bei einer Temperatur von 38.7 Grad verabreicht werden sollte. Es reicht, wenn Sie den Flächenschwerpunkt annähernd bestimmen.

In der Praxis werden die Probleme für ein Expertensystem häufig komplexer sein. Ein Arzt beobachtet natürlich immer mehrere Erscheinungen. Wie können diese im Expertensystem nun gemeinsam verarbeitet werden, um eine geeignete Dosis bzw. Therapie abzuleiten?

Wie derartige komplexere Fälle zu behandeln sind, soll hier beispielhaft für das Problem skizziert werden, dass eine zweite Diagnoseform in das Regelsystem und die Fuzzy-Inferenz einbezogen wird. Dazu soll – ohne über den medizinischen Sinn weiter nachzudenken – die Messung der Herz- bzw. Pulsfrequenz hinzugenommen werden.

Es werden zur Vereinfachung wieder nur 3 Regeln angenommen:

(Regel 1) normaler Puls          → kleine Dosis ,

(Regel 2) leicht erhöhter Puls   → mittlere Dosis und

(Regel 3) stark erhöhter Puls    → hohe Dosis.

Die ZGF soll wie in Abb. 4-4 definiert sein. Wenn die Pulsfrequenz beispielsweise als 110 gemessen wird, dann erhält man nach dem oben abgeleiteten Verfahren eine Dosisempfehlung von ca. 800 mg, falls das Fieber nicht berücksichtigt wird.

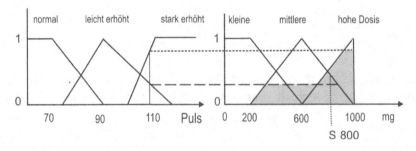

**Abbildung 4-4:** Fuzzy-Inferenz Pulsfrequenz → Dosis.

---

[78]  Hier wird mithin die Überlappung der Beiträge einzelner ZGFs nicht korrekt berücksichtig. Der Fehler ist jedoch im Allgemeinen sehr klein.

Wenn nun *beide* Eingabevariablen, Fieber und Pulsfrequenz mit je 3 unscharfen Mengen, für die Bestimmung der Dosis kombiniert berücksichtigt werden sollen, werden insgesamt $3 \cdot 3 = 9$ Regeln benötigt.

Es ist eine inhaltliche Frage, in welcher Weise die Variablen kombiniert werden. Als einfache Kombinationsmöglichkeiten für die unscharfen Mengen leichtes, mäßiges und hohes Fieber mit normalem, leicht erhöhtem und stark erhöhtem Puls bieten sich die logischen Operatoren UND bzw. ODER an. In diesem Falle kann UND sinnvoll sein, also z.B.

(R9)  WENN hohes Fieber UND stark erhöhter Puls, DANN hohe Dosis.

Da das fuzzylogische UND dem MIN-Operator entspricht, liegt es nahe, als Dosis in die Regeln jeweils die kleinere der sich für Fieber und Puls ergebende Dosis einzusetzen.

Die übrigen Regeln sind:

(R1)  WENN leichtes Fieber UND normaler Puls, DANN kleine Dosis.

(R2)  WENN leichtes Fieber UND leicht erhöhter Puls, DANN mittlere Dosis,

(R3)  WENN leichtes Fieber UND stark erhöhter Puls, DANN hohe Dosis,

(R4)  WENN mäßiges Fieber UND normaler Puls, DANN mittlere Dosis,

(R5)  WENN mäßiges Fieber UND leicht erhöhter Puls, DANN mittlere Dosis,

(R6)  WENN mäßiges Fieber UND stark erhöhter Puls, DANN hohe Dosis,

(R7)  WENN hohes Fieber UND normaler Puls, DANN hohe Dosis,

(R8)  WENN hohes Fieber UND leicht erhöhter Puls, DANN hohe Dosis.

Man kann die Dosis, die sich nach dem Regelsystem ergibt, auch als Tabelle darstellen (Tabelle 4-1):

**Tabelle 4-1** Regelsystem als Tabelle

| Puls:<br>Fieber: | normal | leicht erhöht | stark erhöht |
|---|---|---|---|
| leicht | klein (R1) | mittel (R2) | hoch (R3) |
| mäßig | mittel (R4) | mittel (R5) | hoch (R6) |
| hoch | hoch (R7) | hoch (R8) | hoch (R9) |

Die Durchführung des Inferenzschemas für die Kombination von Fieber- und Pulsmessung gestaltet sich nun folgendermaßen:

Wir nehmen wie oben an, dass eine Temperatur von 37.9 Grad und eine Pulsfrequenz von 110 pro Minute gemessen wurde.

Die Fuzzyfizierung der scharfen Messgrößen liefert (siehe oben) die ZGF-Werte (als Vektoren)

für Fieber $\quad\quad\quad \mu_F = (0.6, 0.4, 0.0)$

und für Puls $\quad\quad\quad \mu_P = (0.0, 0.25, 0.8)$.

Also sind in diesem Falle die Regeln R2, R3, R5 und R6 aktiv. Wegen der Verknüpfung UND, dargestellt durch den MIN-Operator genügt es nämlich, dass nur eine der beiden ZGF gleich 0 ist, damit der Erfüllungsgrad ($\mu_{res}$) der (verknüpften) Regel 0 wird, diese also inaktiv ist.

Im Falle der Verknüpfung mit UND ist auch für alle aktiven Regeln der MIN-Operator anzuwenden, so dass sich folgende Erfüllungsgrade $h_i$ für die genannten Regeln bzw. unscharfen Mengen errechnen:

$h_2 = MIN(0.6, 0.25) = 0.25$, bezogen auf die unscharfe Menge „mittlere Dosis",

$h_3 = MIN(0.6, 0.8) = 0.6$, bezogen auf die unscharfe Menge „hohe Dosis",

$h_5 = MIN(0.4, 0.25) = 0.25$, bezogen auf die unscharfe Menge „mittlere Dosis",

$h_6 = MIN(0.4, 0.8) = 0.4$, bezogen auf die unscharfe Menge „hohe Dosis".

Die Erfüllungsgrade, die sich auf dieselbe unscharfe Menge beziehen, müssen ihrerseits verknüpft werden. Da nun die einzelnen Regeln, wie es im Allgemeinen inhaltlich sinnvoll ist, durch die Disjunktion ODER verknüpft sind, ist in diesem Falle der MAX-Operator anzuwenden. Somit erhält man als Erfüllungsgrade

$h_m = MAX(0.25, 0.25) = 0.25$ für die mittlere Dosis und

$h_h = MAX(0.6, 0.4) = 0.6$ für die hohe Dosis.

Die Defuzzyfizierung nach der Schwerpunktmethode liefert, wie in Abb. 4-5 grafisch dargestellt, die Dosis-Empfehlung von ca. 750 mg Paracetamol.

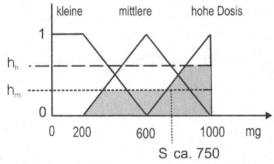

**Abbildung 4-5:** Defuzzyfizierung: Ergebnis der Eingabe von 37.9 Grad Fieber und Puls 110.

## Übung 4.2-2

Reproduzieren Sie das Inferenzschema anhand obiger Beispieldaten, aber mit der Anwendung der Verknüpfung ODER für Temperatur und Puls innerhalb den Regeln R1 bis R9.

An dem voranstehenden Beispiel haben Sie nun das Prinzip der Anwendung von regelbasierten Fuzzy-Systemen kennen gelernt. Noch einmal zusammengefasst besteht dies aus folgenden Schritten:

(1) Fuzzyfizieren der beobachteten Eingangsdaten. Dies liefert die Zugehörigkeitsgrade $\mu_i$ der Eingangsdaten bezüglich jeder einzelnen Regel. Als aktiv gelten alle Regeln mit $\mu_i > 0$.

(2) Bestimmung des Erfüllungsgrades $h_i$ jeder Regel dadurch, dass die Zugehörigkeitsgrade $\mu_i$ der Eingangsdaten bezüglich aller aktiven Regeln mittels des MAX-Operators oder des MIN-Operators verknüpft werden, wobei die Wahl des Operators davon abhängt, ob für die Verknüpfung der unscharfen Variablen das unscharfe ODER oder das UND inhaltlich angemessen ist.

(3) Bestimmung der resultierenden Fuzzy-Menge (genauer: deren ZGF) durch Überlagerung der in der Höhe $h_i$ abgeschnittenen ZGF der Eingabe-Fuzzy-Mengen durch den MAX-Operator (soweit die entsprechenden Regeln aktiv sind).

(4) Berechnung scharfer Ergebniswerte durch eine geeignete Defuzzyfizierungsmethode.

Wenn das Regelsystem komplexer als das in unserem Beispiel wird, können Sie dem durch Anwendung weiterer Logik-Operatoren Rechnung tragen. Meistens werden, bei Regeln mit mehreren Prämissen, die Prämissen durch UND (MIN-Operator), gelegentlich aber auch mit ODER (MAX-Operator) verknüpft. Im Übrigen gibt es für die verwendeten Methoden je nach Anwendungsproblem eine Fülle von Varianten. Vielfältige Hinweise dazu finden Sie in der angegebenen Literatur.

## 4.3 Hinweise zur Programmierung

Basis eines Fuzzy-Expertensystem-Programms sind immer geeignete Zugehörigkeitsfunktionen für die Eingangs- und die Ergebnisgrößen. Für Simulationen müssen diese in der Regel nach Plausibilitätskriterien bezogen auf den Inhalt der zu simulierenden Probleme konstruiert werden. Sie sind deshalb immer kritisch zu hinterfragen und gegebenenfalls zu variieren, um sicherzustellen, dass die Ergebnisse nicht zu sehr von der angenommenen Form der Zugehörigkeitsfunktionen abhängen.

Wie oben erwähnt, genügt es in vielen Fällen, als Zugehörigkeitsfunktionen Trapez- oder Dreiecksfunktionen zu verwenden[79]. Diese bilden gewissermaßen die Basis eines Programms, das die Fuzzy-Inferenz nachbildet.

Die 3 wichtigsten Typen dieser ZGF sind in Abb. 4-6 dargestellt:

---

[79] In der Praxis hat sich nämlich gezeigt, dass in den meisten Fällen gekrümmte Flanken der ZGF keine wesentlich anderen Ergebnisse als die einfachen Dreieck- oder Trapezfunktionen liefern, die bezüglich der Performanz der Programme offensichtliche Vorteile haben.

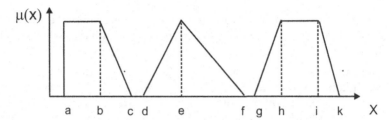

**Abbildung 4-6:** Drei wichtige Typen von Zugehörigkeitsfunktionen (ZGF).

Die Fuzzyfizierung eines scharfen Messwertes (Singletons) erfordert im Programm nichts weiter als eine Fallunterscheidung und die Anwendung von Schulwissen über Schnittpunkte von Geraden. Als Beispiel für die Trapez-ZGF mit den definierenden x-Werten g bis k und einem scharfen Messwert (Singleton) bei $x_i$ erhält man z.B.:

**Code-Beispiel 4.3-1**

```
IF(xi ≤ g.OR. xi ≥ k) then              ! Lage ausserhalb
    mu =0
ELSE
    IF(xi ≤ i.OR. xi ≥ h) then          ! Plateau-Lage
        mu =0
    ELSE
        IF(xi > g.OR. xi < h) then      ! linke Flanke
            mu =( xi - g)/(h - g)
        ELSE                            ! bleibt nur rechte
                                        ! Flanke
            mu =( xi - k)/(i - k)
        ENDIF
    ENDIF
ENDIF
```

Die Fälle der Dreiecks-ZGF und des speziellen Trapezes (links in der Abb. 4-6) werden völlig analog behandelt.

Die Anwendung des Erfüllungsgrades $\mu$ einer Regel bezogen auf die unscharfe Menge mit derselben Trapez-ZGF, also das, was als „Köpfen" bezeichnet wurde, geschieht ebenso einfach; die Schnittpunkte ergeben sich als:

$x_1 = g + \mu \cdot (h - g)$ und

$x_2 = k + \mu \cdot (i - k)$.

Diese Schnittpunkte müssen allerdings nur dann berechnet werden, wenn man die "geköpften" ZGF grafisch darstellen möchte. Der Flächenschwerpunkt der „geköpften" Fläche lässt sich *ohne* diese Schnittpunkte ermitteln. Der Schwerpunkt einer aus der Defuzzyfizierung hervor gegangenen Kombination *mehrerer* „geköpfter" Mengen geschieht dann nach der oben schon erwähnten Näherung

$$x_s = \frac{\sum_i x_{si} h_i}{\sum_i h_i}$$

durch gewichtete Mittelung der Einzel-Schwerpunkte. Diese Näherung ist fast immer ausreichend; es sei daran erinnert, dass Fuzzy-Verfahren per definitionem *unscharfe* Verfahren sind, also immer schon Näherungen. Insbesondere ist bei der praktischen Anwendung der Fuzzy-Inferenz-Methode, bei der man genaue ZGF meist nicht kennt, in der Regel eine genauere Berechnung unnötig.

Wählt man von Vornherein symmetrische trapez- oder dreiecksförmige ZGF, so ergeben sich die Schwerpunkte besonders einfach und sind vom Erfüllungsgrad völlig unabhängig. Bei asymmetrischen Trapez- oder Dreiecks-ZGF ist ein wenig elementare Geometrie nötig, um die Schwerpunkte in Abhängigkeit vom Erfüllungsgrad, geometrisch also in Abhängigkeit von der Höhe, zu bestimmen. Wir gehen vom allgemeinen Fall des Trapezes aus, das wie in der Abb. 4-7 bezeichnet sein soll.

Die x-Koordinate des Flächenschwerpunkts eines Trapezes[80] ergibt sich allgemein als

$$x_s = \frac{2ac + a^2 + cb + ab + b^2}{3(a+b)},$$

was sich für den Fall einer Dreiecks-ZGF vereinfacht zu

$$x_s = \frac{c+b}{3}.$$

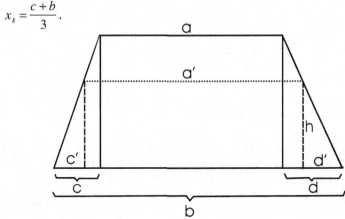

**Abbildung 4-7:** Für die Schwerpunktberechnung gewählte Bezeichnungen im Trapez

Für die Defuzzyfizierung bei normierten ZGF hat der Erfüllungsgrad, hier als Höhe h bezeichnet, Werte zwischen 0 und 1. Ist h < 1, so hat das Trapez bei gleicher Basisseite b eine Länge der Oberkante a', die sich ergibt als

$$a' = b - c' - d' = b - \left(c' + d'\right) = b - h(c+d),$$

weil $c' = hc$ und $d' = hd$.

---

[80] Dies finden Sie in geeigneten Formelsammlungen. Die y-Koordinate, die hier nicht benötigt wird, ist y = h(2a+b) / 3(a+b).

Benennen wir c+d mit e und setzen in die Schwerpunktformel ein, so erhalten wir
nach kleiner Umformung die Schwerpunkt-x-Koordinate im Falle einer Höhe h des
Trapezes:

$$x_s = \frac{3b(b + hc - he) + h^2 e(e - 2c)}{3(2b - he)}$$

Das ist eine gebrochene rationale Funktion von h, die allerdings im relevanten
Bereich nur wenig von der Linearität abweicht.

Hiermit wären die notwendigen "Werkzeuge" für ein Fuzzy-Inferenz-Programm
geschaffen, das im Folgenden kurz skizziert werden soll. Dabei werden wir wieder
nur den "Kern" eines solchen Programms behandeln, nämlich die Umsetzung des
Fuzzy-Inferenz-Algorithmus. Die Daten-Ein- und Ausgabe erfordert, besonders
wenn sie über interaktive grafische Benutzeroberflächen erfolgen soll, die
Anwendung von Grafikmoduln und Bibliotheken, die zum einen spezifisch für die
benutzte Sprache sind und zum anderen in aller Regel zu Programmcodes in
einem Umfang führen, der weit größer als der Code für den "Kern" ist. Deshalb
können wir Ihnen an dieser Stelle nur Hinweise darauf geben, welche Funktionen
für eine nutzerfreundliche Oberfläche wünschenswert sind. Neben der
interaktiven Eingabe der Messdaten (im Beispiel also der Temperatur und der
Pulsfrequenz) und der Ergebnis-Ausgabe (Dosiswert) sollten die erforderlichen
Zugehörigkeitsfunktionen eingegeben werden können. Das kann im einfachsten
Falle durch Daten (für jede Trapezfunktion jeweils 4 x-Koordinaten der Ecken
sowie die Skalierung der unscharfen Menge) geschehen. Eleganter wäre eine
interaktive grafische Oberfläche: Beispielsweise könnten nach Eingabe der Anzahl
der ZGF und der Skalierung eine gleichmäßig über den Messbereich angeordnete
Reihe von Trapezfunktionen grafisch angezeigt werden. Deren Eckpunkte sollten
dann durch Ziehen mit der Maus in der Waagerechten in Positionen gebracht
werden können, die der gewünschten Form der jeweiligen ZGF entsprechen. Kurz
gesagt also: Ausformen der ZGF interaktiv auf der grafischen Oberfläche.

Kommen wir nun jedoch zum Codebeispiel für das Kernprogramm, für das vorab
zwei Erläuterungen notwendig sind:

Das Programm benötigt neben der Eingabe der Messwerte für die Temperatur und
die Pulsfrequenz Daten, die die einzelnen ZGF beschreiben, in diesem Falle Daten,
die für die drei unscharfen Mengen für Fiebertemperatur, Pulsfrequenz und Dosis
jeweils drei trapez- bzw. dreiecksförmige ZGF eindeutig bestimmen. Im Programm
werden alle ZGF als Trapeze behandelt. Da die Höhe der Trapeze wegen der
Normierung der ZGF auf ein Maximum von 1 gleich ist, genügt es, 4 Werte für die
Abszissen der 4 Eckpunkte zu definieren. Das geschieht im Programm durch
Definition der Elemente einer 3×3×4 Matrix ZGF(1:3,1:3,1:4). Dabei gibt der erste
Index i die unscharfe Menge an, der zweite j die jeweilige ZGF und der dritte die
Koordinate in der Reihenfolge linke untere Ecke, linke obere Ecke, rechte obere
Ecke, rechte untere Ecke. Bei einer Dreiecks-ZGF gilt dann natürlich:

ZGF(i,j,2) = ZGF(i,j,3).

Da für die Fuzzyfizierung mehrfach die Steigungen der zwei Flanken jedes
Trapezes benötigt werden, werden diese am Anfang des Programms berechnet
und in einer 3×3×2 Matrix XM(1:3,1:3,1:2) mit einer der ZGF entsprechenden
Indizierung gespeichert. Für die Schwerpunktberechnungen ist es zweckmäßig,
ebenfalls am Programmbeginn die oben (Abb. 4-7) definierten Trapezparameter a,
b, c, d  zu berechnen und zu speichern, diese wieder in einer 3×3×4 Matrix
TRPZ(1:3,1:3,1:4), wobei der letzte Index der Reihenfolge a, b, c, d entspricht.

Der zweite Hinweis bezieht sich auf die Vielzahl der Variablen, die die ZGF beschreiben. Man kann beim Aufruf von Unterprogrammen (hier Subroutines, in anderen Sprachen Methoden, Funktionen o.ä.) alle Variablen als Argumente übergeben. Eine andere Variante ist, die Variablen als "public" zu deklarieren, wodurch sie für alle Unterprogramme sichtbar sind und oft zu besserer Performanz führen. Dazu dient in FORTRAN, dessen Code wir uns im Beispiel bedienen, die COMMON-Deklaration, die jeweils am Anfang des Programms und aller relevanten Unterprogramme steht. Wir haben an früherer Stelle zu sehr vorsichtiger und sorgfältiger Verwendung von public-Variablen gemahnt. Da die fraglichen Variablen hier lediglich die Kennwerte der ZGF enthalten, die nicht verändert werden, ist die Verwendung jedoch unproblematisch.

**Code-Beispiel 4.3-2**

```
!...Hauptprogramm FUZZY_INFERENZ

    COMMON ZGF,TRPZ,XM                         ! deklariert public-Variable


!...es folgen Typ-Deklarationen und Dimensionierung von Arrays
!...ZGF, TRPZ, XM sowie a,b,c,d sind im obenstehenden Text erklärt
!...xtemp, xpuls Eingabewerte, xdosis Ergebniswert
!...Y(2,3) enthält die Ergebnisse der Fuzzifizierung bei Temperatur und
!    Puls für je 3 ZGF
!...H(2,3) Erfüllungsgrade bei Anwendung einzelner Regeln für Temp. und
!    Puls
!...Hges(3) Erfüllungsgrade für die 3 ZGF der Dosis nach Regelkombination
!...e,cx,hy Hilfsvariable
    REAL   ZGF(3,3,4),TRPZ(3,3,4),XM(3,3,2)

    REAL Y(2,3),H(2,3),Hges(3)

    REAL xtemp,xpuls,xdosis

    REAL a,b,c,d,e,cx,hy


!...nachfolgend werden Beispiel-Werte für ZGFs und Eingabewerte
!    eingesetzt
!...diese Werte können vom Nutzer durch eigene Werte ersetzt werden
!...definiere ZGF Temperatur
    ZGF(1,1,:) = (/37.0,37.0,37.5,38.5/)

    ZGF(1,2,:) = (/37.5,38.5,38.5,39.5/)

    ZGF(1,3,:) = (/38.5,39.5,41.5,41.5/)

!...Pulsfrequenz
    ZGF(2,1,:) = (/0.0,0.0,70.0,90.0/)

    ZGF(2,2,:) = (/70.0,95.0,95.0,115.0/)

    ZGF(2,3,:) = (/102.0,112.0,150.0,150.0/)

!...Dosis
    ZGF(3,1,:) = (/0.0,0.0,200.0,600.0/)

    ZGF(3,2,:) = (/200.0,600.0,600.0,1000.0/)

    ZGF(3,3,:) = (/600.0,1000.0,1000.0,1000.0/)

!...Eingabewerte für Temperatur und Pulsfrequenz (Beispiel)
!...hier sollte ggf. eine interaktive Werteeingabe aus der Oberfläche
!    eingebaut werden
    xtemp=37.9
```

```
     xpuls=110.0
!...berechnen der weiteren Trapez-Parameter
     do i = 1,3
       do j = 1,3
          TRPZ(i,j,1)=ZGF(i,j,3)-ZGF(i,j,2)        !...Parameter a
          TRPZ(i,j,2)=ZGF(i,j,4)-ZGF(i,j,1)        !...b
          TRPZ(i,j,3)=ZGF(i,j,2)-ZGF(i,j,1)        !...c
          TRPZ(i,j,4)=ZGF(i,j,4)-ZGF(i,j,3)        !...d
       end do
     end do
!...berechnen der Steigungen an den Trapez-Flanken
     do i = 1,3
       do j = 1,3
          c=TRPZ(i,j,3)
          IF(c<0.001) then
              XM(i,j,1)=999.
          ELSE
              XM(i,j,1)=1/c
          ENDIF
          d=TRPZ(i,j,4)
          IF(d<0.001) then
              XM(i,j,2)=999.
          ELSE
              XM(i,j,2)=-1/d
          ENDIF
       end do
     end do


!...fuzzifizieren der Eingabewerte
     CALL FUZZY(xtemp,xpuls,Y)


!...Regelanwendung: ErfüllungsgradeTemperatur Y(1,i), Puls Y(2,j)
!   verknüpft durch UND / MIN-Operator
!...Matrix H(3,3) entspricht Tabelle Abb. 4.2.-5
     do i = 1,3
        do j = 1,3
           H(i,j) = MIN(Y(1,i),Y(2,j))
        end do
     end do


!...Kombination der Regeln durch ODER = MAX-Operator
!...hier geht die Regeltabelle ein; alle H-Werte zur selben
!   Dosis-ZGF werden durch den MAX-Operator/ODER verknüpft.
!...Funktion MAX() benötigt min. 2 Argumente, deshalb 0.0 bei
!   nur einem Argument
     Hges(1) = MAX(H(1,1),0.0)                    ! Erfüllung Dosis niedrig
```

```
      Hges(2) = MAX(H(1,2),H(2,1),H(2,2))       ! Dosis mittel
      Hges(3) = MAX(H(1,3),H(2,3),H(3,1),H(3,2),H(3,3))      ! Dosis hoch


!...Defuzzifizierung
      CALL DEFUZZY(xs,Hges)


!...hier Ergebnisse anzeigen oder.schreiben
!...Ende des Hauptprogramms


!...Unterprogramme:
SUBROUTINE FUZZY(x1,x2,Y)
      COMMON ZGF,TRPZ,XM
      REAL   ZGF(3,3,4),TRPZ(3,3,4),XM(3,3,2),Y(2,3)
      REAL x1,x2,ST(2)
      ST = (/x1,x2/)             ! Variable/Singletons in Hilfs-Array abgelegt


do k = 1,2                       ! Schleife über die beiden Messvariablen
                                 ! Temp. und Puls

  x = ST(k)

  do m = 1,3                     ! Schleife über die unscharfen Mengen
                                 ! jeder Variablen
!...Fallunterscheidungen Trapez am Rand (1 steile Flanke)/Trapez
!   allgemein
!...hier wird angenommen, dass steile Flanken nur am Anfang und Ende
!   vorkommen
!...zuerst Trapez am Rand
      IF(TRPZ(k,m,3)<0.001) then           ! c=0, links steil
        IF(x.LE.ZGF(k,m,3)) then           ! Plateaubereich
           Y(k,m)=1.0
        ELSE
            IF(x.GE.ZGF(k,m,4)) then        ! Lage ausserhalb ZGF
               Y(k,m)=0.0
            ELSE                            ! Flankenlage rechts
               Y(k,m)=XM(k,m,2)*(x-ZGF(k,m,4))
            ENDIF
        ENDIF
        cycle            ! springt zum nächsten Schleifendurchlauf
      ENDIF
      IF(TRPZ(k,m,4)<0.001) then           ! d=0,  rechts steil
        IF(x.GE.ZGF(k,m,2)) then           ! Plateaubereich
           Y(k,m)=1.0
        ELSE
            IF(x.LE.ZGF(k,m,1)) then        ! Lage ausserhalb ZGF
               Y(k,m)=0.0
            ELSE                            ! Flankenlage links
               Y(k,m)=XM(k,m,1)*(x-ZGF(k,m,1))
```

```
                    ENDIF
             ENDIF
             cycle
          ENDIF


!...dann Trapez allgemein(incl.Dreieck)
    IF(x.LE.ZGF(k,m,1).OR.x.GE.ZGF(k,m,4)) then    ! Lage ausserhalb ZGF
        Y(k,m)=0.0
    ELSE
        IF(x.LE.ZGF(k,m,2)) then                    ! Flankenlage links
              Y(k,m)=XM(k,m,1)*(x-ZGF(k,m,1))
        ELSE
              IF((x.GE.ZGF(k,m,2)).AND.(x.LE.ZGF(k,m,3))) then
                                                    ! Plateaulage
                  Y(k,m)= 1.0
              ELSE
                  Y(k,m)=XM(k,m,2)*(x-ZGF(k,m,4))    ! Flankenlage rechts
              ENDIF
          ENDIF
      ENDIF
    end do                              ! Ende Schleife über die
                                        ! unscharfen Mengen jeder Variablen

  end do                                ! Ende Schleife über die ZGF der
                                        ! beiden Messvariablen
END SUBROUTINE

SUBROUTINE DEFUZZY(xs,Hges)
  COMMON ZGF,TRPZ,XM
  REAL   ZGF(3,3,4),TRPZ(3,3,4),XM(3,3,2)
  REAL Hges(3)
  REAL xs,XC(3)
  REAL a,b,c,e,cx,hy
!...berechnen der Einzel-Schwerpunkte jeder ZGF(Dosis)
  do i = 1,3                        ! Schleife über die 3 Dosis-ZGF
      hy = Hges(i)                  ! hy Hilfsvariable
      a=TRPZ(3,i,1)
      b=TRPZ(3,i,2)
      c=TRPZ(3,i,3)
      e=b-a                         ! e,cx Hilfsvariable

      cx=(3*b*(b+hy*c-hy*e)+hy*hy*e*(e-2*c))/(3*(2*b-hy*e))
      cx=cx+ZGF(3,i,1)
      XC(i)=cx                      ! Vektor mit 3 Einzel-Schwerpunkten
  end do
```

```
!...berechnen des Gesamtschwerpunkts (Näherung)
  hy=SUM(Hges(1:3))
  cx=SUM(XC*Hges)
  IF(hy<0.0001) then            ! verhindert Division durch 0
     xs=0.0
  ELSE
     xs=cx/hy                   ! xs x-Koordinate des
                                  Gesamtschwerpunkts
  ENDIF

END SUBROUTINE
```

Beachten Sie, dass die Regeltabellen wie hier die Tab. 4-1 bei der Kombination der Einzelregeln explizit in das Programm eingebaut werden. Wenn Sie das für beliebige Regeltabellen verallgemeinern wollen, müssen Sie für die Tabelle eine Matrix konstruieren, deren Elemente Indizes für die jeweils in den Tabellenfeldern stehenden ZGF sind und die MAX-Funktion auf alle H-Werte zum gleichen Indexwert anwenden. Im Beispielfalle sieht die der Tabelle entsprechende Matrix bei der Indizierung 1 für niedrige, 2 für mittlere und 3 für hohe Dosis so aus:

$$\begin{pmatrix} 1 & 2 & 3 \\ 2 & 2 & 3 \\ 3 & 3 & 3 \end{pmatrix}.$$

Deshalb muss z.B. für den Erfüllungsgrad der ZGF "mittlere Dosis" mit Index 2 das Maximum der Werte H(1,2), H(2,1) und H(2,2) gebildet werden, wie es im Code-Beispiel auch geschieht.

Das Programm liefert übrigens mit den angegebenen Eingaben, die den Rechenbeispielen in 4.2. entsprechen, eine Dosis von 777 mg.

Wir müssen uns hier trotz der mittlerweile vielfältigen Anwendungen von Fuzzy-Algorithmen auf die wenigen obigen Beispiele beschränken. Wir hoffen, damit den Interessierten einen Einstieg in das Gebiet geboten zu haben, der Ihnen die eventuelle weitere Arbeit anhand der Literatur erleichtert.

# 5 Neuronale Netze

## 5.1 Grundbausteine

### 5.1.1 Einführung

Ähnlich wie die evolutionären Algorithmen orientiert sich die Grundlogik der (künstlichen) Neuronalen Netze (NN) an biologischen Prozessen, in diesem Fall an bestimmten Operationen des Gehirns.

Mathematisch basieren Neuronale Netze wie Boolesche Netze auf einer Grundstruktur von Graphen, deren wichtigste Repräsentation, die Adjazenzmatrizen, hier als *Gewichtsmatrizen* bezeichnet werden. Jedem Knoten bzw. jeder Ecke der Graphen, bei Neuronalen Netzen nennt man diese dann Neuronen, wird auch hier sowohl ein Zustand als auch eine Transformationsfunktion zugeordnet. Der Zustand wird hier als Aktivierung bezeichnet. Die Transformationsfunktionen sind in der Regel in drei hintereinander auszuführende Funktionen, nämlich *Propagierungs-*[81], *Aktivierungs-*[82] und *Outputfunktion*, aufgespalten. Bei den meisten Neuronalen Netzen werden für alle Neuronen oder zumindest für jeweils strukturell gleichartige Neuronen (Schichten, s.u.) dieselben Funktionen verwendet.

Durch Interpretation der Transformationsschritte als Zeitschritte werden auch Neuronale Netze zu dynamischen Systemen bzw. mathematisch zu einer Folge mehrdimensionaler Zustände.

Der Ablaufmodus der Neuronalen Netze kann genau wie bei den Booleschen Netzen synchron oder asynchron (in fester Sequenz, zufälliger Sequenz, als zufällige Permutation usw.) geschehen.

Die Erweiterung gegenüber Booleschen Netzen besteht nun zum einen darin, dass die Werte von Zuständen und Gewichten, d.h. die Elemente der Gewichts- bzw. Adjazenzmatrix, nicht mehr nur binär sein können, sondern beliebige Zahlen, vor allem reelle Zahlen. Entsprechend werden die Transformationsfunktionen aus der Menge reeller Funktionen entnommen. Neuronale Netze sind also zwar im Prinzip immer noch diskrete Systeme, operieren aber in der Regel in einem kontinuierlichen Zustands- und Gewichtsraum.

Der zweite Unterschied besteht darin, dass spezielle Untermengen der Knoten als sogenannte Input- und Output-Neuronen interpretiert werden, also Neuronen, in die bestimmte Zustandswerte in das Netz eingespeist bzw. daraus abgelesen werden.

Ein dritter Unterschied ist, dass man aufgrund der das Netz definierenden Graphenstruktur (vor allem der nicht bestehenden Verbindungen, also der Nullen in der Gewichtsmatrix) Neuronen in verschiedene Klassen oder Schichten einteilen kann; dies entspricht der Färbung in der Theorie der Graphen. Daraus folgt auch

---

[81] In der englischsprachigen Literatur werden hierfür auch die Bezeichnungen basic function oder net function verwendet.

[82] engl. activation function oder auch neuron function.

die Existenz eines topologischen Ablaufmodus (topologische Aktivierung), bei dem nacheinander die Neuronen aufeinander folgender Schichten, diese innerhalb einer Schicht aber möglicherweise synchron, aktiviert werden.

Der vierte und entscheidende Unterschied zu den Booleschen Netzen besteht aber darin, dass Neuronale Netze leicht derart konstruiert werden können, dass sie "lernen" – zumindest die allermeisten Typen. Der natürlich in Anlehnung an die biologischen Funktionen des Gehirns für die Neuronalen Netze geprägte Begriff des Lernens ist etwas schillernd und bedarf näherer Erklärung. Zunächst ist Lernen in Neuronalen Netzen mathematisch gesehen nichts anderes als die Ihnen schon bekannte Adaptationsfähigkeit bestimmter dynamischer Systeme.

Lernen in Neuronalen Netzen bedeutet zunächst, dass das Netz in irgendeiner Weise unter dem Einfluss einer steuernden Instanz systematisch oder auch stochastisch verändert wird. Diese Instanz muss den Status des Neuronalen Netzes evaluieren, und zwar entweder in Bezug auf eine extern definierte Größe (z.B. ein Lernziel, ein zu erkennendes Muster o.ä.) oder in Bezug auf eine interne Größe (eine Zustandsfunktion wie z.B. ein Analogon zur Energiefunktion physikalischer Systeme). Im ersten Fall redet man von "überwachtem Lernen", wenn die Evaluation die *Annäherung* des Netz-Outputs an das Lernziel rückmeldet, bzw. von "verstärkendem Lernen", wenn entweder nur eine binäre Rückmeldung (richtig oder falsch) erfolgt oder eine qualitative Rückmeldung der Art „besser oder schlechter". Im zweiten Fall, dem "nicht-überwachten Lernen", wäre der Begriff "Selbstorganisation" vielleicht treffender; man spricht deshalb hier auch vom „selbstorganisierten Lernen".

Was bedeutet Lernen – wenn wir einmal bei diesem Begriff bleiben – nun als Veränderung des Netzes?

Lernen kann auf vier Ebenen Veränderungen bewirken:

1. Dem Netz können neue Neuronen hinzugefügt oder vorhandene gelöscht werden.
2. Dem Netz können neue Verbindungen hinzugefügt oder vorhandene gelöscht werden.
3. Die Gewichtswerte $w_{ij}$ (Elemente der Gewichts-/Adjazenzmatrix) können modifiziert werden.
4. Die Transformationsfunktionen (Propagierungs-, Aktivierungs- oder Outputfunktion) können modifiziert werden (einschließlich der Veränderung von Schwellenwerten).
5. Kontinuierliche Inputs spezieller Neuronen können verändert werden.

Die ersten 3 Veränderungen können natürlich alle als Veränderungen einer Gewichtsmatrix entsprechender Größe realisiert werden, mathematisch gesprochen als Veränderung der Topologie des Netzes. Gewichtswerte von 0 bedeuten z.B., dass keine Verbindung existiert; eine Zeile oder Spalte (je nach Aufstellung) der Gewichtsmatrix gleich 0 bedeutet die Irrelevanz eines Neurons. Die beiden zuletzt erwähnten Modifikationen können eher als Veränderung des Ablaufmodus aufgefasst werden.

Das Gebiet der Neuronalen Netze zeichnet sich durch eine unübersehbare Vielfalt von Netztypen samt zugehörigen Algorithmen aus, die jeweils auf ganz spezielle Problemklassen zugeschnitten sind. Für einige Netztypen existiert ein ausgefeiltes

mathematisches Theoriegebäude, andere Typen scheinen eher im Boden empirischer Untersuchungen zu wurzeln.

Beides zusammen macht eine Einführung in das Gebiet und vor allem einen Überblick für den Lernenden schwierig. Da es hier um praktische Grundlagen der Programmierung gehen soll, wollen wir diesen Überblick auch nicht vermitteln, sondern werden uns darauf beschränken, einige Beispiele für die wichtigsten Grundtypen von Neuronalen Netzen so zu skizzieren, dass sie den Leser in die Lage versetzen, ein Neuronales Netz – gegebenenfalls unter Hinzuziehen weiterer, spezieller Literatur – selbst zu programmieren. Wir werden dabei zunächst mit überwacht lernenden Netzen beginnen, die wohl am anschaulichsten die Verwendungsmöglichkeiten von Neuronalen Netzen demonstrieren können. Wenn der Begriff „Neuronale Netze" fällt, denkt man in der Regel an diesen Typ.

Daran anschließend werden zwei Beispiele für nichtüberwacht lernende Netze vorgestellt – in aller Kürze, da die etwas komplizierte Mathematik der ausgefeilteren Netze dieses Typs hier nicht behandelt werden kann.

Zur Abrundung werden Sie auch noch Beispiele von nicht lernenden Netzen kennen lernen.

## 5.1.2 Topologien Neuronaler Netze

Das Grundelement der Neuronalen Netze ist naturgemäß das Neuron. Mathematisch gesehen ist ein Neuron nichts anderes als eine Variable, die bestimmte Zahlenwerte annimmt. Die Zahlenwerte (Kodierungen) sind bei Neuronalen Netzen häufig positive reelle Zahlen. Bei speziellen Netztypen können aber auch binäre (0 oder 1) oder bipolare Werte (−1 oder +1) Verwendung finden. Natürlich sind prinzipiell aber auch komplexe Zahlen oder Vektoren – ähnlich wie im Falle der Zellularautomaten – möglich, aber diese Fälle wollen wir hier nicht behandeln.

Neuronale Netze besitzen mehrere Neuronen. Die Neuronen sind oft nach bestimmten strukturell definierten Klassen geordnet; diese werden weiter unten noch ausführlich zu diskutieren sein. Einfach zu durchschauende Klassen sind die Eingabe- und Ausgabeneuronen (Input- und Output-Neuronen), die der Einspeisung von Ausgangsdaten bzw. der Anzeige von Ergebnisdaten dienen. Beide Klassen von Neuronen spielen in der Struktur eines NN-Programms eine spezielle Rolle.

Wenn mehrere Neuronen zu derselben Klasse gehören, werden sie zweckmäßigerweise im Programm als Vektoren definiert. Zum Beispiel wird man die 4 Eingabeneuronen entsprechenden Variablen zu einem Input-Vektor $X = (x_1, x_2, x_3, x_4)$ zusammenfassen, dessen Komponenten in der Regel reelle Werte annehmen. Ein Output-Vektor wäre entsprechend z.B. $Y = (y_1, y_2, y_2)$.

Wenn die Kodierung der Neuronen binär ist, also nur die Werte 0 und 1 annehmen kann, kann ein solcher Vektor auch als Binärzahl geschrieben werden, mit der gelegentlich schnellere Algorithmen möglich sind. Beispielsweise wäre $Y = (1, 0, 1)$ äquivalent zu $y_{bin} = 101$ und $y_{dec} = 5$, genau wie im Falle der Zustände Boolescher Netze (s.o. Kap. 2.1.).

Wenn Sie mehr Erfahrung besitzen und objektorientiert programmieren, werden Sie vielleicht Neuronen als eigene Klassen konstruieren wollen, in die Sie auch Funktionen bzw. Methoden integrieren, die die die Neuronen betreffenden mathematischen Operationen integrieren. Der Übersichtlichkeit und Verständlichkeit halber können wir darauf hier nicht eingehen.

Das zweite Grundelement eines Neuronalen Netzes, die Gewichtsmatrix $W = (w_{ij})$, spiegelt in der Regel die topologische Struktur des Netzes wider, d.h. welche

Neuronen mit welchen anderen in welcher Stärke verknüpft sind. Eine
Gewichtsmatrix wie die folgende:

$$\begin{pmatrix} 0 & 0 & 0 & 0.5 & 0.2 \\ 0 & 0 & 0 & 0.2 & 0.3 \\ 0 & 0 & 0 & 0.2 & 0.3 \\ 0 & 0 & 0 & 0 & 0 \\ 0 & 0 & 0 & 0 & 0 \end{pmatrix}$$

zeigt an, dass die Neuronen Nr. 1, 2 und 3 jeweils mit den Neuronen Nr. 4 und 5
(mit verschiedenen Gewichtswerten, d.h. verschiedenen Verknüpfungsstärken)
verbunden sind, und zwar in dem Sinne, dass Neuronen 4 und 5 eine Aktivierung
von den Neuronen 1, 2 und 3 empfangen, was als feed-forward bezeichnet wird.
$w_{ij}$ wird also hier definiert[83] als das Gewicht der Aktivierung, die Neuron j von
Neuron i erhält, bzw. die Neuron i an Neuron j übergibt, demgemäß i → j.

Dies Netz besitzt demzufolge eine einfache Schichtstruktur, also 2 Klassen von
Neuronen; Nr. 1, 2 und 3 fungieren als Input-Neuronen sowie 4 und 5 als Output-
Neuronen (s. auch Abb. 5-3).

Häufig findet man Netztypen, in denen wie hier nur Neuronen verschiedener
Klassen miteinander verknüpft sind. Diese sorgen für eine einfachere
Programmstruktur.

Im Programm, das sei hier schon angemerkt, würde es offensichtlich genügen, von
der Gewichtsmatrix nur den Teil zu verwenden, der Werte ungleich 0 enthält, also
die Blöcke (Teilmatrizen), die nur Werte gleich 0 enthalten, wegzulassen.

Die Aktivierung $a_j$ eines Neurons j durch die anderen, die auf dieses einwirken,
wird im einfachsten Fall als lineare Funktion der Form beschrieben:

$$a_j = \sum a_i \cdot w_{ij}$$

Mit dieser Funktion wird die sog. Aktivierungsfunktion eines Neurons berechnet;
das wird im nachfolgenden Kapitel noch ausführlicher zu behandeln sein.

Nehmen wir im Beispielnetz, das durch die obige Gewichtsmatrix repräsentiert
wird, einen Inputvektor X = (0, 1, 1), der die Neuronen 1, 2 und 3 aktiviert, so
ergibt sich die Aktivierung der Neuronen 4 und 5 durch das Produkt:

$$(0\ 1\ 1\ 0\ 0) \cdot \begin{pmatrix} 0 & 0 & 0 & 0.5 & 0.2 \\ 0 & 0 & 0 & 0.2 & 0.3 \\ 0 & 0 & 0 & 0.2 & 0.3 \\ 0 & 0 & 0 & 0 & 0 \\ 0 & 0 & 0 & 0 & 0 \end{pmatrix} = (0\ 0\ 0\ 0.2+0.2\ 0.3+0.3) = (0\ 0\ 0\ 0.4\ 0.6)$$

Dabei wird der Einfachheit halber der Inputvektor entsprechend der Größe der
Gewichtsmatrix bzw. der Anzahl 5 der Neuronen um zwei Komponenten mit

---

[83]  Einige Autoren interpretieren die Gewichtsmatrix anders als oben, nämlich „$w_{ij}$
bedeutet, dass Neuron i von Neuron j mit dem Gewicht $w_{ij}$ aktiviert wird", also j → i.
Sehen Sie also beim Lesen der Literatur genau hin.

Wert 0 „verlängert". Der Ergebnisvektor (Outputvektor) enthält dann die Aktivierung der Neuronen; für die Neuronen 4 und 5 sind es die Werte 0.4 und 0.6.

Im Programm können Sie, wie oben bemerkt, die Blöcke mit Nullen in der Matrix weglassen, so dass Sie nur das Produkt verwenden:

$$(0 \ 1 \ 1) \cdot \begin{pmatrix} 0.5 & 0.2 \\ 0.2 & 0.3 \\ 0.2 & 0.3 \end{pmatrix} = (0.4 \ 0.6)$$

In den meisten Programmiersprachen finden Sie eine intrinsische oder eine Bibliotheksfunktion für das Produkt einer Matrix mit einem Vektor, so dass sich die Berechnung der Aktivierung auf einen einfachen Befehl wie

Y = MatMul(X,W)

reduziert, wobei natürlich die Spalten- und Zeilenzahlen entsprechend zusammenpassen müssen.

Einige Programmiersprachen bieten auch einfache Operationen für das "Ausschneiden" von einzelnen Blöcken aus einer größeren Matrix. Z.B. schneidet in FORTRAN der Befehl

A(1:3,1:2) = W(1:3,4:5)

die obige Matrix aus. Bietet die Sprache diese Möglichkeit nicht, dann benötigt man eine doppelte Schleife, z.B.

```
for(int i=1;i<4;i++){for(int j=4;j<6;j++){
    A[i][j-3]=W[i][j];
        }}
```

in JAVA.

Die Gewichtsmatrix repräsentiert, das geht aus dem Vorstehenden hervor, implizit die Interaktions- bzw. topologische Struktur eines Neuronalen Netzes. Grundsätzlich ist es auch möglich, Neuronale Netze zu konstruieren, deren Gewichtsmatrix keine *spezielle* Struktur vorgibt; alle Neuronen sind im Prinzip mit allen anderen verbunden. Man könnte wie bei den Zellularautomaten von einer homogenen Umgebungsstruktur sprechen. Derartige Strukturen führen bei Neuronalen Netzen wegen der maximalen Rückkopplung oft zu komplexer Dynamik bzw. nur selten zur Konvergenz. Anders ausgedrückt: Die Stabilität ist bei derartigen Netzen ein Problem. Deshalb werden sie weniger häufig eingesetzt. Im Kapitel 5.5. werden wir Beispiele vorstellen.

In der Literatur findet sich hingegen eine Vielzahl von Netztypen mit ganz speziellen Strukturen, die in der Regel für ebenso spezielle Anwendungen konstruiert wurden. Wie schon erwähnt, streben wir nicht an, Ihnen hier einen auch nur annähernden Überblick über all diese Netztypen mit ihren jeweiligen Vor- und Nachteilen zu bieten. Vielmehr werden wir nur die Konstruktion und Anwendung weniger, oft benutzter Typen exemplarisch vorführen. In diesem Teil sollen die Strukturen kurz aufgezeigt werden. In den nachfolgenden Kapiteln wird dann das übrige "Zubehör" dieser Netze vorgestellt, nämlich die Funktionen und vor allem die Lernalgorithmen.

Ein wesentliches strukturelles Merkmal vieler Neuronaler Netzarchitekturen ist, wie bereits bemerkt, eine Schichtenstruktur. Damit ist gemeint, dass die Neuronen zu verschiedenen Klassen zusammengefasst sind, deren Mitglieder nur mit

Mitgliedern anderer Klassen verbunden sind. In der Gewichtsmatrix, die ja mathematisch die Struktur repräsentiert, äußert sich dieses wie bemerkt durch Blöcke von Nullen.

Ein zweites Merkmal sind gerichtete Verbindungen. Wird dadurch eine Ordnung der Schichten erreicht, beispielsweise „von oben nach unten", also von der Inputschicht zur Outputschicht, dann spricht man von feed-forward-Strukturen. Externe Aktivierungen oder zu lernende Muster werden in der Regel dann in die oberste Schicht, die Eingabeschicht, eingegeben; die unterste Schicht ist dann die Ausgabeschicht. Schichten, die weder Eingabeschicht noch Ausgabeschicht sind, heißen Zwischenschichten oder – nicht sehr glücklich – verdeckte Schichten ("hidden layer"). Rekurrent nennt man Verbindungen, die dieser Vorzugsrichtung entgegengesetzt sind. Laterale Verbindungen sind Verbindungen innerhalb einer Schicht.

Nachfolgend einige Beispiele: Die Gewichtsmatrizen sind in diesen Fällen symmetrisch; ferner werden Gewichtswerte ungleich 0 einheitlich als 1 markiert.

$$\begin{pmatrix} 0 & 0 & 0 & 1 & 1 \\ 0 & 0 & 0 & 1 & 1 \\ 0 & 0 & 0 & 1 & 1 \\ 0 & 0 & 0 & 0 & 0 \\ 0 & 0 & 0 & 0 & 0 \end{pmatrix}$$

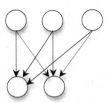

**Abbildung 5-1:** Neuronales Netz mit 2 Schichten (Eingabe- und Ausgabeschicht, feed-forward

$$\begin{pmatrix} 0 & 0 & 1 & 1 & 0 \\ 0 & 0 & 1 & 1 & 0 \\ 0 & 0 & 0 & 0 & 1 \\ 0 & 0 & 0 & 0 & 1 \\ 0 & 0 & 0 & 0 & 0 \end{pmatrix}$$

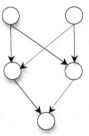

**Abbildung 5-2:** Neuronales Netz mit 3 Schichten (Eingabe-, Ausgabe- und eine Zwischenschicht, feed-forward); falls nur 1 Output-Neuron vorhanden ist, wird es als *Perceptron* bezeichnet.

$$\begin{pmatrix} 0 & 0 & 1 & 1 & 0 \\ 0 & 0 & 1 & 1 & 0 \\ 0 & 0 & 0 & 1 & 1 \\ 0 & 0 & 1 & 0 & 1 \\ 0 & 0 & 0 & 0 & 0 \end{pmatrix}$$

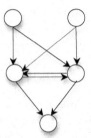

**Abbildung 5-3:** Neuronales Netz mit 3 Schichten, feed-forward mit 2 lateralen Verbindungen in der Zwischenschicht.

$$\begin{pmatrix} 0 & 0 & 1 & 1 & 1 \\ 0 & 0 & 1 & 1 & 1 \\ 0 & 0 & 0 & 0 & 1 \\ 0 & 0 & 0 & 0 & 1 \\ 0 & 0 & 0 & 0 & 0 \end{pmatrix}$$

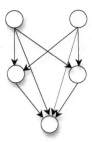

**Abbildung 5-4:** Neuronales Netz mit 3 Schichten, feed-forward mit short cuts

$$\begin{pmatrix} 0 & 0 & 1 & 1 & 0 \\ 0 & 0 & 1 & 1 & 0 \\ 1 & 1 & 0 & 0 & 1 \\ 1 & 1 & 0 & 0 & 1 \\ 0 & 0 & 1 & 1 & 0 \end{pmatrix}$$

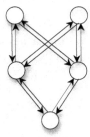

**Abbildung 5-5:** Neuronales Netz mit 3 Schichten, feed-back)

Dies sind nur einige der häufig verwendeten Netzstrukturen, hier als Beispiele mit wenigen Neuronen präsentiert. Bei nur 4 Neuronen gibt es bereits 218 verschiedene Graphen-Strukturen mit gerichteten Verbindungen, bei 6 Neuronen schon ca. 1.5 Millionen, mit zunehmender Neuronenzahl gleichsam explosionsartig ansteigend. Dies ist ein Grund, sich auf wenige spezielle Strukturen zu beschränken, die den üblichen zu lösenden bzw. zu simulierenden Problemen angepasst sind.

Der zweite Grund zur Beschränkung ist, dass es nur für wenige Strukturtypen Lernalgorithmen gibt, die theoretisch hinlänglich erfassbar sind, so dass man fundierte Aussagen z.B. über ihr Konvergenzverhalten machen kann.

Der dritte Grund liegt in der Performanz der Programme, die diese Netze repräsentieren. Man kann selbstverständlich (bei einigen allgemeiner verwendbaren Lernalgorithmen) ein Programm konstruieren, das es gestattet, beliebige Strukturen (als Gewichtsmatrizen) einzugeben. Die Algorithmen, die die allgemeinen Matrizen verarbeiten müssen, werden jedoch mit zunehmender Neuronenzahl schnell uneffektiv und langsam. Es ist in der Praxis wesentlich vorteilhafter, Programme auf jeweils spezielle Netztypen zuzuschneiden, die dann erheblich weniger Rechenschritte verlangen.

Typische Fälle für Anwendungen sind deshalb die – mit Recht so verbreiteten – Netze mit Schichtstruktur, deren Schichten im Prinzip nacheinander bearbeitet werden können, da bei ihnen wegen der Blockstruktur jeweils wesentlich kleinere Teilmatrizen (bzw. Listen) abgespalten werden können. In der Praxis werden besonders die reinen feed-forward-Architekturen verwendet.

Ein Grund dafür ist auch, dass z.B. Netze mit rekurrenten Verbindungen zu weitaus komplexerer Dynamik führen, wodurch Probleme mit der Konvergenz bzw. Stabilität entstehen können. Dies ist von anderen dynamischen Systemen, vor allem von Booleschen Netzen her, bekannt (s. Kap. 2).

Darüber hinaus sind Netze mit reinen feed-forward-Verbindungen programmier-
technisch einfacher, denn ihre Gewichtsmatrizen lassen sich in Blockform
schreiben, da es nur Verbindungen zwischen jeweils benachbarten (respektive
untereinander angeordneten) Schichten gibt. Bei einem Netz mit 2 verdeckten
Schichten sieht das so aus[84]:

$$\begin{pmatrix} w_{ij}^{(1,2)} & 0 & 0 \\ 0 & w_{ij}^{(2,3)} & 0 \\ 0 & 0 & w_{ij}^{(3,4)} \end{pmatrix}$$

Außerhalb der Blöcke, die wie bemerkt, die Gewichte der Verbindungen zwischen
benachbarten Schichten repräsentieren, stehen nur Null-Blöcke. Die 3 relevanten
Gewichtsblöcke können als Teil-Matrizen von wesentlich geringerer Dimension als
die Gesamt-Matrix im Programm nacheinander verarbeitet werden.

Auch das soll an einem Beispiel noch etwas konkreter demonstriert werden. Dazu
sei angenommen, dass die 1. Schicht (Inputschicht) 3 Neuronen, die beiden
verdeckten Schichten je 2 und die Outputschicht 1 Neuron enthält. Die 3
Teilmatrizen, mit U, V und W bezeichnet, sehen dann z.B. so aus:

$$U = \begin{pmatrix} w_{14} & w_{15} \\ w_{24} & w_{25} \\ w_{34} & w_{35} \end{pmatrix},$$

$$V = \begin{pmatrix} w_{46} & w_{47} \\ w_{56} & w_{57} \end{pmatrix} \text{ und}$$

$$W = \begin{pmatrix} w_{68} \\ w_{78} \end{pmatrix}.$$

Die jeweiligen Aktivierungen der Neuronen können gemäß den 4 Klassen zu 4
Vektoren zusammengefasst werden:

$X = (x_1\ x_2\ x_3)$, der Inputvektor

$Z_1 = (a_4\ a_5)$,

$Z_2 = (a_6\ a_7)$ und

$Y = (y_8)$, der Outputvektor.

In einem Programm müssten dann zur Berechnung der Aktivierungsausbreitung
von der ersten bis zur vierten Schicht nur folgende Schritte nacheinander
ausgeführt werden:

```
Z1 = MatMul(X,U)
Z2 = MatMul (Z1,V)
Y  = MatMul (Z2,W) .
```

Der Algorithmus gilt in dieser schlichten Form nur dann, wenn eine lineare
Aktivierungsfunktion verwendet wird; auf die Fälle anderer Funktionen werden

---

[84]  $W_{ij}^{(n,m)}$ soll bedeuten, dass in diesem Block alle möglichen Interaktionen zwischen
Schicht n und Schicht m erfasst sind

wir in den nachfolgenden Kapiteln noch einzugehen haben. Leider wird die Programmierung beträchtlich komplizierter, wenn das Netz keine einfache Schichtenstruktur besitzt.

Nehmen wir zunächst einmal den Fall einer homogenen Struktur, in der alle N Neuronen des Netzes gleichzeitig Input- und Output-Neuronen sind. Die Gewichtsmatrix kann, muss aber nicht, ausschließlich Gewichtswerte $> 0$ enthalten. Werte $w_{ij} = 0$ würden bedeuten, dass zwischen einzelnen Neuronen i und j keine Verbindung existiert.

In diesem Fall, der später bei den so genannten Interaktiven Netzen noch genauer behandelt wird, wird einfach die gesamte Matrix mit dem entsprechend N Komponenten aufweisenden Inputvektor X (von links) multipliziert:

```
Y = MatMul (X,W).
```

Der Ergebnisvektor Y hat natürlich ebenfalls N Komponenten; die Aktivierung jedes Neurons des Netzes wird in jedem Schritt aktualisiert.

Wie sieht es nun aber bei einem strukturierten, aber nicht in einfachen Schichten aufgebauten Netz aus?

Beispielsweise sei die Gewichtsmatrix für die vierte der oben dargestellten Strukturen (feed forward mit 3 Schichten und shortcuts (vgl. Abb. 5-4) wie folgt:

$$\begin{pmatrix} 0 & 0 & w_{13} & w_{14} & w_{15} \\ 0 & 0 & w_{23} & w_{24} & w_{25} \\ 0 & 0 & 0 & 0 & w_{35} \\ 0 & 0 & 0 & 0 & w_{45} \\ 0 & 0 & 0 & 0 & 0 \end{pmatrix}.$$

Man kann natürlich auf die Idee kommen, hier auch einfach die gesamte Matrix mit dem entsprechend wieder auf 5 Komponenten erweiterten Inputvektor zu multiplizieren:

```
Y = MatMul (X,W),
```

wo der Inputvektor $X = (x_1, x_2, 0, 0, 0)$ ist. Dies trägt jedoch den Besonderheiten der Struktur nicht Rechnung. Diese ist nämlich in der Regel so zu verstehen, dass in einem ersten Schritt die Aktivierung der beiden Inputneuronen 1 und 2 durch die Aktivierungsfunktion an die beiden Neuronen der zweiten Schicht (3 und 4) weitergegeben wird. Aus den nunmehr aktualisierten Werten der Neuronen 3 und 4 und darüber hinaus den (unveränderten) Aktivierungen der Inputneuronen 1 und 2 wird dann in einem zweiten Schritt der Aktivierungswert des Output-neurons 5 bestimmt[85].

Im Programm kann in diesem Fall ein Inputvektor $X = (x_1, x_2)$ und ein Vektor $Z = (z_3, z_4)$ definiert werden, der (im ersten Schritt) durch Multiplikation mit der Teilmatrix

$$U = \begin{pmatrix} w_{13} & w_{14} \\ w_{23} & w_{24} \end{pmatrix}$$

gemäß

---

[85] Selbstverständlich kann man auch einen anderen Durchlaufmodus vorsehen; dieser muss aber explizit definiert sein.

```
Z = MatMul(X,U)
```

die neuen Aktivierungen $z_3$ und $z_4$ der Neuronen 3 und 4 liefert. Mit diesen wird ein Vektor

$Y' = (x_1, x_2, z_3, z_4)$ gebildet, der mit der Matrix:

$$W = \begin{pmatrix} w_{15} \\ w_{25} \\ w_{35} \\ w_{45} \end{pmatrix}$$

die in diesem Fall ein Vektor ist, gemäß

```
Y = MatMul(Y',W)
```

einen Outputvektor $Y = (y_5)$, natürlich mit nur einer Komponente, liefert.

Sie sehen also, dass Neuronale Netze mit einer einfachen Schichtstruktur und in Verbindung mit einer linearen Aktivierung die Programmierung außerordentlich leicht und überdies weniger rechenaufwändig machen. Das gilt vor allem dann, wenn es sich um große Netze handelt, da der Rechenaufwand für Matrizen-multiplikationen bekanntlich mit der Größe der Matrizen stark ansteigt. Bei komplizierteren Strukturen ist beim Programmieren besonderes Augenmerk auf den Ablauf, d.h. auf die definierte Ausbreitung der Aktivierungen in der Netzstruktur zu richten. Der synchrone Update-Modus, der z.B. bei den Zellular-automaten der vorwiegend verwendete Modus ist, wird bei Neuronalen Netzen nur in Ausnahmefällen anwendbar sein. Soweit ein Netz separierbare Schichten besitzt (s.w.u.), werden in der Regel die Neuronen einer Schicht synchron aktualisiert, die einzelnen Schichten jedoch sequentiell. Es gibt aber auch Netztypen, die mit noch komplizierteren Abläufen arbeiten müssen.

Welche Bedeutung haben nun die Netzstrukturen darüber hinaus für Sie in der Praxis, wenn Sie ein Neuronales Netz konstruieren wollen?

Sie sollten, wenn Sie ein Problem mit Neuronalen Netzen behandeln wollen, zunächst aus der Literatur Netztypen heraussuchen, die sich für das Problem oder ähnliche Probleme bereits als geeignet erwiesen haben. Fangen Sie in jedem Falle mit möglichst einfachen Netzstrukturen und möglichst wenigen Neuronen an. Auch wenn Sie ein Netz für ihr Problem konstruiert haben und dieses funktioniert, sollten Sie noch zusätzlich prüfen, ob dies Netz noch vereinfacht oder um einige Neuronen verkleinert werden kann. Kriterium für eine Vereinfachung ist natürlich, ob das Neuronale Netz schnell genug konvergiert, aber auch bzw. noch hinreichend sicher einen Attraktor erreicht.

Es wäre natürlich zu wünschen, dass es Programme gibt ("Neurogeneratoren", z.B. mit evolutionären Algorithmen oder Expertensysteme), die Ihnen bei Eingabe eines Problemtyps das jeweils optimale Neuronale Netz liefern. Sie können davon ausgehen, dass daran an vielen Stellen gearbeitet wird. Aber das ist ein schwieriger Weg, und solange solche Programme nicht zur Hand sind, suchen Sie lieber gemäß den Ihnen oben gegebenen Tipps.[86]

---

[86]  Wir haben selbst den Prototyp eines Neurogenerators entwickelt, der jedoch noch systematisch getestet und erweitert werden muss. Auf diese Möglichkeit sollten Sie also lieber nicht warten.

Selbstverständlich können die Entscheidungen über die Netzstruktur nicht ohne die für die jeweiligen Strukturen verwendbaren Lernalgorithmen betrachtet werden, denn beide, Netzstruktur und Lernalgorithmen zusammen, bestimmen die Eignung und Effizienz eines Netzes.

### 5.1.3 Funktionen

In der Einführung wurden als wichtige Elemente der Neuronalen Netze die Propagierungs-, Aktivierungs- und Outputfunktion genannt. Hier sollen in aller Kürze nur die wichtigsten unter den gebräuchlichen Funktionen skizziert werden, wobei mit der sog. Propagierungsfunktion begonnen wird.

#### Propagierungsfunktion

Die einfachste Form der Propagierungsfunktion ist eine lineare Funktion, d.h. es wird der *Nettoinput* ($net_j$) eines Neurons berechnet, der sich durch die Summe der ankommenden Eingänge $o_i$ (Output der sendenden Neuronen) multipliziert mit den jeweiligen Verbindungsgewichten ($w_{ij}$) ergibt:

$$net_j = \sum_{i=1}^{n} w_{ij} o_i$$

Gegebenenfalls kann noch für $net_j$ ein Schwellenwert $\theta_j$[87] berücksichtigt werden

$$net_j = \begin{cases} x \text{ für } \sum_{i=1}^{n} w_{ij} o_i > \Theta_j \\ 0 \text{ sonst} \end{cases}$$

wo x entweder ein festgelegter Wert, z.B. 0 oder 1 bei binären Aktivierungswerten ist, oder aber einfach die obige Summe oder eine Funktion dieser Summe.

Eine Schwellenwertfunktion erfordert natürlich eine IF-Anweisung, z.B. in der Form

```
IF(netj > theta(j)) then
    netj = x
ELSE
    netj = 0.0
ENDIF
```

Will man die IF-Anweisung vermeiden, kann man ein so genanntes *on-Neuron* in das Netz einfügen; dieses ist ein weiteres Neuron, das mit dem relevanten Neuron durch eine Verbindung mit dem Gewicht $\Theta_j$ verknüpft ist und bei jedem Schritt mit dem Wert 1 aktiviert wird. Falls es bei diesem Verfahren zu negativen Aktivierungen kommt, müssen diese anschließend auf 0 gesetzt werden; das Verfahren ist in dieser einfachen Form also nur für Netze geeignet, deren

---

[87] Es ist natürlich auch möglich, für jedes zur Aktivierung beitragende Neuron i einen eigenen Schwellenwert $\theta_i$ (mit entsprechender Umformung der Gleichung) einzuführen. Derartige Verfeinerungen hängen immer davon ab, ob das mit dem Neuronalen Netz zu modellierende Problem eine solche Verfeinerung nahe legt bzw. dies erfordert.

Gewichtswerte $w_{ij} \geq 0$ sind. Vorteil des Verfahrens ist, dass das on-Neuron wie ein normales Neuron mittels der Matrizenmultiplikation verarbeitet werden kann.

Es sei darauf hingewiesen, dass die Einführung eines Schwellenwerts bei der Propagierungsfunktion in den meisten Fällen durch eine geeignete Aktivierungsfunktion (siehe unten) mit Schwellenwerten ersetzt wird.

## Aktivierungsfunktionen

Die Aktivierung des Neurons j, die den somit definierten Nettoinput $net_j$ erfährt, wird häufig erst durch Modifizierung von $net_j$ dargestellt. Welchen Wert das Neuron mit dem Nettoinput $net_j$ tatsächlich an andere Neuronen weitergibt, hängt von der *Aktivierungsfunktion* $F_j(net_j)$ ab.

Die Wahl der Aktivierungsfunktion bestimmt in starkem Maße die Eigenschaften des Netzes. Zu den wichtigsten Aufgaben der Aktivierungsfunktion gehört, die Aktivierungswerte $a_i$ der einzelnen Neuronen innerhalb sinnvoller Intervalle zu halten, um einerseits deren ständiges Anwachsen auf Grund der Summation der Beiträge vieler Neuronen zu begrenzen, das eine Konvergenz bzw. die Stabilisierung des Netzes verhindert, und um andererseits sinnlose Rechenoperationen auf Grund infinitesimal kleiner Veränderungen zu unterbinden. Bei Netzen, die mit endlich vielen möglichen – etwa binären – Aktivierungswerten bzw. Neuronen-Zuständen arbeiten, sind selbstverständlich Aktivierungsfunktionen notwendig, die als Funktionswerte nur die zulässigen Werte liefern, also z.B. die unten skizzierten Schwellenwertfunktionen.

Mit anderen Worten bestimmt die Aktivierungsfunktion, mit welchen Aktivierungswerten ein Netz operiert und wie schnell bzw. ob es überhaupt konvergiert oder ob es schnell genug lernt. Die Wahl sollte sich dabei vor allem nach dem Problem, das durch das Netz simuliert werden soll, richten.

Die gebräuchlichsten Aktivierungsfunktionen sind die folgenden:

– eine Schwellenwertfunktion

$$a_j = \begin{cases} x_1 \text{ für } net_j > \Theta_j \\ x_2 \text{ für } net_j \leq \Theta_j \end{cases},$$

wo $x_1$ und $x_2$ zulässige Aktivierungszustände für das Neuron j sind; der Schwellenwert $\Theta$ kann individuell für jedes Neuron oder aber für alle Neuronen gleich definiert sein. Diese Funktion wird auch häufig als Outputfunktion verwendet.

– die Signumfunktion $sgn(net_j)$,

liefert die Aktivierungswerte $a_j = +1$ oder $-1$. Sie wird bei bi-polar kodierten Netzen verwendet. Die Signumfunktion ist nichts anderes als ein Spezialfall der Schwellenwertfunktion. Die Signumfunktion wird überwiegend als Output-funktion verwendet.

– lineare Aktivierungsfunktion

$$a_j = \sum_{i=1}^{n} w_{ij} o_i = net_j$$

Da die lineare Aktivierungsfunktion allerdings die Aktivierungswerte nicht begrenzt, sie können also unter Umständen beliebig wachsen, wird sie im Allgemeinen mit oberen und unteren Schranken $\theta_o$ bzw. $\theta_u$ kombiniert:

$$a_j = \begin{cases} net_j \, f\ddot{u}r \, \Theta_u < net_j < \Theta_o \\ x_1 \, f\ddot{u}r \, net_j \leq \Theta_u \\ x_2 \, f\ddot{u}r \, net_j \geq \Theta_o \end{cases}.$$

Bildlich wird eine derartige Aktivierung durch einen Graphen ähnlich dem folgenden dargestellt (Abb. 5-6)

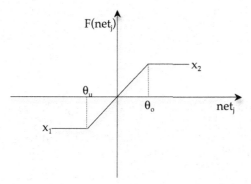

**Abbildung 5-6:** Lineare Aktivierungsfunktion mit Beschränkung

– Sigmoide Funktion

Ein häufig verwendeter Typ von Aktivierungsfunktionen sind sigmoide Funktionen, wie z.B. die logistischen Funktionen

$$a_j = F_j\left(net_j\right) = \frac{1}{1 + \exp\left(-net_j\right)/\delta}$$

Eine typische sigmoide Funktion ist in Abb. 5-7 dargestellt:

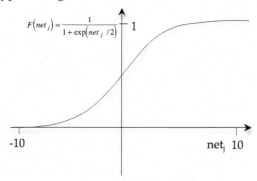

**Abbildung 5-7:** Eine sigmoide Funktion

– Tangens-Hyperbolicus-Funktion

Eine sigmoide Form hat auch die Tangens-Hyperbolicus-Funktion

$F(net_j) = \tanh (net_j)$ (Abb. 5-8)

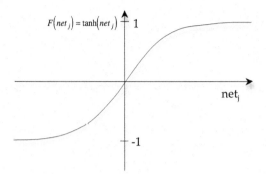

**Abbildung 5-8:** Tangens Hyperbolicus

In der Praxis haben sich bestimmte Funktionen und zugehörige Parameter für bestimmte Netze und Aufgaben bewährt. Die logistische Funktion und die tanh-Funktion haben mathematisch gesehen den Vorteil, dass ihre Ableitungen – diese spielen, wie später gezeigt wird, bei den Lernregeln eine Rolle – durch die Funktionen selbst ausgedrückt werden können:

> logistische Funktion:      $f'(x) = f(x)(1 - f(x))$,
>
> Tanh:                      $f'(x) = 1 - (f(x))^2$.

Man sollte im Übrigen beim Entwurf eines Netzes immer zunächst die Literatur nach ähnlichen Problemen durchsuchen und jedenfalls mit den dort schon eingesetzten Funktionen anfangen.

Im Programm sind einfache Schwellenwert- oder die Signum-Funktionen am einfachsten zu realisieren, nämlich durch Bedingungsabfragen (IF…THEN).

Eine lineare Funktion könnte im Programm – zur Abwechslung auch einmal im JAVA-Stil codiert – z.B. so aussehen:

**Code-Beispiel 5.1.3-1**

```
float   theta_u, theta_o        //Schwellenwerte
float x1,x2                      //Minimum bzw. Maximum der Aktivierung
                                //Werte müssen zugewiesen sein!
float netj, a[j]                //Variable
if(netj<=theta_o) {
    if(netj>=theta_u) {
        a[j]=netj
    } else {
        a[j]=x1
    }
} else {
    a[j]=x2
}
    a[j]=x2
}
```

Ansonsten müssen die sigmoiden und tanh-Funktionen als Funktionen bzw. Methoden im Programm definiert werden, soweit sie nicht als Bibliotheksfunktionen vorhanden sind; tanh ist oft bereits als intrinsische Funktion in den Programmiersprachen enthalten.

Man kann auch sigmoide Funktionen (im Bereich großer Absolutwerte von $net_j$ mit Vorteil durch Schwellenwerte ersetzen. Tendenziell ist zu empfehlen, bei der Konzipierung von Neuronalen Netzen zur Lösung bestimmter Probleme immer mit möglichst einfachen Funktionen zu beginnen.

Schwellenwert-, Signum- oder lineare Funktionen führen zu kurzen Rechenzeiten und sind zu bevorzugen. Die Wahl der Funktion ist jedoch von der jeweiligen Kodierung abhängig. Eine Schwellenwertfunktion wird vorwiegend bei binär kodierten, die Signumfunktion bei bi-polar kodierten Netzen verwendet.

## Outputfunktionen

Für die Outputfunktion kommen vorzugsweise zwei Typen in Frage, nämlich zum einen die Identitätsfunktion

$$o_j = a_j = F(net_j),$$

die eventuell noch skaliert werden kann.

Zum andern erfordern viele Probleme – vor allem wenn ein ganzzahliger bzw. binärer Output erwünscht ist wie bei Mustererkennungen oder Simulation von Logikfunktionen – eine Schwellenwertfunktion, wie sie z.B. bei den Aktivierungsfunktionen schon angeführt wurde. Sind bi-polare Ausgabewerte erwünscht, so ist die Signumfunktion zu wählen.

Nach diesen Beispielen sei noch einmal die Aufgabe der Funktionen zusammengefasst:

> Die Propagierungsfunktion fasst durch eine gewichtete Summe die Eingaben aus allen auf ein betreffendes Neuron j wirkenden anderen Neuronen zusammen zu der Netzeingabe $net_j$.
>
> Die Aktivierungsfunktion erzeugt aus $net_j$ und ggf. schon vorhandener Aktivierung einen neuen Aktivierungswert $a_j$ des Neurons j.
>
> Die Outputfunktion (Ausgabefunktion) erzeugt aus der Aktivierung $a_j$ die Ausgabe $o_j$, die an andere Neuronen bzw. den Outputvektor weitergegeben wird.

Als Outputfunktion finden Sie sehr häufig die Identität, d.h. $o_j = a_j$.

Diese Funktionen werden meistens global angewendet, d.h. sie gelten für alle Neuronen oder wenigstens alle Neuronen ein und derselben Schicht. Lokal angewendet werden gelegentlich Schwellenwerte; das bedeutet, dass verschiedenen Neuronen, auch in derselben Schicht, verschiedene Schwellenwerte, etwa bei der Aktivierungs- oder Outputfunktion, zugeordnet werden.

Es gibt auch Netztypen, in denen die Funktionen oder Schwellenwerte zeitlich, also von der Schrittzahl, abhängig gemacht werden, ein Verfahren, das auch bei der später zu behandelnden Lernrate gern verwendet wird. Hier sei jedoch gleich eine Warnung ausgesprochen: Mit der Schrittzahl monoton veränderte Parameter können oft eine Konvergenz der Iteration, also eine scheinbare Stabilität des Netzes vortäuschen und sind daher mit Vorsicht anzuwenden.

Die Frage, welche Aufgaben innerhalb des Gesamtalgorithmus eines Netzes man der Propagierungs-, der Aktivierungs- oder der Outputfunktion zuweist, ist letztlich nur eine praktische oder programmiertechnische Frage. Man kann ohne weiteres die Aktivierungsfunktion in die Propagierungsfunktion oder, die Outputfunktion in die Aktivierungsfunktion integrieren. Wir empfehlen Ihnen dringend, in die Literatur über den speziellen Netztyp zu schauen, den Sie programmieren wollen, um dort konkrete Hinweise darüber zu finden, welche Funktionen sich für den gewählten Typ bewährt haben.

### 5.1.4 Programmumgebung

Bevor wir einzelne Beispiele von Neuronalen Netzen beschreiben, die Sie als Übung programmieren sollen – schließlich ist es Ziel dieses Buches, Sie in die Lage zu versetzen, die hier behandelten Verfahren selbst zu programmieren – wollen wir einige Programmbausteine skizzieren, die in der Regel zu jedem Simulationsprogramm gehören, die aber mit dem eigentlichen Algorithmus des Simulationsverfahrens, also z.B. mit dem mathematischen Kern der Neuronalen Netze, nichts zu tun haben. Dazu gehören Unterprogramme, Klassen oder Methoden, wir wollen diese zusammenfassend als Programmuntereinheiten bezeichnen, die die Ein- und Ausgabe von Parametern und Daten, die grafische Darstellung von Abläufen und Ergebnissen oder die Analyse von Ergebnissen betreffen. Den ganzen Kranz solcher Untereinheiten um den Programmkern herum meinen wir mit dem Begriff Programmumgebung[88] in der Überschrift.

Zunächst wird hier ein Schema, wie ein Programm für eine Neuronale Netz-Simulation mit Umgebung ungefähr aussehen könnte bzw. wie man es sich wünschen sollte, dargestellt; es sind jeweils die Aufgaben aufgeführt, die eine entsprechende Untereinheit ausführen sollte. Da die genauen Programmcodes für die meisten dieser Untereinheiten in den verschiedenen Programmiersprachen völlig verschieden aussehen, macht es u.E. keinen Sinn, hier Code-Beispiele zu geben.

- Eingabe notwendiger Steuerparameter
  - o z.B. woher Daten, welche alternativen Versionen, Anfangsdaten zufällig erzeugt oder Eingabe, seed-Werte für Zufallszahlen-Generator usw.
  - o Eingabe über grafische Oberfläche oder Datei
- Eingabe von Daten (z.B. Gewichtsmatrix, Input-, Zielvektoren)
  - o bei größerem Datenumfang aus Datei einlesen lassen
  - o bei kleineren Datenmengen über grafische Oberfläche

- evtl. Erzeugung notwendiger Daten im Programm
  - o z.B. zufällige Gewichtsmatrizen oder Vektoren
  - o Hilfsdaten, z.B. Satz von möglichen Mustern

- Abspeichern *aller* Daten, die für die Reproduzierung des Programmdurchlaufs nötig sind, in einer Datei
  - o d.h. alle Anfangsdaten und Steuerparameter (möglichst im "Klartext" ihrer Funktion), auch seed-Werte, Programmversion und Datum
  - o möglichst zusammen mit dem aktuellen Programm bzw. dessen Quellcode speichern
- Hauptprogramm
  - o darin ggf. Anzeige des Bearbeitungsstandes (Progressionsbalken o.ä.)

---

[88] Nicht zu verwechseln mit Programmier- oder Entwicklungs-Umgebung.

o laufendes Abspeichern aller relevanten Zwischenergebnisse (z.B. von einzelnen Iterationsschritten: Schrittzahl, Input, Output, Fehler usw., evtl. auch Gewichte)

o ggf. Anzeige von zwischenzeitlichen Ergebnissen, z.B. laufendes Diagramm der Fehlerentwicklung

o Anzeige der Beendigung eines Programmlaufs, ggf. mit Fortsetzungsmöglichkeit

o Möglichkeit zum interaktiven Abbrechen des Programms mit Abspeichern der bis dahin erzeugten Daten (weil man sonst im Falle unabsehbarer Dauer der Iteration und eines gewaltsamen Abbruchs alle Daten verlieren könnte)

- Ergebnisanzeige und Sicherung

o Endergebnisse in Datei abspeichern (Dateien eindeutig benennen und vor versehentlichem Überschreiben z.B. durch gleich benannte spätere Dateien schützen)

o Wenn möglich grafische Darstellung der Ergebnisse oder Anzeige der Werte auf der grafischen Oberfläche (hier ist Kreativität gefordert!)

- evtl. Analyse oder weitere Aufarbeitung der Ergebnisse

o z.B. Analyse und Darstellung der Auswirkung von Änderungen bestimmter Parameter, Vergleich alternativer Abläufe usw.

o Wenn alle relevanten Daten der Simulation gespeichert sind, kann die Analyse auch durch ein getrenntes Programm oder ein vorhandenes Standardprogramm zur Datenanalyse erfolgen (z.B. Mathematica oder Microsoft-Excel)

Dies Schema ist natürlich nicht vollständig, es dient nur der Anregung und dazu, einige wichtige Elemente eines wissenschaftlich und praktisch nutzbaren Programms nicht zu vergessen. Sie werden bemerken, dass hier eine grafische Oberfläche vorgesehen ist. Natürlich können Sie in der Phase der Programm-entwicklung mit Konsolen-Aus- und Eingabe arbeiten. Jedoch Anderen zeigen können Sie beim heutigen Stand der Programmiertechnik ein Programm mit Konsolenausgabe nicht mehr. Wenn Sie wenig Erfahrung mit grafischen Oberflächen haben, ist unser Tipp: Versuchen Sie eine vorhandene, Ihren Erfordernissen ähnliche Untereinheit für die Oberfläche zu bekommen und umzuarbeiten. Oder noch besser: arbeiten Sie mit einem Kollegen zusammen, der einschlägige Erfahrungen besitzt.

## 5.2     Lernen in zweischichtigen Neuronalen Netzen

### 5.2.1    Lernregeln

Der folgende Abschnitt ist als Einführung in die Grundlagen der Konstruktion von *lernenden* Neuronalen Netzen gedacht. Die Einführung wird an einem Beispiel eines Lernalgorithmus geschehen, der auch historisch wichtig war, nämlich an der Hebbschen Lernregel[89].

Ihr Prinzip ist auch – in allerdings abgewandelter Form – das Prinzip der meisten anderen Lernregeln und erklärt überdies einen wichtigen Prozess des "Lernens" im Zentralnervensystem. Das Prinzip besagt (in biologischer Formulierung), dass die Stärke einer Verbindung zwischen zwei Zellen zunimmt, wenn die zweite Zelle wiederholte Inputs von der ersten Zelle erhält und beide Zellen stark aktiviert sind.

Mathematisch formuliert wird die Regel in der Form

$$\Delta w_{ij} = \eta o_i a_j,$$

wo $\Delta w_{ij}$ die Veränderung des Gewichts der Verbindung, $o_i$ der Output der Vorgängerzelle i, $a_j$ die Aktivierung der Zelle j und $\eta$ ein konstanter Faktor (Lernrate, meist < 1) sind.

Man erkennt sehr rasch, dass bei Werten von $o_i$, $a_j$ und/oder der Lernrate kleiner als 1 die Veränderungswerte immer kleiner werden, so dass bei iterierter Anwendung der Regel eine Konvergenz zu erwarten ist. Das ist natürlich per se ein verstärkendes, aber noch kein überwachtes Lernen. Eine irgendwie geartete Bewertung des Ergebnisses findet bei dieser einfachen Formulierung der Regel nicht statt, kann jedoch ohne Probleme hinzugefügt werden.

Eine allgemeinere Formulierung der Hebbschen Regel, die bereits die Überwachung, also einen Vergleich mit einem erwünschten Output $t_j$ (Zielwert, *target*), einbezieht, ist

$$\Delta w_{ij} = \eta f(o_i, w_{ij}) g(a_j, t_j),$$

wo f eine Funktion von $o_i$ und $w_{ij}$, g eine Funktion des Outputs $a_j$ des Neurons j und des erwünschten Wertes $t_j$ sind.

Diese sehr allgemeine Formulierung schließt, bei entsprechender Wahl der Funktionen f und g viele der wichtigsten Lernalgorithmen ein.

Zum folgenden Beispiel wird eine noch recht einfache Form der erweiterten Hebbschen Regel mit Zielwertvergleich verwendet. Dieser wird im nächsten Subkapitel im Zusammenhang mit der bekannten Delta-Regel zu diskutieren sein.

Das Netz besteht aus einer Input-Schicht aus 3 Neuronen und einem einzigen Output-Neuron (s. Abb. 5-9).

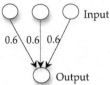

**Abbildung 5-9:** Topologie des Beispiel-Netzes

---

[89] Diese wurde 1949 von D.O. Hebb formuliert

Die Aktivierungsfunktion ist die lineare, die Output-Funktion sei die Identität. Als Propagierungsfunktion sei eine Schwellenwertfunktion gewählt:

$$o_j = a_j = \begin{cases} 1 \text{ für net}_j \geq \Theta = 0.5 \\ 0 \text{ sonst} \end{cases}$$

In diesem kleinen Netz sollen folgende Muster[90] gelernt werden:

| | | | | | | | | |
|---|---|---|---|---|---|---|---|---|
| Input: | 111 | 110 | 101 | 011 | 100 | 010 | 001 | 000 |
| erwarteter Output $t_j$: | 1 | 1 | 1 | 1 | 0 | 0 | 0 | 0. |

Das Lernen wird im Programm nach diesem Schema abgebildet:

```
1. Schleife: Eingabe der 8 Muster in zufälliger Reihenfolge
   Berechnung von oj
(falls mehrere Output-Neuronen: 2. Schleife über alle Output-Neuronen)

if oj = tj, dann gehe zum nächsten Muster,

  else if  oj=0 AND tj=1: erhöhe wij , wij = wij + ηwijai

    else if oj=1 AND tj=0: verringere wij , wij = wij - ηwijai

  endif

Ende der 1. Schleife.
```

Hier wird also ein Gewicht nur dann verändert, wenn die Aktivierung des Input-Neurons 1 ist.

Das Verfahren sei an einem Zahlenbeispiel näher erläutert. Als Lernrate wird $\eta = 0.5$ angenommen. Die Gewichtsmatrix, hier von der Größe 3×1, wird mit gleichen Gewichtswerten besetzt:

$$W = (0.6, 0.6, 0.6).$$

Die Muster, in zufälliger Reihenfolge angelegt, ergeben dann Folgendes:

| Muster | $net_4$ | Output $o_4$ | $o_4 - t_4$ | $\Delta w_{ij}$ | $W_{neu}$ |
|---|---|---|---|---|---|
| 111 | 1.8 | 1 | 0 | - | - |
| 011 | 1.2 | 1 | 0 | - | - |
| 100 | 0.6 | 1 | 1 | $\Delta w_{14} = -0.3$ | 0.3, 0.6, 0.6 |
| 101 | 0.9 | 1 | 0 | - | - |
| 010 | 0.6 | 1 | 1 | $\Delta w_{24} = -0.3$ | 0.3, 0.3, 0.6 |
| 000 | 0 | 0 | 0 | - | - |
| 001 | 0.6 | 1 | 1 | $\Delta w_{34} = -0.3$ | 0.3, 0.3, 0.3 |
| 110 | 0.6 | 1 | 0 | - | - |
| 101 | 0.6 | 1 | 0 | - | - |
| 010 | 0.3 | 0 | 0 | - | - |
| 011 | 0.6 | 1 | 0 | - | - |
| 001 | 0.3 | 0 | 0 | - | - |
| 100 | 0.3 | 0 | 0 | - | - |
| 111 | 0.9 | 1 | 0 | - | - |
| 110 | 0.6 | 1 | 0 | - | - |
| 000 | 0 | 0 | 0 | - | - |

---

[90] Die Muster repräsentieren eine dreistellige logische Funktion, die man etwa durch $(p \wedge (q \vee r)) \vee (q \wedge r)$ ausdrücken kann.

Das Netz hat also mit diesem einfachen Verfahren in wenigen Schritten die 8 vorgegebenen Muster gelernt.

Um noch einmal die Programmierung der bisher erwähnten wichtigsten Bausteine eines Neuronalen Netzes konkret zu demonstrieren, sei hier ein Ausschnitt aus einem möglichen Programmcode für das Beispiel gegeben:

**Code-Beispiel 5.2.1-1**

```fortran
REAL r, W(1:3), netj, eta
INTEGER M(8,3), T(8), n, nmax, k, oj, delta
!...generiere die 8 Muster als Zeilen einer 8*3 Matrix
M(1,1:3) = (/1,1,1/)
M(2,1:3) = (/1,1,0/)
...
M(8,1:3) = (/0,0,0/)
!...definiere den Target-Vektor
T(1:8) = (/1,1,1,1,0,0,0,0/)
!...definiere Gewichtsmatrix
W(1:3) = (/0.6, 0.6, 0.6/)
!...Lernrate
eta = 0.5
!...Lernschleifen
do n = 1, nmax
!...Zufallswahl eines Musters; Muster 8 nicht benutzt, da irrelevant
    CALL Random_Number(r)
    k = 7*r + 1                    ! erzeugt Zufallszahl 0<k<8
    MX(1:3) = M(k,1:3)             !  ausgewähltes Muster
!...berechne Aktivierung des Neurons 4
    netj = Dot_Product(MX,W)       ! Matrizen-Multiplikation hier einfach
                                   !  Punktprodukt
!...Aktivierungsfunktion anwenden
    IF(netj.GE.0.5) then
            oj = 1
    ELSE
            oj = 0
    ENDIF
!...mit target vergleichen
    IF(oj .NE. T(k)) then          ! wenn oj=tj, gleich nächstes Muster
            delta = T(k) -oj       ! entweder 1 oder -1
            do i = 1,3
!...wij wird erhöht oder erniedrigt, wenn M(i) = 1
                W(i) = W(i)+W(i)*M(i)*eta*delta
            end do
    ENDIF
end do                          ! Ende der Lernschleife
```

Das Programm wird abbrechen, wenn der Schritt nmax abgearbeitet ist. Natürlich müsste neben der Ausgabe/Anzeige des Ergebnisses noch ein geeignetes Abbruchkriterium für den Fall eingefügt werden, dass alle Muster schon vor nmax gelernt sind.

Beachten Sie, dass bei dem gewählten Lernverfahren relevante Gewichte *unmittelbar nach Verarbeitung* eines einzelnen Musters verändert werden. Derartige Lernverfahren werden als online-Training bezeichnet. Dagegen werden bei offline-Training (auch batch-Verfahren genannt) zunächst alle Muster, die gelernt werden sollen, nacheinander eingegeben und auf Grund der in geeigneter Weise summierten Ergebnisfehler wird erst danach eine Veränderung der Gewichtswerte vorgenommen. Der Vorteil des online-Trainings ist neben geringerem Speicherbedarf die erleichterte Möglichkeit, im Trainingsverfahren weitere Muster hinzuzufügen.

Das in diesem Beispiel gezeigte Netz gehört zum Typ Perceptron. Unter diesem Typ werden ein- oder auch mehrschichtige Netze mit nur einem Output-Neuron verstanden, deren Aktivierungswerte in der Regel binär sind. Das Output-Neuron liefert also nur die Information, ob ein Input-Muster richtig erkannt wird oder nicht.

Einschichtige Perceptrons sind in der Anwendbarkeit begrenzt auf linear trennbare Muster. Das bedeutet, und das ist eine generelle Eigenschaft von Netzen, dass es Klassen von Inputs gibt, die prinzipiell vom Netz nicht gelernt bzw. erkannt werden können. Man sagt, das Netz kann gewisse Inputs nicht repräsentieren, folglich auch nicht lernen. Davon zu unterscheiden ist die Frage der Konvergenz: Auch bei einem Input, der von einem Netz repräsentiert wird, kann es sein, dass der Lernalgorithmus nicht konvergiert; es muss dann ein anderer Algorithmus gesucht werden.

Was heißt aber nun linear *nicht* trennbar? Dies lässt sich am einfachsten an einem einfachen Perceptron mit 2 Input- und natürlich einem Output-Neuron demonstrieren, das die folgenden Muster lernen soll:

$(1,1) \rightarrow 0$

$(1,0) \rightarrow 1$

$(0,1) \rightarrow 1$

$(0,0) \rightarrow 0$.

Das Muster entspricht, wie Sie vielleicht noch erinnern, der Wahrheitsmatrix des exklusiven Oder (XOR).

Für den Output des Netzes bei Eingabe der 4 Muster soll gelten:

0 wenn $w_{13}*1 + w_{23}*1 \leq \theta$ oder anders formuliert $w_{13}*1 + w_{23}*1 - \theta \leq 0$

1 wenn $w_{13}*1 + w_{23}*0 > \theta$ oder anders formuliert $w_{13}*1 + w_{23}*0 - \theta > 0$

1 wenn $w_{13}*0 + w_{23}*1 > \theta$ oder anders formuliert $w_{13}*0 + w_{23}*1 - \theta > 0$

0 wenn $w_{13}*0 + w_{23}*0 \leq \theta$ oder anders formuliert $w_{13}*0 + w_{23}*0 - \theta \leq 0$

Offensichtlich ist dieses Ungleichungssystem widersprüchlich; es gibt kein $\theta$, $w_{13}$ und $w_{23}$, das diese Ungleichungen erfüllen würde.

Anschaulich wird der Begriff der linearen Trennbarkeit bzw. in diesem Falle Nicht-Trennbarkeit, wenn man sich die 4 Muster jeweils als Koordinaten eines Punktes im zweidimensionalen Raum vorstellt (s. Abb. 5-10):

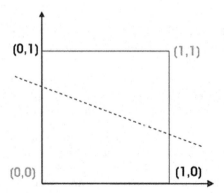

**Abbildung 5-10:** Unmöglichkeit der linearen Trennung der 2 Klassen von Mustern des XOR

Es gibt keine Gerade – daher der Name lineare Trennbarkeit –, die die Muster, die einen Output von 1 ergeben sollen ((1,0) und (0,1)), von denen mit einem Output von 0 ((1,1) und (0,0)) trennen kann.

Für die Erkennung von XOR benötigt man daher eine Zwischenschicht, die, falls nicht sogenannte shortcuts, also direkte Verbindungen von der ersten zur dritten (Output-)Schicht, verwendet werden, mindestens 2 Neuronen enthalten muss.

Damit kommen wir jedoch schon zu einer Netztopologie, die andere, verfeinerte Lernalgorithmen erfordert und im Folgenden behandelt werden soll.

### 5.2.2    Fehlerfunktion und Delta-Regel

Für überwacht lernende Neuronale Netze kann man eine Fehlerfunktion E (von *error*) definieren, die die Abweichung oder Distanz des Output-Vektors Y vom Zielvektor T, auch Target-Vektor genannt, anzeigt. Für diese Abweichungen sind verschiedene Distanzmaße gebräuchlich. Am häufigsten wird die Euklidische Distanz

$$d = \sqrt{\sum_{i=1}^{n}(t_i - y_i)^2}$$

verwendet, die für n-dimensionale Vektoren mit binären, ganzzahligen oder reellen Komponenten geeignet ist.

Anstelle der Euklidischen Distanz wird häufig das Quadrat derselben benutzt, aus Gründen der Vereinfachung der Lernregeln oft mit dem Faktor $1/2$:

$$d = \frac{1}{2}\sum_{i=1}^{n}(t_i - y_i)^2 .$$

Da es beim Lernen in der Regel darum geht, das Minimum der Distanz zu erreichen, spielt es grundsätzlich keine Rolle, ob man auf die Euklidische Distanz oder deren Quadrat zurückgreift.

Die so definierte Fehlerfunktion dient zur Bewertung des Standes des Lernprozesses: Wenn die Fehlerfunktion einen genügend kleinen Wert erreicht hat, kann der Lernprozess als abgeschlossen betrachtet werden. Dieser Wert bildet das Abbruchkriterium der Iteration des Neuronalen Netzes. Er ist ein Fehler des Gesamt-Outputvektors Y bezogen auf den gesamten Targetvektor T. Man darf diesen Fehler nicht verwechseln mit dem Fehler, den einzelne Komponenten $y_i$ des Outputvektors bezüglich der jeweils entsprechenden Komponente $t_i$ des Target-Vektors besitzen. Die Fehler $\delta_i = t_i - y_i$ als Maß der Abweichung einzelner Komponenten vom Sollwert dienen der Steuerung der mit der jeweiligen Komponente verknüpften Gewichtswerte $w_{ki}$ bzw. anderer, die Aktivierung $y_i$ beeinflussender Parameter.

Die Einbindung der Fehlerfunktion als Abbruchkriterium in ein NN-Programm kann z.B. in folgender Form erfolgen:

**Code-Beispiel 5.2.2-1**

```
DO n = 1, nmax              ! Iterationsschleife
   Y = Neuro(X)             ! symbolisiert das Neur. Netz: hier wird mit
                            ! dem Input X der Output Y berechnet
   err = 0.0
   do k = 1, ydim           ! ydim ist die Dimension des Outputvektors
      z = T(k) - Y(k)
      err = err + z*z
   end do
   err = SQRT(err)          ! hier evtl. err =0.5*err
   IF(err<kriterium) then   ! kriterium=gefordertes Minimum des Fehlers
      erfolg = .TRUE.       ! erfolg = log. Variable zur Indikation des
                            ! Lernerfolgs
      EXIT                  ! Abbruch der Iteration bei Erfolg
   ENDIF
END DO                      ! Ende der Iterationsschleife
```

Die Fehlerfunktion, die direkt durch die Distanzen oder in einer modifizierten Form dargestellt wird, ist für die theoretische Behandlung und das Verständnis der Lernalgorithmen von Bedeutung. Das basiert darauf, dass der Fehler naturgemäß von allen Parametern des Netzes abhängt, die beim Lernvorgang verändert werden können, die also die Adaptation des Netzes bewirken.

Bei der Darstellung des Fehlers als Funktion der durch das Lernen veränderbaren Gewichtswerte erhält man eine mehrdimensionale Fehlerfunktion

$$E(W) = E(w_{ij}) \quad i = 1,2,....,n,$$

die – mehr oder weniger anschaulich – eine Fläche im n+1-dimensionalen Raum darstellt.

Ein Neuronales Netz erfolgreich zu trainieren, also es überwacht lernen lassen durch Eingabe von Mustern, heißt nichts anderes, als das Minimum dieser Fehlerfläche zu finden. Es sei daran erinnert, dass die Bedingung für ein Minimum dieser Fehlerfunktion ist, dass der Gradient $\nabla E(W) = 0$ wird[92]. Ein gängiges, sehr allgemeines Verfahren, um von einem beliebigen Punkt der Fläche das Minimum zu erreichen, ist das Gradienten-Abstiegs-Verfahren, das eine Modifikation der Variablen so vornimmt, dass sich der Punkt auf der Fehlerfläche, der den augenblicklichen Systemzustand repräsentiert, in Richtung des steilsten Abstiegs, also des größten negativen Gradienten $-\nabla E(W)$ bewegt. Im einfachsten Falle wird die Änderung der Gewichte proportional dem negativen Gradienten gesetzt:

$$\Delta W = -\eta \ \nabla E(W)$$

mit der Konstanten $\eta$, die wiederum als Lernrate bezeichnet wird.

Als Fehlerfunktion wird häufig der oben schon erwähnte halbe quadratische Fehler

$$E_v = \frac{1}{2}\sum_j \left(t_{vj} - o_{vj}\right)^2$$

gewählt, wo $v$ das jeweilige Trainingsmuster, $t$ den Zielwert und $o$ den Outputwert bezeichnet.

Mit dieser Fehlerfunktion kann man für den Fall von Netzen mit linearen Aktivierungsfunktionen das Deltaregel oder Widrow-Hoff-Regel genannte Lernverfahren herleiten:

$$\Delta_v w_{ij} = \eta o_{vi}\delta_{vj} = \eta o_{vi}\left(t_{vj} - o_{vj}\right),$$

das für den online-Lernmodus und für feed-forward-Netze ohne Zwischenschichten gilt.

Das Verfahren bedeutet kurz gesagt, dass die Änderung eines Gewichtswertes zwischen einem Neuron $i$ und einem Outputneuron $j$ proportional zur Aktivierung von $i$ und zur Abweichung des Outputs $j$ vom Sollwert ist.

Falls die Outputfunktion in der ersten Schicht die Identität ist und deshalb der Output eines Neurons $i$ der ersten Schicht identisch mit seiner Aktivierung ist, gilt natürlich noch einfacher

$$\Delta_v w_{ij} = \eta a_{vi}\delta_{vj} = \eta a_{vi}\left(t_{vj} - o_{vj}\right).$$

Das Verfahren soll zunächst an einem einfachen Beispiel[93] demonstriert werden, an dem einige Eigenschaften der zweischichtigen Netze erkannt werden können, die für das Verständnis komplizierterer Netze fundamental sind.

Das Beispiel sei eine Mustererkennung. Das nachfolgend abgebildete Schwarz-Weiß-Muster, als binärer Input-Vektor (1, 0, 0, 1) einer von 16 möglichen mit 4 binären Komponenten, soll einem Vektor (1, 0) als Target zugeordnet sein:

---

[92]  Zur Erinnerung: der Gradient einer Funktion ist der Vektor, der die partiellen Ableitungen der Funktion enthält: $\nabla E(x_i) = \left(\dfrac{\partial E}{\partial x_1}, \dfrac{\partial E}{\partial x_2}, \ldots, \dfrac{\partial E}{\partial x_n}\right)$ für i=1,2..,n. Der Gradient ist gewissermaßen das mehrdimensionale Analogon zur ersten Ableitung einer Funktion im zweidimensionalen Raum.

[93]  Hier bleiben wir der Übersichtlichkeit halber bei der Bezeichnung $o_i$ für den Output auch dann, wenn die Outputfunktion die Identität ist.

Die Iteration sei begonnen mit einer Gewichtsmatrix, die natürlich 4 Zeilen und 2 Spalten besitzen muss; alle Gewichtswerte seien am Anfang gleich 0.5. Die Lernrate soll 0.2 betragen.

Der erste Schritt besteht aus der Multiplikation

$$(1 \ 0 \ 0 \ 1) \cdot \begin{pmatrix} 0.5 & 0.5 \\ 0.5 & 0.5 \\ 0.5 & 0.5 \\ 0.5 & 0.5 \end{pmatrix} = (1 \ 1)$$

Da der Targetvektor $(1, 0)$ sein soll, ergibt sich $\delta_1 = 1 - 1 = 0$ und $\delta_2 = 0 - 1 = -1$.

Wenn wir die Identität als Ausgabefunktion annehmen, gilt $o_i = a_i$ und damit errechnen sich die Änderungen der Gewichtswerte dann zu

$\Delta w_{11} = \eta \cdot o_1 \cdot \delta_1 = 0.2 * 1 * 0 = 0$

$\Delta w_{12} = \eta \cdot o_1 \cdot \delta_2 = 0.2 * 1 * (-1) = -0.2$

$\Delta w_{21} = \eta \cdot o_2 \cdot \delta_1 = 0.2 * 0 * 0 = 0$

$\Delta w_{22} = \eta \cdot o_2 \cdot \delta_2 = 0.2 * 0 * (-1) = 0$

$\Delta w_{31} = \eta \cdot o_3 \cdot \delta_1 = 0.2 * 0 * 0 = 0$

$\Delta w_{32} = \eta \cdot o_3 \cdot \delta_2 = 0.2 * 0 * (-1) = 0$

$\Delta w_{41} = \eta \cdot o_4 \cdot \delta_1 = 0.2 * 1 * 0 = 0$

$\Delta w_{42} = \eta \cdot o_4 \cdot \delta_2 = 0.2 * 1 * (-1) = -0.2.$

Im zweiten Schritt ist also folgende Multiplikation durchzuführen

$$(1 \ 0 \ 0 \ 1) \cdot \begin{pmatrix} 0.5 & 0.3 \\ 0.5 & 0.5 \\ 0.5 & 0.5 \\ 0.5 & 0.3 \end{pmatrix} = (1 \ 0.6)$$

Damit wird $\delta_1 = 1 - 1 = 0$ und $\delta_2 = 0 - 0.6 = -0.6$. Geändert werden dann wiederum nur $w_{12}$ und $w_{42}$, und zwar um $-0.12$. Die Matrixmultiplikation ergibt dann

$$(1 \ 0 \ 0 \ 1) \cdot \begin{pmatrix} 0.5 & 0.18 \\ 0.5 & 0.5 \\ 0.5 & 0.5 \\ 0.5 & 0.18 \end{pmatrix} = (1 \ 0.36)$$

Sie können erahnen, dass dies Lernverfahren sich langsam dem gewünschten Outputvektor annähert. Wie schnell und, ob es sich um eine asymptotische Annäherung bzw. Stabilisierung handelt oder ob das Verfahren "überschießt", d.h. sich wieder vom gewünschten Wert entfernen kann, sollen Sie selbst als Übung untersuchen.

## Übung 5.2.2-1

Programmieren Sie das obige Beispiel und untersuchen Sie, wie sich das Netz bei weiterer Iteration verhält.

Experimentieren Sie mit verschiedenen Werten für die Lernrate. Für welche Lernraten erhält man Konvergenz?

Wenden Sie eine Ausgabefunktion, z.B. tanh, oder geeignete Schwellenwerte auf die Aktivierung der Ausgabeschicht an und untersuchen Sie, wann schnellere Konvergenz erreicht wird.

Mit dem oben geschilderten Training kann man dasselbe Netz, wie bereits im Kapitel 5.2.1. dargestellt, nacheinander verschiedene Muster lernen lassen. Das Verfahren, wie es hier skizziert wurde, geht davon aus, dass die Gewichtswerte nach dem Durchlauf jedes einzelnen Musters sofort verändert werden. Dies wird, wie schon erwähnt, als online-Training bezeichnet. Man kann alternativ im offline-Verfahren, auch batch-Verfahren genannt, lernen lassen. Dann werden erst die Veränderungen für alle Muster eines Trainingssatzes aufsummiert und danach die Gewichtswerte geändert:

$$\Delta w_{ij} = \eta \sum_v o_{vj} \delta_{vj} \,.$$

Das Verfahren hat den Nachteil, dass mehr Speicherplatz zum Speichern der Einzel-Änderungen $\Delta_v w_{ij}$ benötigt wird und dass neue Muster nicht während der Iteration hinzugefügt werden können.

Sie sollen jetzt das online-Verfahren selbst ausprobieren, wodurch Sie einen weiteren Einblick in das Verhalten eines solchen Netzes bekommen.

## Übung 5.2.2-2

Im obigen Beispiel gibt es 4 mögliche binäre Outputvektoren, aber 16 mögliche Inputvektoren. Ordnen Sie je 4 Inputvektoren einem der Outputvektoren zu.

Erweitern Sie Ihr Programm so, dass nacheinander (möglichst in zufälliger Reihenfolge) mehrere Inputvektoren/Muster gelernt werden.

Wählen Sie eine Lernrate, die sich in der vorigen Übung bewährt hat, und probieren Sie aus, wie viele Muster von dem kleinen Netz gelernt werden können, d.h. mit wie vielen Mustern Sie noch eine Stabilisierung erhalten. Beachten Sie, dass es einen Unterschied machen könnte, ob die Muster demselben oder verschiedenen Targets zugeordnet sind. Achten Sie auch auf komplementäre Muster.

Ihnen wird vielleicht aufgefallen sein, dass wir es bei unserem kleinen Beispiel mit einem linearen Gleichungssystem zu tun haben[94], nämlich

$$x_1 w_{11} + x_2 w_{21} + x_3 w_{31} + x_4 w_{41} = t_1$$
$$x_1 w_{12} + x_2 w_{22} + x_3 w_{32} + x_4 w_{42} = t_2 \,.$$

---

[94] Es muss aber betont werden, dass dies nur gilt, wenn die Aktivierungsfunktion und alle anderen ggf. involvierten Funktionen linear sind.

Wenn der Inputvektor und der Targetvektor festgelegt sind, dann sind hier die $w_{ij}$ die Variablen und das Gleichungssystem ist offensichtlich stark unterbestimmt, denn es gibt 8 Variable. Man kann das Gleichungssystem durch Erweiterung leicht vollständig machen und damit – sofern die Gleichungen nicht widersprüchlich sind – eine eindeutige Lösung generieren. Nehmen wir also an, dass das Netz folgende Zuordnungen von Input- zu Outputvektoren vornehmen soll:

$$(1\ 0\ 0\ 0) \rightarrow (1\ 0)$$
$$(0\ 1\ 0\ 0) \rightarrow (1\ 0)$$
$$(0\ 0\ 1\ 0) \rightarrow (1\ 0)$$
$$(0\ 0\ 0\ 1) \rightarrow (1\ 0).$$

Damit erhalten wir ein sehr einfaches Gleichungssystem:

$$1*w_{11} + 0 = 1$$
$$1*w_{12} + 0 = 0$$
$$1*w_{21} + 0 = 1$$
$$1*w_{22} + 0 = 0$$
$$1*w_{31} + 0 = 1$$
$$1*w_{32} + 0 = 0$$
$$1*w_{41} + 0 = 1$$
$$1*w_{42} + 0 = 0$$

und eine Gewichtsmatrix:

$$\begin{pmatrix} 1 & 0 \\ 1 & 0 \\ 1 & 0 \\ 1 & 0 \end{pmatrix}.$$

Das Neuronale Netz mit dieser Gewichtsmatrix ordnet also die 4 angegebenen Muster demselben Outputvektor zu.

## Übung 5.2.2-3

Untersuchen Sie einmal, welchen Outputvektor andere Muster mit dieser Matrix liefern.

Es ist nun aber keineswegs so, dass zu jeder beliebigen Zuordnung von Input- zu Output- bzw. Targetvektoren auf diesem Wege eine passende Gewichtsmatrix gefunden werden kann. Wählt man beispielsweise die Zuordnungen

$$(1\ 0\ 0\ 0) \rightarrow (1\ 0)$$
$$(0\ 1\ 0\ 0) \rightarrow (1\ 0)$$
$$(1\ 1\ 0\ 0) \rightarrow (0\ 1)$$
$$(0\ 0\ 0\ 1) \rightarrow (1\ 0),$$

dann ergeben sich daraus u.a. die Bedingungen

$$w_{11} = 1,\ w_{21} = 1 \text{ und } w_{11} + w_{21} = 0,$$

die im Widerspruch zueinander stehen. D.h. das Gleichungssystem ist nicht lösbar, und somit kann auch das Neuronale Netz diese Kombination nicht lernen. M.a.W. gibt es immer auch Lernaufgaben, die ein Netz mit einer einfachen Topologie nicht erfüllen kann (vgl. lineare Trennung Kap. 5.2.1).

Natürlich ist nun zu fragen, weshalb man ein solches Netz trainieren will, wenn man die passende Gewichtsmatrix auch einfach ausrechnen kann. Wir haben dieses Netz zum einen als Beispiel gewählt, damit Sie das Prinzip der Delta-Lernregel in einem sehr einfachen Fall anwenden lernen. Zum anderen lehrt das Beispiel aber auch einige Eigenschaften, die so allgemein in vielen Netztypen vorhanden sind.

Es gibt, so sieht man, für ein Muster und ein Target wegen der Unterbestimmtheit des Gleichungssystems viele Lösungen für die Gewichtsmatrix W. Weitere Muster können von demselben Netz demselben Output zugeordnet werden. Weder ist die Abbildung der Menge möglicher Inputvektoren in die Menge der Outputvektoren injektiv, die durch das Netz generiert wird, noch ist es die Umkehrung.

Wenn man die Beschränkung auf binäre Vektoren aufhebt, also reelle Vektoren als Input und als Target zulässt, ändert sich grundsätzlich nichts an den Eigenschaften, außer natürlich, dass es jetzt beliebig viele Möglichkeiten für Input und Target gibt.

## Übung 5.2.2-4

Trainieren Sie Ihr Netz zunächst mit einem binären Input- und Target-Vektor. Geben Sie dann als Input Vektoren mit reellen Komponenten ein, die nur wenig von den binären Werten abweichen (Sie lassen Schwarz und Weiß gewissermaßen zu Grau werden ) und beobachten Sie, welche Output-Werte Sie erhalten.

Wenn man zur linearen Aktivierungsfunktion des Beispielnetzes ein oder zwei Schwellenwerte hinzufügt, gilt die Analogie zum linearen Gleichungssystem nicht mehr vollständig. Durch Schwellenwerte bewirkt man, wie man sich leicht überlegen kann, eine Klassifizierung von Outputvektoren. Denn alle $net_j$, die z.B. den Schwellenwert übersteigen, also $net_j > \Theta_j$, werden ein und demselben Output-wert $o_j$ zugeordnet. Darüber hinaus können Schwellenwerte den Trainingsprozess bzw. die Stabilisierung des Netzes beschleunigen. So könnte man in unserem ersten Beispiel bei einem Schwellenwert von 0.5 mit der Regel

$$o_j = \begin{cases} 0 \text{ für } net_j < 0.5 \\ 1 \text{ für } net_j \geq 0.5 \end{cases}$$

das Training bereits bei (1 0.36) abbrechen, da dann $o_j = 0$ ist, wie gefordert wird.

Durch Schwellenwerte können Sie also die Outputs eines Neuronalen Netzes in gewissem Maße in Klassen zusammenfassen oder lenken. Das ist offensichtlich für die praktische Anwendung von Neuronalen Netzen für die Mustererkennung von Bedeutung. Es sei auch darauf hingewiesen, dass eine derartige Klasseneinteilung von Outputvektoren Ähnlichkeit mit dem Konzept der Attraktorbecken hat, das Sie bei den Booleschen Netzen (s. Kap. 2.1.5.) kennen gelernt haben.

## Übung 5.2.2-5

Experimentieren Sie mit verschiedenen Schwellenwerten und Inputvektoren.

Wenn Sie nur die 16 binären Inputvektoren und 4 Targetvektoren zulassen, wie viele Inputvektoren können Sie dann durch geeignete Wahl der Schwellenwerte maximal einem einzigen Target bzw. einer Klasse zuordnen?

Wir verlassen nun das einfache Beispiel und wenden uns einem praxisnäheren Beispiel zu. Die Programmierung eines zweischichtigen Feed-forward-Netzes sollen Sie deshalb in einer weiteren Übung an einem größeren Beispiel durchführen, nämlich an einer der verbreiteten 7-Segment-Anzeigen (s. Abb. 5-11), das wir, allerdings ohne Programmierhinweise, auch schon in Stoica-Klüver et al. 2009 behandelt haben.

Die Felder der Anzeige sollen durch binäre Vektoren mit Komponenten von 1 für ein Aufleuchten und 0 für ein Dunkelbleiben repräsentiert werden.

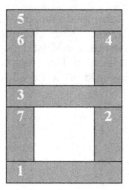

**Abbildung 5-11:** Sieben-Segment-Anzeige. Schema und Nummerierung der Segmente.

Nehmen wir z.B. die Ziffer 8, binär 1000. Der Vektor X der 7-Segmentanzeige für die Zahl 8 ist dann einfach $X = (1, 1, 1, 1, 1, 1, 1)$, da alle 7 Segmente leuchten.

Trainiert werden soll nun der Anzeigevektor für 4, $X = (0, 1, 1, 1, 0, 1, 0)$, der als Output den Zielwert $Y = (0, 1, 0, 0)$, also $Y = 4$ als Dezimalzahl, erzeugen soll. Das Netz enthält also 7 Input-Neuronen und 4 Output-Neuronen. Die Werte der 7×4 Gewichtsmatrix seien zu Anfang alle auf 0.5 gesetzt, $\eta$ sei mit 0.2 angenommen.

Als kleine Hilfe sei hier zunächst noch einmal das Programmschema (Pseudocode) etwas verallgemeinert dargestellt:

```
1. Schleife: Training bis Abbruchkriterium erreicht (Fehler unter
   definierter Grenze oder maximale Schrittzahl überschritten)
 2. Schleife: Eingabe der ν Muster in zufälliger Reihenfolge
  3. Schleife über alle Output-Neuronen (hier j=1,2,3,4)
        Berechnung von oj
        Berechnung von δj = (tνj - ovj)
        Speichern der δj für Überprüfung des Abbruchkriteriums
```

```
    4. Schleife über alle Input-Neuronen i (hier i=1,2....,7)

        Berechnung des neuen Gewichtswertes wij'  = wij + Δwij

        Speichern des neuen wij'

      Ende der 4. Schleife

    Ende der 3. Schleife

      Berechnung des Einzelfehlers (z.B. Summe der Fehlerquadrate (δj)²
      für die 4 Outputneuronen) für das Muster ν

      Ersetzen der vorigen durch die neuen Gewichtswerte

    Ende der 2. Schleife

      Berechnung des Gesamtfehlers (z.B. Mittelwert der Einzelfehler für
      alle ν)

      wenn Gesamtfehler unter Kriterium, Abbruch mit Erfolgsmeldung
      wenn maximale Schrittzahl erreicht, Abbruch mit Misserfolgs-Meldung

  Ende der 1. Schleife
```

Die "Bausteine" für ein solches Programm, z.B. die Berechnung von $net_j$ und daraus $o_j$ oder die Fehlerfunktion, sind oben bereits alle skizziert. Dennoch sollen die relevanten Teile des Programms, das hier auf das Lernen dreier Muster begrenzt werden soll, noch einmal etwas detaillierter dargebracht werden. Das Netz soll mit der linearen Aktivierungsfunktion arbeiten, die Ausgabefunktion soll die Identität sein, die Aktivierungsfunktion die tanh-Funktion:

**Code-Beispiel 5.2.2-2**

```
!...generiere die 3 Muster als Zeilen einer 3*7 Matrix
M(1,1:7) = (/0,1,1,1,0,1,0/)
...
M(3,1:7) = ....
!...definiere die zu den 3 Mustern gehörenden Target-Vektoren
T(1,1:4) = (/0,1,0,0/)
...
T(3,1:7) = ...
!...definiere Gewichtsmatrix (nur Gewichte zwischen Input- und
!   Outputschicht)
W(1:7,1:3) = ....
!...Lernrate
eta = 0.5
!...Hilfsvektor für Permutation der Reihenfolge der Muster
P0(1:3) = (/1,2,3/)
!...hier Ausgangsdaten abspeichern
!...Lernschleifen/Training
flag=.FALSE              ! Erfolgs-Indikator
DO n = 1, nmax

    do ip = 1,3          ! Schleife über permutierte Muster
!...Permutation der Reihenfolge der Muster, d.h. Permutation von {1,2,3}
        CALL PERMUT(P0,P)  ! ruft Unterprogramm zur Bildung einer
                           ! Permutation P(1:3)
```

```
           k = P(ip)
           MX(1:7) = M(k,1:7)                    ! ausgewähltes Muster
!...berechne Aktivierung der 4 Output-Neuronen 4
           NETJ(1:4) = MatMult(MX,W)          ! Matrizen-Multiplikation
!...Aktivierungsfunktion anwenden (hier tanh), Ausgabefunktion
!   ist Identität
           OJ(1:4) = TANH(NETJ(1:4))
!...mit Target vergleichen
           DELTA (1:4) = T(1:4) - OJ(1:4)
           ERR(i) = SQRT(SUM(DELTA(1:4)**2))
!...neue Gewichte berechnen
         do i=1,7
           do j=1,4
             W(i,j) = W(i,j) + eta*DELTA(j)*MX(i)
!...beachte: o(i) ist hier = MX(i) wegen der Identität als
!   Ausgabefunktion
           end do
         end do
       end do          ! Ende der Schleife über die permutierten Muster
!...Fehler der Einzelmuster addieren und Mittelwert bilden
      Mittel_Err = SUM(ERR(1:3)/3
!...Abbruchkriterium prüfen und ggf. abbrechen
      IF(Mittel-Err<akrit) then
             flag = .TRUE.          ! zeigt an, ob Fehler genügend klein
             EXIT                   ! Abbruch der Lernschleife
        ENDIF

END DO                             ! Ende der Lernschleife
  IF(flag) then
!...hier Erfolgsmeldung ausgeben und Ergebnisse anzeigen und abspeichern
  ELSE
!...hier Abbruch wegen erreichen der maximalen Schrittzahl anzeigen
!...erreichte Fehlerwerte usw. anzeigen und speichern
  ENDIF
```

## Übung: 5.2.2-4

1) Lassen Sie das Netz zunächst mit dem Input für 4 trainieren, dann mit weiteren Inputvektoren Ihrer Wahl. Experimentieren Sie dabei mit dem Wert der Lernrate und, wenn Sie wollen, auch mit einer Ausgabefunktion.

Stabilisiert sich das Netz in allen Fällen?

Wie viele Muster kann das Netz in der angegebenen Größe gleichzeitig erkennen?

Testen Sie, wie die zum Lernen benötigte Schrittzahl mit der Fehlergrenze wächst.

Hinweis: Wählen Sie zu Anfang die Fehlergrenze (Quadratsumme) nicht zu klein (0.05 bis 0.1) und die maximale Schrittzahl so, dass das Programm in einigen Sekunden abschließt (das hängt natürlich von Ihrer CPU und von der Programmiersprache und Ihren Programmierkünsten ab).

2) Wie verhält sich das austrainierte Netz bei leicht fehlerhaften Eingabevektoren?

Nehmen Sie die Anzeige 4 und alle Anzeigen, die aus 4 entstehen, wenn eins der leuchtenden Segmente der 4 ausfällt (es gibt also 4 mögliche fehlerhafte Vieren). Versuchen Sie, ob das Netz so trainiert werden kann, dass es die 4 bei allen möglichen Fehlern (also bei Ausfall eines der relevanten Segmente) sicher erkennt. Prüfen Sie, ob das ohne oder nur mit Schwellenwerten möglich ist.

Sie sehen, wenn Sie die obige Übung durchgeführt haben, dass trainierte Neuronale Netze die Eigenschaft der Fehlertoleranz besitzen. Sie erkennen in bestimmtem Umfang fehlerhafte Muster richtig. Die Fehlertoleranz ist insofern kritisch, als sie auch nicht zu groß sein darf. Beispielsweise sollten die 7-Segment-Anzeigen der Ziffer 7 nicht als 1 oder umgekehrt erkannt werden.

Die Delta-Lernregel hat, das sei abschließend noch einmal hervorgehoben, nur Bedeutung für zweischichtige Netze und lineare Aktivierungsfunktionen.

Für mehrschichtige Netze ist sie nicht ohne Weiteres anwendbar, weil für Zwischenschichten – jedenfalls auf einfache Weise – keine Zielvektoren definiert werden können. Im nächsten Kapitel wird daher ein auch für mehrschichtige Netze geeignetes, aus der Deltaregel abgeleitetes Verfahren vorgestellt werden.

## 5.3    Lernen in mehrschichtigen Neuronalen Netzen

### 5.3.1    Backpropagation

Bei Netzen mit Zwischenschichten sind, wie bereits bemerkt, den Neuronen der Zwischenschichten keine Zielwerte zugeordnet, so dass beim Lernen die Veränderungen der Gewichte zwischen Input- und Zwischenschicht bzw. zwischen verschiedenen Zwischenschichten in irgendeiner Weise aus den Abweichungen der Aktivierungen der Output-Schicht von den Zielwerten abgeleitet werden müssen. Diese Veränderungen müssen offensichtlich andere sein als die, die an den Gewichten der Verbindungen zwischen der "untersten" Zwischenschicht und der Outputschicht vorgenommen werden.

Die bekannteste Lernregel für solche Fälle ist die so genannte Backpropagation-Regel, die für reine feed-forward-Netze mit mehreren Schichten sowie für monotone, differenzierbare Aktivierungsfunktionen (also nicht nur für lineare!) anwendbar ist. Sie hat ihren Namen daher, weil der Fehler der Outputschicht gewissermaßen gegen die Arbeitsrichtung des Netzes rückwärts in die Verbindungsgewichte eingerechnet wird.

Weil die Backpropagation-Regel nicht leicht zu verstehen ist, skizzieren wir hier kurz ihre Herleitung; diese macht zumindest die der Regel zugrunde liegende Logik etwas klarer. Der Herleitung legen wir zunächst ein dreischichtiges Neuronales Netz zugrunde, wie beispielhaft in Abb. 5-13 (s.u.) dargestellt. Dabei sollen die Neuronen der Inputschicht mit dem Index i, die der Zwischenschicht mit dem Index j und die der Outputschicht mit dem Index k bezeichnet werden[95]. Die Gewichtsmatrix enthält 2 Blöcke, $(w_{ij})$ und $(w_{jk})$.

Auch die Backpropagation-Regel geht wie die Deltaregel davon aus, dass eine Fehlerfunktion E(W) definiert ist, die eine Funktion der verschiedenen Gewichtswerte $w_{ij}$ und $w_{jk}$ ist, die also prinzipiell von allen Gewichtswerten abhängt. Die Fehlerfunktion ist also bei einem Netz mit n Neuronen im schlimmsten Falle eine Funktion von $n^2$ Variablen. Dies gilt für jedes Trainingsmuster; sollen mehrere Muster trainiert werden, dann ist der Gesamtfehler die Summe der Einzelfehler über alle v Muster:

$$E_{ges}(W) = \frac{1}{2} \sum_v \sum_{k=1}^{K} (t_{vk} - o_{vk})^2 \tag{1}$$

wo die Summierung über alle K Neuronen der Outputschicht läuft und wo wie schon bemerkt der Faktor 1/2 aus Gründen der Vereinfachung der Formeln (siehe weiter unten) eingeführt wurde; es kommt auf dasselbe hinaus, ob nach einem Fehler oder nach der Hälfte davon minimiert wird.

Im vorigen Kapitel wurde darauf hingewiesen, dass die Bedingung für ein Minimum dieser Fehlerfunktion ist, dass der Gradient $\nabla E(W) = 0$ wird, wobei die Gewichtsmatrix W als Vektor geschrieben wird und damit

$$\nabla E(w_{11}, w_{12}, ......, w_{nn}) = \frac{\partial E}{\partial w_{11}} + \frac{\partial E}{\partial w_{12}} + ...... + \frac{\partial E}{\partial w_{nn}} \text{ wird}^{96}. \tag{2}$$

Ein sehr allgemeines Verfahren, um von einem beliebigen Punkt der Fläche das Minimum zu erreichen, ist das Gradienten-Abstiegs-Verfahren, das eine Modifikation der Variablen so vornimmt, dass sich der Punkt auf der Fehlerfläche, der den augenblicklichen Systemzustand repräsentiert in Richtung des steilsten Abstiegs, also des größten negativen Gradienten $-\nabla E(W)$ bewegt[97].

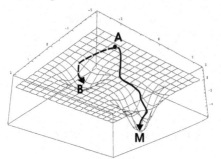

**Abbildung 5-12:** Globales Minimum M und lokales Minimum B in einer dreidimensionalen Fläche. Ein einfacher Gradientenabstieg würde vom Ausgangspunkt / Zustand A im lokalen Minimum enden (s. Kap. 5.3.2.).

---

[95]  Sie werden daher in den Formeln evtl. Indizierungen finden, die von denen in anderer Literatur abweichen.

[96]  Für Leser, die mit der Differentialrechnung im mehrdimensionalen Raum nicht so vertraut sind: der Gradient spielt dort ungefähr dieselbe Rolle wie die Ableitung f'(x) einer Funktion im Zweidimensionalen.

[97]  Aus der Abb. 5-12 wird sofort das Problem des Verfahrens ersichtlich, dass nämlich die Optimierung mit relativ großer Wahrscheinlichkeit in einem lokalen Minimum landet.

Im einfachsten Falle wird die Änderung der Gewichte proportional dem negativen Gradienten gesetzt:

$$\Delta W = -\eta \nabla E(W)$$

(3)

wo die Proportionalitätskonstante $\eta$ als Lernrate bezeichnet wird.

Nun muss daran erinnert werden, dass der Output, der durch die Fehlerfunktion in Bezug zum fest vorgegebenen Target gesetzt wird, eine geschachtelte Funktion des Inputs ist, was mit

$$o_k = F_{out}\left(F_{akt}\left(F_{prop}\left(a_{jk}\right)\right)\right)$$

(4)

angedeutet werden kann.

Da die Ableitung der Lernregeln für den allgemeinen Fall recht kompliziert wird, setzen wir in dieser Ableitung die häufigste Wahl der Funktionen voraus, nämlich dass sich wie oben die Netzeingabe $net_j$ als gewichtete Summe

$$net_j = \sum_{i=1}^{n} w_{ij} a_i \text{ bzw. } net_k = \sum_{j=1}^{n} w_{jk} o_j$$

(5)

ergibt (mit $a_i$ für die Inputschicht und $o_j$ statt $a_j$, wenn es um Neuronen innerer Schichten geht) und die Outputfunktion die Identität ist

$$o_j = F\left(net_j\right) \text{ bzw. } o_k = F\left(net_k\right)$$

(6)

mit der Aktivierungsfunktion F.

Für die partiellen Ableitungen der Fehlerfunktion ist, da es sich also um Funktionen von Funktionen handelt, die bekannte Kettenregel der Differentiation anzuwenden

$$\frac{\partial E_v(W)}{\partial w_{ij}} = \frac{\partial E_v(W)}{\partial o_{vj}} \cdot \frac{\partial o_{vj}}{\partial w_{ij}} \text{ und analog für j und k.}$$

(7)

Nun ist strikt zwischen zwei Fällen zu unterscheiden, nämlich den Output-Neuronen und den Neuronen von Zwischenschichten.

Im ersteren Fall, für ein Outputneuron k erhält man aus der Fehlerfunktion für ein Einzelmuster

$$\frac{\partial}{\partial o_{vk}} E_v(W) = \frac{\partial}{\partial o_{vk}}\left(\frac{1}{2}\sum_k \left(t_{vk} - o_{vk}\right)^2\right) = -\left(t_{vk} - o_{vk}\right),$$

(8)

wo $(t_{vk})$ der Targetvektor ist.

Das bedeutet, dass der erste Faktor in der Kettenregel proportional zur Differenz

$$\left(t_{vk} - o_{vk}\right)$$

(9)

gesetzt werden kann; der Fehler des Outputs ist umso kleiner, je kleiner diese Differenz ist.

Wird diese Differenz als $\delta_{vk}$ bezeichnet, dann erhält man

$$\frac{\partial E_v(W)}{\partial w_{jk}} = \delta_{vk} \cdot \frac{\partial o_{vk}}{\partial w_{jk}} = -\left(t_{vk} - o_{vk}\right) \cdot \frac{\partial o_{vk}}{\partial w_{jk}}.$$

(10)

Das letzte Differential kann wieder nach der Kettenregel berechnet werden zu

$$\frac{\partial o_{vk}}{\partial w_{jk}} = \frac{\partial o_{vk}}{\partial net_k} \cdot \frac{\partial net_k}{\partial w_{jk}} = \frac{\partial F(net_k)}{\partial net_k} \cdot \frac{\partial net_k}{\partial w_{jk}} = F'(net_k) \cdot \frac{\partial \sum\limits_{j=1}^{J} w_{jk} o_j}{\partial w_{jk}} = F'(net_k) \cdot o_j \quad (11)$$

denn im Differential der Summe über alle Neuronen J der Zwischenschicht, die $net_k$ definiert, bleibt nur ein Element, nämlich $o_j$ stehen.

Für ein einzelnes Neuron ergibt sich also wie bei der Deltaregel ein Beitrag $\delta_k$ zur Änderung der Gewichte in der unmittelbar davor liegenden Schicht, nämlich

$$\Delta_v w_{jk} = \eta \, o_{vj} \delta_{vk} \quad (12)$$

mit

$$\delta_{vk} = F'(net_{vk})(t_{vk} - o_{vk}) \quad (13)$$

Dies gilt nur für die Veränderung der Gewichte zur Outputschicht und in dieser Form auch nur für lineare Propagierungsfunktionen und die Identität als Outputfunktion. Das Ergebnis ist dann identisch mit der Deltaregel.

Ist die Aktivierungsfunktion F die logistische Funktion, dann erhält man für F'

$$F'(net_{vk}) = F(net_{vk})(1 - F(net_{vk})) = o_{vk}(1 - o_{vk}) \quad (14)$$

und damit

$$\delta_{vk} = o_{vk}(1 - o_{vk})(t_{vk} - o_{vk}) \quad (15)$$

Kommen wir nun zum zweiten Fall, den Neuronen in der Zwischenschicht. Die Veränderung der Gewichte zur Zwischenschicht hin wird beim Backprogation-Algorithmus mit einem modifizierten $\delta_j$ nach dem Prinzip vorgenommen, dass dafür die Veränderungen der Gewichte zwischen Zwischen- und Outputschicht anteilig gelten.

Die Ableitung dieser Modifikation geschieht ähnlich wie die obige Herleitung.

Der Ansatz ist wieder die Kettenregel, zur Vereinfachung für ein Muster, d.h. unter Weglassen des Indizes v:

$$\frac{\partial E(W)}{\partial w_{ij}} = \frac{\partial E(W)}{\partial net_j} \cdot \frac{\partial net_j}{\partial w_{ij}}. \quad (16)$$

Hierin ist wieder

$$\frac{\partial net_j}{\partial w_{ij}} = o_i. \quad (17)$$

Der erste Faktor wird wieder als $-\delta_j$ abgekürzt und ebenfalls nach der Kettenregel berechnet:

$$\delta_j = -\frac{\partial E(w)}{\partial net_j} = -\frac{\partial E(w)}{\partial o_j} \cdot \frac{\partial o_j}{\partial net_j} = -\frac{\partial E(w)}{\partial o_j} \cdot \frac{\partial F(net_j)}{\partial net_j} = -\frac{\partial E(w)}{\partial o_j} \cdot F'(net_j) \quad (18)$$

Jetzt muss der erste Faktor

$$-\frac{\partial E}{\partial o_j} \quad (19)$$

für den Fall der Zwischenschicht-Neuronen berechnet werden. In diesem Fall –
und das ist ein sehr wichtiger Punkt des Ansatzes – muss beachtet werden,
welchen Beitrag an Aktivierung die Neuronen der Zwischenschicht bezüglich der
einzelnen Neuronen der Outputschicht leisten. M.a.W. wird die Fehlerfunktion E
der Neuronen in einer Zwischenschicht nun als Funktion der Netzeingaben $net_k$
der *Nachfolgeschicht*, im Falle dreischichtiger Netze also der Outputschicht,
behandelt:

$$-\frac{\partial E}{\partial o_j} = -\frac{\partial E\left(net_{k=1}, net_{k=2}, \ldots\ldots, net_{k=K}\right)}{\partial o_j}, \tag{20}$$

wo K die Anzahl der Outputneuronen ist.

Nach der Kettenregel für mehrdimensionale Funktionen erhält man daraus:

$$-\frac{\partial E}{\partial o_j} = \sum_{k=1}^{K}\left(-\frac{\partial E}{\partial net_k} \cdot \frac{\partial net_k}{\partial o_j}\right) \tag{21}$$

Hier wird also ein Produkt aus zwei Faktoren über alle Neuronen der
Nachfolgeschicht summiert. Der erste Faktor ergibt sich aus obigen Definitionen
(s.(10)) leicht als:

$$-\frac{\partial E}{\partial net_k} = \delta_k. \tag{22}$$

Für den zweiten Faktor gilt etwas komplizierter:

$$\frac{\partial net_k}{\partial o_j} = \frac{\partial \sum_j w_{jk} o_j}{\partial o_j} = w_{jk}. \tag{23}$$

Die obige Summe ergibt also insgesamt:

$$-\frac{\partial E}{\partial o_j} = \sum_{k=1}^{K} \delta_k w_{jk} \tag{24}$$

Die Gleichungen werden nun zusammengeführt zu:

$$\Delta w_{ij} = \eta o_i \delta_j = \eta \cdot o_i \cdot F'\left(net_j\right) \cdot \sum_{k=1}^{K}\left(\delta_k w_{jk}\right). \tag{25}$$

Noch einmal zusammengefasst:

> Es gilt für die Änderung eines Gewichtes zwischen zwei Schichten, wenn v das
> zu lernende Muster bezeichnet:
>
> $$\Delta_v w_{jk} = \eta o_{vj} \delta_{vk} = F'\left(net_{vk}\right)\left(t_{vk} - o_{vk}\right) \tag{26}$$
>
> wenn k ein Outputneuron ist und
>
> $$\Delta_v w_{ij} = \eta o_{vi} \delta_{vj} = \eta o_{vi} \cdot F'\left(net_{vj}\right) \sum_k \delta_{vk} w_{jk} \tag{27}$$
>
> wenn j ein Neuron der Zwischenschicht ist.

Wenn die Aktivierungsfunktion die logistische Funktion

$$F(x) = \frac{1}{1 + e^{-x}}$$

(28)

ist, dann gilt wie im Kapitel 5.1.3. erläutert

$$F'(x) = F(x)(1 - F(x))$$

(29)

und die Backpropagation-Regel wird mit $x = net_{vk}$ zu:

$$\Delta_v w_{jk} = \eta o_{vj} \delta_{vk} = \eta o_{vj} o_{vk}(1 - o_{vk})(t_{vk} - o_{vk}),$$

(30)

wenn k ein Outputneuron ist und

$$\Delta_v w_{ij} = \eta o_{vi} \delta_{vj} = \eta o_{vi} o_{vj}(1 - o_{vj}) \sum_k (\delta_{vk} w_{jk}),$$

(31)

wo $\delta_{vk}$ wie in (30) definiert und j ein Neuron der Zwischenschicht ist.

Wenn die Aktivierungsfunktion die tanh Funktion ist, für die

$$f''(x) = 1 - (f(x))^2$$

(32)

gilt, dann sind die entsprechenden Formeln

$$\Delta_v w_{jk} = \eta o_{vj} \delta_{vk} = \eta o_{vj}(1 - o_{vk}^2)(t_{vk} - o_{vk})$$

(30a)

und

$$\Delta_v w_{ij} = \eta o_{vi} \delta_{vj} = \eta o_{vi}(1 - o_{vj}^2) \sum_k (\delta_{vk} w_{jk})$$

(31a)

Diese Ableitung gilt für das online-Verfahren, d.h. für die Aktualisierung der Gewichtswerte nach jedem Einzelmuster. Enthält das Netz mehrere Zwischenschichten, so gilt (31) entsprechend jeweils für die davor liegenden Zwischenschichten.

Beachten Sie bitte genau die Indizierung in den obigen Formeln.

Die Veränderung der Gewichtswerte $w_{jk}$ zwischen Zwischenschicht und Output-schicht ist proportional der Größe des Outputs des jeweils sendenden Neurons j in der Zwischenschicht und einer Funktion des Outputs des empfangenden Neurons k der Outputschicht, wenn wir den Beitrag des Targetvektors als Konstante ansehen; $\Delta w_{jk}$ hängt also nur vom Output zweier Neuronen, nämlich j und k ab.

Die Änderung eines Gewichtswertes $w_{ij}$ zwischen einer Zwischenschicht und deren Vorgängerschicht ist zwar auch proportional der Größe des Outputs des jeweils sendenden Neurons i der Vorgängerschicht, hängt aber dann von einer gewichteten Summe der Abweichungen in der Nachfolgerschicht ab, also vom Output aller empfangenden Neuronen der nächsten Schicht. Deshalb müssen die Änderungen der Gewichtswerte bei der Backpropagation-Regel rekursiv berechnet werden, zuerst für die Outputschicht und dann rückwärts schreitend für die davor liegenden Schichten.

Dabei stellt man allerdings bei vielen Netzen fest, dass die Änderungen in den Gewichten, die sich für frühere Schichten als die letzte Zwischenschicht vor dem Output ergeben, in der Regel vernachlässigbar klein werden.

Beachten Sie, dass die Größe des Fehlersignals der Ableitung der Aktivierungsfunktion proportional ist. Das bedeutet, dass solche Aktivierungs-funktionen vorteilhaft sind, die bei den sich ergebenden Outputs eine große erste Ableitung, also eine hohe Steilheit besitzen.

Der Lernalgorithmus soll wieder an einem ersten Beispiel demonstriert werden:

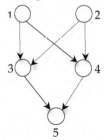

**Abbildung 5-13:** Erstes Beispiel eines dreischichtigen Neuronalen Netzes

Das Netz soll folgende Muster lernen:

$(1\ 1) \rightarrow 0$
$(0\ 1) \rightarrow 1$
$(1\ 0) \rightarrow 1$
$(0\ 0) \rightarrow 0.$

Dies ist natürlich die Repräsentation des XOR.

Den Neuronen 3 und 4 wird die logistische Aktivierungsfunktion zugeordnet.

Die Anfangs-Gewichtswerte werden wie folgt gewählt:

$w_{13} = 0.20$, $w_{14} = 0.30$, $w_{23} = 0.10$, $w_{24} = 0.40$, $w_{35} = 0.20$ und $w_{45} = 0.50$.

Damit erhält man für das 1. Muster:

$net_3 = 0.3$, $net_4 = 0.7$ und mit der logistischen Funktion
$o_3 = 0.57$, $o_4 = 0.67$
$o_5 = 0.45$

Da der Zielwert $t = 0$ ist, ergibt sich der Fehler $\delta_{15}$ also als

$\delta_{15} = 0.45(1 - 0.45)(0.0 - 0.45) = -0.111.$

Der erste Index, hier 1, bezieht sich im Folgenden auf die Nummer des jeweils trainierten Musters, der zweite Index, hier 5, auf das Outputneuron.

Die Gewichtswerte der untersten Stufe sind, wenn $\eta = 0.8$ gesetzt wird, dann zu ändern durch

$\Delta_1 w_{35} = -0.8 * 0.57 * 0.111 = -0.051$ und

$\Delta_1 w_{45} = -0.8 * 0.67 * 0.111 = -0.059,$

aufgerundet also jeweils -0.05 bzw. -0.06.

Für die $\delta$-Werte der oberen Stufe erhält man, das ist die Logik des Backpropa-gation-Algorithmus, natürlich in der Regel kleinere Werte, nämlich:

$\delta_{13} = o_3(1 - o_3)( \delta_{15} * w_{35}) = 0.57(1 - 0.57)(-0.111 * 0.2) = -0.0054;$

$\delta_{14} = o_4(1 - o_4)( \delta_{15} * w_{45}) = 0.67(1 - 0.67)(-0.111 * 0.5) = -0.0123.$

Die Summe in der letzten Klammer enthält nur *einen* Summanden, da es *nur ein Output-Neuron* gibt.

Man sieht, dass damit die entsprechend berechnete Veränderung der Gewichtswerte der oberen Stufe sehr klein wird.

$$\Delta_1 w_{13} = -0.8 * 1 * 0.0054 \approx 0.004$$
$$\Delta_1 w_{14} = -0.8 * 1 * 0.0123 \approx 0.010$$
$$\Delta_1 w_{23} = -0.8 * 1 * 0.0054 \approx 0.004$$
$$\Delta_1 w_{24} = -0.8 * 1 * 0.0123 \approx 0.010$$

Als neue Gewichtswerte des Netzes gewinnt man somit:

$$w_{13} = 0.196, \ w_{14} = 0.290, \ w_{23} = 0.096, \ w_{24} = 0.390, \ w_{35} = 0.149 \ \text{und} \ w_{45} = 0.441.$$

Mit dem 2. Muster[98] ergibt sich nun entsprechend:

$$net_3 = 0.096, \ net_4 = 0.390$$
$$o_3 = 0.529, \ o_4 = 0.592$$
$$o_5 = 0.340$$
$$\delta_{25} = 0.34(1-0.34)(1-0.34) = 0.148$$
$$\Delta_2 w_{35} = 0.8 * 0.529 * 0.148 = 0.062 \ \text{und}$$
$$\Delta_2 w_{45} = 0.8 * 0.592 * 0.148 = 0.070$$

$$\delta_{23} = o_3(1-o_3)(\delta_{15} * w_{35}) = 0.529(1-0.529)(0.148 * 0.149) = 0.0055$$
$$\delta_{24} = o_4(1-o_4)(\delta_{15} * w_{45}) = 0.592(1-0.592)(0.148 * 0.441) = 0.0158$$

$$\Delta_2 w_{13} = 0.8 * 0 * 0.0055 = 0$$
$$\Delta_2 w_{14} = 0.8 * 0 * 0.0158 = 0$$
$$\Delta_2 w_{23} = 0.8 * 1 * 0.0055 \approx 0.004$$
$$\Delta_2 w_{24} = 0.8 * 1 * 0.0158 \approx 0.013$$

$$w_{13} = 0.196, \ w_{14} = 0.290, \ w_{23} = 0.100, \ w_{24} = 0.403, \ w_{35} = 0.211 \ \text{und} \ w_{45} = 0.511.$$

Nach dem 3. Muster ergibt sich dann:

$$w_{13} = 0.202, \ w_{14} = 0.304, \ w_{23} = 0.100, \ w_{24} = 0.403, \ w_{35} = 0.274 \ \text{und} \ w_{45} = 0.577.$$

Die Outputs der in jedem Schritt trainierten Muster sind jedoch weiterhin überwiegend falsch.

Zur weiteren Analyse des Lernvorgangs muss man natürlich das hier angefangene Verfahren programmieren. Dabei ist es zweckmäßig, zum einen das 4. Muster nicht zu verwenden, da bei der gewählten Codierung der Muster ein Muster (0 0) keine Veränderungen der Gewichte bewirken kann. Zum anderen hat sich gezeigt, dass das Lernen beschleunigt wird, wenn man die Reihenfolge der Muster beim Lernen permutiert und überdies das erste Muster doppelt berücksichtigt.

Es stellt sich heraus, wenn man das Verfahren so programmiert, dass sich mit den oben genannten Parametern erst nach ca. 250 Schritten immer richtige Outputs einstellen. Das heißt, dass dann die Muster gelernt sind.

Die Gewichte zu diesem Zeitpunkt haben sich zu folgenden Werten entwickelt:

$$w_{13} = -0.455, \ w_{14} = -0.478, \ w_{23} = -0.681, \ w_{24} = -0.551, \ w_{35} = 0.691 \ \text{und} \ w_{45} = 0.668$$

---

[98] Nochmaliger Hinweis: Die Indizierung 25 bedeutet Muster 2 und Outputneuron 5.

und die Eingabe der Muster 1, 2 und 3 führt zur Ausgabe der Werte

$\approx 0.36, \approx 0.52$ bzw. $\approx 0.51$.

Man kann den Trainingsvorgang an dieser Stelle getrost abbrechen, obwohl die Output-Werte die verwendeten Zielwerte t = 1 bzw. t = 0 nicht erreicht haben. Denn wenn dem Output von Neuron 5 ein Schwellenwert von $\Theta \geq 0.5$ zugewiesen wird, d.h. ein Output von < 0.5 wird als 0, ein Wert $\geq 0.5$ als 1 interpretiert, dann werden aufgrund des Schwellenwerts die obigen drei Outputwerte als 0, 1 und 1 ausgegeben.

Die Programmierung des Backpropagation-Algorithmus ist, wie man im Englischen sagen würde, *straightforward*. Für das obige einfache Beispiel könnte der relevante Programmteil etwa so skizziert werden:

**Code-Beispiel 5.3.1-1: Skizze des Programms für das 1. Beispielnetz**

```
!...Definition der Anfangs-Gewichtswerte
W0=0.0
W0(1,3)=0.2
W0(1,4)=0.3
W0(2,3)=0.1
W0(2,4)=0.4
W0(3,5)=0.2
W0(4,5)=0.5
!...Definition weiterer Anfangswerte
eta = 0.8              ! Lernrate
theta = 0.5            ! Schwellenwert
nmax=50000
gamma=0.1                ! Abbruchkriterium/maximale Abweichung target-Ergebnis

MUST(1,:)=(/1.,1./)        ! zu trainierende Muster
MUST(2,:)=(/1.,0./)
MUST(3,:)=(/0.,1./)

IT(:)=(/0,1,1/)            ! erwartete richtige Ergebnisse von XOR
T(:)=(/0.49,0.51,0.51/)    ! Targets
W=W0          ! aktuelle Gewichtsmatrix, zu Anfang mit Werten W0 besetzt

!...hier beginnt die Iteration
DO n = 1, nmax                     ! Lernschritt-Schleife
    call Random_number(r)          ! Zufallswahl des Musters
    ip=r*4+1                       ! ip ausgewähltes Muster
    IF(ip==4) ip=1                 ! 1. Muster wird doppelt genommen
    x1=MUST(ip,1)                  ! Komponenten des Mustervektors
    x2=MUST(ip,2)
    o3=W(1,3)*x1+W(2,3)*x2         ! oi output des Knotens i
    o4=W(1,4)*x1+W(2,4)*x2
```

```
    o3=1./(1+EXP(-o3))-0.5        ! anwenden der Aktivierungsfkt.
    o4=1./(1+EXP(-o4))-0.5        ! skaliert auf Intervall [0,1)
    o5=W(3,5)*o3+W(4,5)*o4


    IF(o5>=theta) then            ! anwenden des Schwellenwertes
       oo5=1.                     ! output nach Schwellenwert
    ELSE
       oo5=0.
    ENDIF
    IF(ABS(oo5-IT(ip))> gamma)then      ! prüfen, ob Ergebnis und
                                        ! target genug übereinstimmen
!...hier evtl. Zwischenwerte in Datei schreiben
    ELSE                                ! hier Übereinstimmung
!...hier Ergebniswerte in Datei schreiben und anzeigen
       exit  ! herausspringen aus der Schrittschleife, beenden
    ENDIF
!...berechnen der Delta-Werte für Backpropagation
    d5=o5*(1-o5)*(T(ip)-o5)
    d3=o3*(1-o3)*(d5*W(3,5))
    d4=o4*(1-o4)*(d5*W(4,5))
!...verändern der Gewichtswerte gemäß Backpropagation-Lernregel
    W(3,5)=eta*o3*d5 +W(3,5)
    W(4,5)=eta*o4*d5 +W(4,5)
    W(1,3)=eta*x1*d3 +W(1,3)
    W(1,4)=eta*x1*d4 +W(1,4)
    W(2,3)=eta*x2*d3 +W(2,3)
    W(2,4)=eta*x2*d4 +W(2,4)


END DO              ! Ende der Schrittschleife
```

Im Falle von Netzen mit mehr Knoten wird man natürlich die Befehle zum Teil in geeigneten Methoden, Prozeduren oder Klassen unterbringen. Beispielsweise ist, wie bereits früher erwähnt, die Berechnung der Aktivierungswerte im ersten Schritt nichts anderes als die Multiplikation der Gewichtsmatrix mit einem Vektor. Dies werden wir weiter unten an einem weiteren Beispiel demonstrieren.

Will man mit einem Netz-Programm experimentieren, kann man die Schrittschleife in eine weitere Schleife einbinden, in der bestimmte Parameter, z.B. die Lernrate, systematisch variiert werden.

Was passiert nun mit dem Netz, wenn man nach einem Lernerfolg, also wenn alle Muster richtig erkannt, d.h. mit dem erwünschten Output beantwortet werden, weiter iteriert? Man stellt dann fest, dass in der Regel die Gewichte weiter verändert werden, dass sie zum Teil sehr große, unpraktikable Werte annehmen können.

Im Beispielfall erhält man nach 5000 Schritten

$$w_{13} = -1.32, \ w_{14} = -2.61, \ w_{23} = -2.62, \ w_{24} = -1.32, \ w_{35} = 3.38 \text{ und } w_{45} = 3.32$$

und als Ausgabewerte

$\approx 0.13$, $\approx 0.94$ bzw. $\approx 0.93$.

Die Werte nähern sich also den eingesetzten Zielwerten immer mehr an[99], allerdings sind die zusätzlichen Schritte für die Anwendung des Netzes offensichtlich nicht notwendig.

Deshalb ist es sinnvoll, das Lernen bei Erreichen eines geeigneten Abbruchskriteriums, zum Beispiel eines für praktische Zwecke genügend kleinen Fehlers, abzubrechen.

Mit anderen Worten: Wenn ein Netz gelernt hat, dann muss es keineswegs – mathematisch gesehen – konvergiert haben.

Der Vorteil des hier skizzierten Verfahrens ist zweifach: Durch Verwendung eines Schwellenwertes beim Output – das gilt vor allem bei der binären Codierung der Muster, aber reellen Aktivierungswerten der Neuronen – wird das Lernen stark verkürzt. Dadurch, dass man als Zielwerte t = 0 und t = 1 anstelle von Zielwerten in der Nähe des Schwellenwerts einsetzt, erhält man wegen des Faktors ($t_j - o_j$) sehr viel größere Änderungen der Gewichtswerte, also auch schnellere Lernprozesse.

Setzt man als Zielwerte z.B. t = 0.49 bzw. t = 0.51, so benötigt der Lernprozess ca. 3000 Schritte. Er hat dann aber die Zielwerte tatsächlich erreicht und damit die Konvergenz. Die nun bei weiterer Iteration unveränderlichen Gewichtswerte sind:

$w_{13} = -0.072$, $w_{14} = -0.079$, $w_{23} = -0.177$, $w_{24} = 0.007$, $w_{35} = 0.480$ und $w_{45} = 0.580$.

Betrachtet man weiter, welche Parameter Einfluss auf das Lernen haben, so stellt sich heraus, dass die Lernzeit stark nicht nur von den anfänglichen Gewichts-werten[100], sondern sehr stark von der Lernrate $\eta$ abhängt. Beim Beispiel sinkt die Lernzeit von ca. 1700 Schritten bei $\eta = 0.1$ bis ca. 125 bei $\eta = 1.5$. Die Lernzeit sinkt zwar noch weiter, wenn $\eta$ weiter erhöht wird, aber es kommen zunehmend Programmdurchläufe[101] vor, in denen auch nach 5000 Schritten nicht gelernt wird, so dass diese Parameterwahl für praktische Zwecke nicht brauchbar ist. Besonders problematisch ist – nicht nur in diesem Netz – die Wahl des Schwellenwerts. Sie können anhand der nachfolgenden Übung selbst untersuchen, wie sich z.B. die Verringerung des Schwellenwerts (natürlich mit entsprechender Verschiebung der Zielwerte) auswirkt.

## Übung 5.3.1-1

1.  Programmieren Sie das obige 1. Beispiel-Netz selbst. Experimentieren Sie mit veränderten Parametern und machen Sie sich so mit dem Verhalten dieses Netztyps mit Backpropagation-Lernregel etwas vertraut.

---

[99]  Die Konvergenz ist allerdings nicht zwingend; es kann Netze geben, die – nach gemäß den Abbruchkriterien erfolgreichem Training – nicht konvergieren, sondern z.B. zwischen mehreren Zuständen oszillieren.

[100]  Entgegen manchen Angaben in der Literatur wird bei unserem Beispiel auch dann zufriedenstellend gelernt, wenn alle anfänglichen Gewichtswerte gleich gewählt werden, also die Symmetrie nicht gebrochen ist.

[101]  Durch die Zufallswahl der Reihenfolge der Muster beim Lernen wird das Netz stochastisch.

2.  Experimentieren Sie mit verschiedenen Anfangswerten für die Gewichte oder mit verschiedenen Trainingsreihenfolgen der Muster. Stellen Sie fest, welche Endwerte für die Gewichte sich dabei einstellen.

3.  Verwenden Sie für dasselbe Netz einmal die tanh als Aktivierungsfunktion und prüfen Sie, wie sich das Netz dann verhält. Überlegen Sie sich dabei auch, welche Schwellenwerte sinnvoll sein könnten.

Wenn Sie die vorstehenden Übungen durchgeführt haben, werden Sie sehen, dass sich bestimmte Funktionen für ein Problem besser eignen als andere. Welche Funktionen und natürlich welche anderen Parameter sich eignen, ist in der Regel nicht ohne weiteres theoretisch vorherzusehen. Sie sollten sich immer an den Erfahrungen mit vergleichbaren Problemen orientieren, die Andere in der Literatur, eventuell auch im Internet, publiziert haben, und zunächst mit Funktionen und Parametern beginnen, die sich dort als geeignet erwiesen haben.

Die bisherigen Betrachtungen betrafen ein Netz, dessen Programmierung insbesondere dadurch vereinfacht war, dass nur ein Output-Neuron existierte. Um die Änderungen bei der Programmierung zu demonstrieren, die im Falle mehrerer Output-Neuronen erforderlich sind, wollen wir noch ein weiteres – immer noch recht einfaches, aber doch verallgemeinerungsfähiges – Beispiel präsentieren.

Das Beispielnetz soll folgende 4 Muster den Zahlen 0 bis 3 zuordnen:

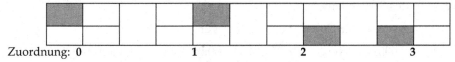

Zuordnung:  0                      1                      2                      3

**Abbildung 5-14:** Trainings-Muster des Beispielnetzes

Die Muster werden als binäre Vektoren (1 0 0 0), (0 1 0 0), (0 0 1 0) und (0 0 0 1) repräsentiert, die Zuordnungsergebnisse als Target-Vektoren (0 0), (0 1), (1 0) und (1 1).

Das Netz braucht also 4 Input- und 2 Output-Neuronen; die Zwischenschicht sei mit 2 Neuronen besetzt. Die Netztopologie ist also die folgende (Abb. 5-15):

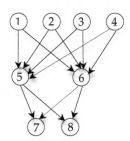

**Abbildung 5-15:** Struktur des 2. Beispielnetzes

Wenn als anfängliche Gewichtsmatrix

$$W = \begin{pmatrix} 0 & 0 & 0 & 0 & 0.2 & 0.3 & 0 & 0 \\ 0 & 0 & 0 & 0 & 0.1 & 0.4 & 0 & 0 \\ 0 & 0 & 0 & 0 & 0.2 & 0.3 & 0 & 0 \\ 0 & 0 & 0 & 0 & 0.2 & 0.5 & 0 & 0 \\ 0 & 0 & 0 & 0 & 0 & 0 & 0.5 & 0.3 \\ 0 & 0 & 0 & 0 & 0 & 0 & 0.2 & 0.5 \\ 0 & 0 & 0 & 0 & 0 & 0 & 0 & 0 \\ 0 & 0 & 0 & 0 & 0 & 0 & 0 & 0 \end{pmatrix}$$

gewählt wird, wenn ferner $\eta = 0.5$ gesetzt, wenn wie im vorigen Beispiel beim Output der Neuronen 7 und 8 ein Schwellenwert von $\Theta = 0.5$ beim Output angewendet wird und wenn schließlich folgende Targetvektoren

(0.4 0.4), (0.4 0.6), (0.6 0.4) und (0.6 0.6)

vor Anwendung des Schwellenwertes zur Berechnung der Fehlergrößen (siehe oben) Verwendung finden, dann erhält man für das zweite Muster (0 1 0 0) im ersten Schritt die Aktivierungen

$o_7 = 0.0322$ und $o_8 = 0.0568$

*vor* Anwendung des Schwellenwertes, bzw. die – falsche – Zuordnung (0 0) *nach* Anwendung des Schwellenwerts.

Die Änderungen $\Delta w_{ij}$ der Gewichtswerte betragen

$\Delta w_{57} = 0.00014, \quad \Delta w_{58} = 0.00036, \Delta w_{67} = 0.00057, \Delta w_{68} = 0.00144$

zwischen Zwischenschicht und Outputschicht sowie

$\Delta w_{25} = 0.00018, \quad \Delta w_{26} = 0.00075$ und für alle anderen $\Delta w_{ij} = 0$

zwischen Input- und Zwischenschicht.

Die Änderungen sind bei den für den Durchlauf gewählten Parametern recht klein. Stabilität des Netzes, d.h. kein Auftreten falscher Zuordnungen mehr, wird erst nach ca. 800 bis 1000 Schritten erreicht. Die Gewichtsmatrix hat dann (Schritt 900) folgendes Aussehen:

$$W = \begin{pmatrix} 0 & 0 & 0 & 0 & 0.369 & 0.706 & 0 & 0 \\ 0 & 0 & 0 & 0 & 0.191 & 1.136 & 0 & 0 \\ 0 & 0 & 0 & 0 & 0.546 & 0.871 & 0 & 0 \\ 0 & 0 & 0 & 0 & 0.463 & 1.249 & 0 & 0 \\ 0 & 0 & 0 & 0 & 0 & 0 & 1.284 & 0.762 \\ 0 & 0 & 0 & 0 & 0 & 0 & 1.663 & 1.867 \\ 0 & 0 & 0 & 0 & 0 & 0 & 0 & 0 \\ 0 & 0 & 0 & 0 & 0 & 0 & 0 & 0 \end{pmatrix}$$

und die Outputwerte liegen bei ca. 0.49 bzw. 0.51 je nach entsprechender Zuordnung 0 oder 1.

Es sei noch einmal darauf hingewiesen, dass es durch Anwendung von Schwellenwerten beim Output nicht nötig ist, etwa bis zum Erreichen von Targetwerten zu iterieren, die auf 0 oder 1 gesetzt werden; es genügt völlig, eine sichere Diskriminierung zwischen zwei (bei anderen Problemen mehr) Outputwerten zu erhalten und diese, falls gewünscht, durch Schwellenwerte auf die Binärwerte 0 und 1 zu projizieren: Alle Werte $o_k > \Theta = 0.5$ werden als 1, andernfalls als 0 abgebildet.

Bei diesem Verfahren muss das Abbruchkriterium entsprechend gestaltet werden. Wird nämlich die Fehlersumme über alle Muster (siehe Gleichung (1)) als Kriterium genommen, so werden – beispielsweise beim gewählten Target mit Komponenten von 0.4 und 0.6 – nach Erreichen der bereits hinreichenden Outputwerte von 0.49 und 0.51 unnötig viele Iterationen abgewartet, bis die Outputwerte $o_k$ den Targetwerten hinreichend nahe gekommen sind. Andererseits würden Targetwerte von 0.49 und 0.51 gemäß Gleichung (26) ff. zu wesentlich geringeren Änderungen $\Delta w_{ij}$ der Gewichtswerte und damit zu längeren Lernprozessen führen. In der unten präsentierten Programmskizze wird deshalb ein anderes Abbruchkriterium verwendet, das von der Annahme ausgeht, dass nach einer hinreichend langen Sequenz von ununterbrochen zutreffenden Zuordnungen der Trainingsmuster Stabilität angenommen werden darf.

Aus ähnlichen Überlegungen wie zu den Schwellenwerten macht es auch keinen Sinn, die logistische Aktivierungsfunktion auf die Inputs $net_7$ und $net_8$ anzuwenden, da diese dadurch nur unnötig nivelliert würden; im Programm ist daher im Falle der Outputneuronen $o_k = net_k$ gesetzt. Mit diesen $o_k$ werden die Abweichungen berechnet; danach wird zur Abbildung auf 0 und 1 der Schwellenwert angewendet.

Vor allem bei größeren Netzen stellt sich natürlich die Frage, wie die zum ausreichenden Lernen notwendigen Schritte vermindert werden können. Diese Frage ist in den meisten Fällen nur durch Ausprobieren zu beantworten. Man kann z.B. die Lernrate erhöhen oder den Targetvektor verändern, bei unserem Beispiel etwa zu (0.0 1.0) für das Muster 2. Beide Veränderungen wirken so, dass die Veränderungen der $w_{ij}$ je Schritt erhöht werden. Zu große Veränderungen jedoch führen leicht zu Instabilität des Netzes.

Eine weitere Maßnahme zur Beschleunigung des Lernvorgangs liegt in der Verkleinerung des Netzes, hier insbesondere in der Verringerung der Zahl der Neuronen in der Zwischenschicht. Es gibt nur für wenige Fälle theoretische Aussagen über erforderliche Anzahl verdeckter Neuronen. In der Literatur findet man einige Faustregeln, z.B.

- im Allgemeinen genügt eine Zwischenschicht;
- die Zahl der Neuronen in der verborgenen Schicht sollte
  - o  zwischen der Zahl der Eingabe- und der der Ausgabe-Neuronen liegen;
  - o  etwa 2/3 der Anzahl der Eingabe- plus Anzahl der Ausgabe-Neuronen betragen;
  - o  weniger als die zweifache Zahl der Eingabe-Neuronen sein.

Aber auch hier gilt, dass durch Ausprobieren geklärt werden muss, ob die Zahl der verdeckten Neuronen noch vermindert werden kann oder gar, wenn das Netz nicht stabil wird oder zu wenige Muster gelernt werden können, vermehrt werden muss. Bevor man eine zweite Schicht verdeckter Neuronen ins Auge fasst, sollte man in der Literatur nachsehen, ob es für die zu bearbeitende Problemklasse Hinweise darauf gibt, dass eine zweite Schicht erforderlich ist.

Im Folgenden skizzieren wir noch einmal das Programm für obiges Beispielnetz; die Skizze ist nicht nach programmtechnischer Eleganz oder Effizienz gestaltet, sondern so, dass das Verfahren daraus möglichst klar hervorgeht und leicht auf größere Netze erweitert werden kann.

**Code-Beispiel 5.3.1-2: Skizze des Programms für das 2. Beispielnetz**

```
!...Deklaration der erforderlichen Variablen
!...Definition von Parametern, z.B.
    eta = 0.5
    theta = 0.5
    nmax = 5000
!...Eingabe der Muster als Matrix MUST(1:4,1:4)
!...jede Zeile der Matrix bildet eines der 4 Muster
    MUST=0                          ! alle Werte zuerst 0 gesetzt
    MUST(1,1)=1.                    ! Muster
    MUST(2,2)=1.
    MUST(3,3)=1.
    MUST(4,4)=1.
!...Eingabe der Anfangswerte der Gewichtsmatrix W0(1:8,1:8)
    W0 = 0                          ! zunächst alle Werte 0 gesetzt
    W0(1,5)=0.2                     ! Eingabe der Gewichte ungleich 0
    W0(1,6)=0.3
    W0(2,5)=0.1
    W0(2,6)=0.4
    W0(3,5)=0.2
    W0(3,6)=0.3
    W0(4,5)=0.2
    W0(4,6)=0.5
    W0(5,7)=0.5
    W0(5,8)=0.3
    W0(6,7)=0.2
    W0(6,8)=0.5
!...Eingabe der Target-Matrix T(1:2,1:4)
!...jede Spalte bildet einen der 4 Target-Vektoren
    T(1,:)=(/0.4,0.4,0.6,0.6/)
    T(2,:)=(/0.4,0.6,0.4,0.6/)
!...Projektion der Target-Werte auf binäre Werte
    IT(1,:)=(/0,0,1,1/)
    IT(2,:)=(/0,1,0,1/)
!...aktuelle Gewichtsmatrix W(1:8,1:8)
    W=W0
!...hier ggf. weitere Schleife zum Variieren von Parametern,
!   z.B. do mp = 1, mpmax; eta = eta+0.1
!...Beginn der Lernschritt-Schleife n
    DO n = 1, nmax
!...Zufallszahl zur Auswahl der Muster
        call Random_number(r)
```

```
        ip=r*4+1              ! liefert Zufallszahl von 1 bis 4
!...herausschreiben des betreffenden Inputvektors aus der Muster-Matrix
!...eine kürzere Form wäre X(1:4) = MUST(ip,1:4)
        do m = 1,4

            X(m)=MUST(ip,m)

        end do
!...heraustrennen des obersten, zu den Neuronen 1 bis 4 und 5,6
!   gehörenden Blocks aus der Gewichtsmatrix

            U(1:4,1:2) = W(1:4,5:6)
!...berechnen von net5 und net6 (= O(1) und O(2)) durch
!   Vektor-Matrix-Multiplikation

            O(1:2)=-MATMUL(X,U)
!...anwenden der logist. Aktivierungsfunktion; Werte werden auf
!   Intervall [0,0.5) skaliert

            O(5)=1./(1+EXP(O(1)))-0.5

            O(6)=1./(1+EXP(O(2)))-0.5
!...berechnen von net7 = O(7) und net8 = O(8)
        do l = 7,8

            O(l)=W(5,l)*O(5)+W(6,l)*O(6)
!...berechnen von δ7 = D(7) und δ8 = D(8)
            D(l)=O(l)*(1-O(l))*(t(l-6,ip)-O(l))

        end do
!...anwenden des Schwellenwerts;
!...die Komponenten des binären Outputvektors sind oo7 und oo8
            IF(O(7).GE.theta) then

                oo7=1.

            ELSE

                oo7=0.

            ENDIF

            IF(O(8).ge.theta) then

             oo8=1.

            ELSE

                oo8=0.

            ENDIF
!...prüfen, ob Zuordnung richtig; nfalse speichert jeweils
!   letzte falsche Zuordnung
            IF((it(1,ip).NE.oo7).OR.(it(2,ip).NE.oo8)) then

                nfalse = n

            ENDIF
!...hier ggf. Ergebnisse in Datei schreiben
!...berechnen der Summen der δk = D(k) für die Neuronen j=5 und 6
        do j = 5,6

            S(j)=0.

            do k = 7,8

                S(j)= S(j)+D(k)*W(j,k)

            end do
```

```
            D(j) = O(j)*(1-O(j))*S(j)

         end do

!...berechnen der Δwij für die Gewichte zwischen erster und Zwischen-
!   Schicht

      do i = 1,4

        do j = 5,6

          W(i,j) =W(i,j)+ eta*X(i)*D(j)

          end do

      end do

!...berechnen der Δwij für die Gewichte zwischen Zwischen- und Output-
!   Schicht

      do j = 5,6

        do k = 7,8

          W(j,k) =W(j,k)+ eta*O(j)*D(k)

          end do

      end do

!...Abbruchkriterium prüfen, z.B. falls 100 Schritte ohne falsche
!   Zuordnung → Abbruch

      IF((n - nfalse)>100) EXIT

END DO                           ! Ende der Schrittschleife

!...hier ggf. Ergebnisse anzeigen oder in Datei schreiben

!...falls Variation von Parametern: hier Ende der entsprechenden
!   Schleife mp: end do
```

## Übung 5.3.1-2

Programmieren Sie das auch das 2. Beispiel-Netz selbst. Experimentieren Sie mit veränderten Parametern und mit verschiedenen Anfangswerten für die Gewichte.

Versuchen Sie einmal, die Sieben-Segment-Ziffern durch ein dreischichtiges Back-Propagation-Netz erkennen zu lassen.

Untersuchen Sie, wie groß Sie das Netz machen müssen, damit es alle 10 Ziffern richtig zuordnen kann.

Hinweis: Der Eingabevektor benötigt natürlich 7 binäre Komponenten. Als Output können Sie entweder wieder eine Binärzahl anstreben, also in diesem Fall für 10 Ziffern 4 Neuronen, oder Sie versuchen einmal, ob es auch mit nur einem Output-neuron geht, dessen reelle Aktivierungen in 10 Intervalle eingeteilt die 10 Ziffern repräsentieren (z.B. $0.0 < x < 0.1 \rightarrow Z(x) = 0$....usw. bis $0.9 < x < 1.0 \rightarrow Z(x) = 9$).

Wir haben hier einige wesentliche Entscheidungen über Parameter beim Konstruieren eines Neuronalen Netzes angesprochen, andere jedoch, die die Eigenschaften eines Netzes ebenso fundamental beeinflussen, nicht explizit erwähnt. Beispielsweise trifft das auf die Codierung der Aktivierungen zu und auf die Aktivierungsfunktionen, die stets im Zusammenhang mit der Codierung zu sehen sind. Dazu wird es in einem späteren Kapitel noch einige Hinweise geben.

Hier sollen jedoch zuvor noch einige Modifikationen der Backpropagation-Regel sowie einige Probleme dieses Lernalgorithmus erwähnt werden.

Erwarten Sie aber bitte keine durchgehende Systematik Neuronaler Netztypen und deren Parameter. Sie werden bei Durchsicht einschlägiger Literatur schnell feststellen, dass es für viele Problemklassen Aussagen darüber gibt, welche Netzspezies sich für welche Problemtypen als geeignet erwiesen haben. Aber es gibt nur wenig systematische und theoretische Durchdringung des "Neuro-Netz-Zoos". Sie tun also, wie schon mehrfach bemerkt, gut daran, wenn Sie selbst für eine bestimmte Aufgabe einen geeigneten Netztyp suchen, sich in der Literatur nach bewährten Netztypen für ähnliche Probleme umzusehen und mit diesen zu experimentieren zu beginnen. Es wird eine zukünftig zu lösende Aufgabe sein, Ihnen die Suche durch Expertensysteme, "Neurogeneratoren" oder ähnliche Systeme zu erleichtern (s.o. Fußnote 89).

## 5.3.2 Modifikationen und Probleme der Backpropagation-Regel

Anhand der Backpropagation-Regel sollen hier exemplarisch einige Modifikationen skizziert werden, die zur Vermeidung typischer Probleme bei deren Anwendung eingeführt wurden. Vieles, das in diesem Zusammenhang erwähnenswert ist, gilt ebenso für manche andere Lernregel.

Beim überwachten Lernen wird in der Regel eine Fehlerfunktion definiert, die die Abweichung des Outputs vom Sollwert evaluiert. Soweit das Lernen in der üblichen Verfahrensweise allein durch Veränderung der Gewichtsmatrix realisiert wird, kann die Fehlerfunktion als mehrdimensionale Funktion der relevanten Elemente der Gewichtsmatrix aufgefasst werden. Die Fehlerfunktion wird üblicherweise als dreidimensionale (in Wirklichkeit natürlich mehrdimensionale) Landschaft veranschaulicht, deren Täler die lokalen Fehlerminima repräsentieren (vgl. das Beispiel Abb. 5-12). Optimales Lernen soll möglichst das globale Minimum, d.h. das tiefste Tal liefern. Die Probleme des Backpropagation-Algorithmus können – exemplarisch für fast alle Lernalgorithmen, die nach dem Gradienten-Abstiegsverfahren arbeiten – anhand dieses Bildes einer mehr- oder weniger zerklüfteten Fehler-Landschaft am besten deutlich gemacht werden.

Typische Probleme dabei sind:

– Hängenbleiben des Systems in einem lokalen Minimum (z.B. bei zu kleinen Lernschritten bzw. zu geringen Veränderungen der Gewichtswerte)

– Heraußspringen aus einem tiefen Minimum in ein weniger tiefes (z.B. bei zu großen Lernschritten)

– Ineffektivität bei großen, flachen Plateaus (wegen sehr geringer Gradienten kaum Lernfortschritt)

– Oszillationen in steilen Tälern (große Gewichtsänderungen führen zum Springen zwischen gegenüberliegenden "Steilwänden")

Ferner gibt es gelegentlich Probleme, wenn die Gewichtsmatrix, mit der das Lernen startet, sehr symmetrisch ist, d.h. die zu einer Ebene gehörenden Gewichtswerte nahezu gleich sind. Diese Probleme kann man natürlich leicht durch geschicktere Wahl der Gewichtswerte ("symmetry breaking") umgehen. Empfohlen werden kleine, zufällige Gewichtswerte, weil bei Inputwerten nahe 0 die Ableitung der sigmoiden Aktivierungsfunktionen und damit die Gewichtsveränderungen am größten sind (vgl. Kap. 5.2.2.).

Bezüglich der erstgenannten Probleme ist offensichtlich die Lernschrittweite, repräsentiert durch die Lernrate $\eta$ der wichtigste Parameter. Während zu große

Werte von η zum Herausspringen und Oszillieren führen, ist mit zu geringen Werten die Lernzeit oft inakzeptabel lang.

Sie finden in der Literatur völlig widersprüchliche Angaben über optimale Lernraten. Das liegt daran, dass deren optimale Werte von der Netztopologie, von der gewählten Codierung, von den Aktivierungsfunktionen und von den zu lernenden Mustern abhängen.

Versuchen Sie also, wenn Sie ein Neuronales Netz konstruieren wollen, zunächst in der Literatur bzw. im Internet Netze zu finden, die dem von Ihnen geplanten ähnlich sind, und fangen Sie mit den dort angegebenen Parametern an. Bleiben Sie aber nicht unbedingt bei diesen Werten, sondern experimentieren Sie – allerdings systematisch – ruhig mit weiteren. Letztlich entscheidet der Erfolg.

Backpropagation-Netze erfreuen sich offenbar breiter Anwendung. Um die vorgenannten Probleme, die natürlich bei unterschiedlichen Anwendungen in spezifisch unterschiedlichem Maße auftreten, zu verringern, findet sich in der Literatur eine Vielzahl von Modifikationen der Backpropagation-Regel, von denen hier nur drei der einfachsten erwähnt werden können.

Die erste Modifikation bezieht sich vornehmlich auf Netze mit binären Eingabevektoren. Bei diesen besteht das Problem, dass im statistischen Durchschnitt die Hälfte der Komponenten den Wert 0 besitzt und dass folglich die Gewichte $w_{ij}$ durch sie nicht verändert werden, da deren Änderung proportional zu deren Output 0 ist. Eine Lösung besteht in der „Verzerrung" des Eingabebereichs zu [–1/2, 1/2] und Hinzufügung eines Schwellenwerts zur logistischen Aktivierungsfunktion (s. Abb. 5-16):

$$o_j = \frac{1}{\left(1 + e^{-net_j}\right)} - \frac{1}{2},$$

oder der Verwendung eines Bereichs [–1, 1] mit tanh($net_j$), der tangens-hyperbolicus-Funktion.

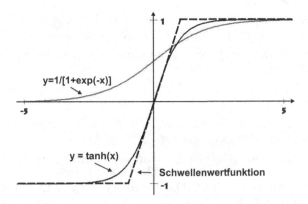

**Abbildung 5-16:** Gebräuchliche Aktivierungsfunktionen

Eine andere Modifikation soll die schlechte Konvergenz auf flachen Plateaus der Fehlerfunktion sowie in sehr steilen Tälern verringern, indem die Gewichtsänderung durch einen Term ergänzt wird, der die Gewichtsänderung zum vorigen Zeitschritt berücksichtigt. Dabei handelt es sich um eine Art

Analogon zur dynamischen Trägheit in der Mechanik. Der Term wird deshalb auch als Momentum bezeichnet und z.B. in folgender Form einbezogen:

$$\Delta_v w_{ij}(t+1) = \eta \cdot o_{vi} \cdot \delta_{vj}(t) + \alpha \cdot \Delta_v w_{ij}(t),$$

wo für den Parameter $\alpha$ häufig Werte zwischen 0.6 und 0.9 gewählt werden; $v$ bezeichnet das jeweils zu lernende Muster.

Als dritte Modifikation sei hier das so genannte Manhattan-Training erwähnt, das eine wesentliche Vereinfachung darstellt und den Rechenaufwand bei größeren Netzen erheblich reduziert. Das Manhattan-Training setzt statt der Fehlersignale allein deren Vorzeichen ein, was zu der einfachen Regel führt:

$$\Delta_v w_{ij}(t+1) = \eta \cdot o_{vi} \cdot \text{sgn}(\delta_{vj})(t).$$

Diese Hinweise sollten Sie als Anregung auffassen, wenn immer Sie ein eigenes Netz für ein bestimmtes Problem entwerfen wollen, in der Literatur nach Netztypen und Lernalgorithmen zu suchen, die sich bei ähnlichen Problem bewährt haben und zugleich möglichst einfach sind. Mit diesen können Sie dann, wie schon oben angeraten, weiter experimentieren.

## Übung 5.3.2-1

Modifizieren Sie das Programm, das Sie als Übung im Kapitel 5.3.1. geschrieben haben, durch Hinzufügen eines Momentum-Terms und vergleichen Sie das Verhalten beim Training.

Versuchen Sie, in das Programm als Alternative das Manhattan-Training einzufügen. Als Alternative soll bedeuten, dass man durch einen Parameter beim Aufruf des Programms (z.B. bei grafischen Oberflächen mittels Schaltfläche) bestimmen kann, nach welchem Trainingsverfahren das Neuronale Netz abläuft.

# 5.4    Nicht-überwachtes Lernen

## 5.4.1    Lernende Vektor-Quantisierer (LVQ)

Lernende Vektor-Quantisierer sind Neuronale Netze, die eine Menge von Vektoren einer Reihe von Klassen zuordnen. Es geht also um eine Partition einer Menge von Vektoren.

Der Netztyp heißt *Lernender* Vektor-Quantisierer, da eine Anzahl von Trainings-Vektoren benötigt wird, deren Klassen-Zuordnung bereits bekannt ist. Der Lernende Vektor-Quantisierer kann nach erfolgreichem Training vergleichbare Vektoren unbekannter Zuordnung in das gelernte Klassen-Schema einordnen. Für einfache Klassifizierungen, z.B. von Vektoren nach deren Länge oder Richtung, braucht man natürlich keine Neuronalen Netze. Interessant sind diese aber beispielsweise bei der Klassifizierung komplexer Daten, wenn zwar für eine Reihe von Daten ("codebook-Vektoren") die Klassenzugehörigkeit vorgegeben ist, aber kein einfacher oder scharfer Algorithmus für die Abbildung der Daten auf Klassen zur Hand ist.

Wir behandeln hier Lernende Vektor-Quantisierer hauptsächlich aus einem didaktischen Grund, um nämlich die Basis des später zu beschreibenden Kohonen-Netzwerks, das "winner takes all"-Prinzip, plausibel zu machen. Für vertiefende Betrachtungen der Vektor-Quantisierer muss auf die Literatur verwiesen werden.

Beim Lernenden Vektor-Quantisierer geht man aus von einer Menge

$$Y \in (X, c),$$

wo  $X = (x_1, x_2, \ldots, x_n)$  ein (Daten-)Vektor einer Dimension n ist und  $c \in C = \{c_1, c_2, \ldots, c_k\}$  ein zugeordneter Bezeichner (Klasse).

Das Netz des Lernenden Vektor-Quantisierers besteht in seiner Grundform aus lediglich zwei Schichten. Die Eingabe-Schicht hat n Neuronen, also genau so viele wie der Vektor X Komponenten besitzt; X ist der Eingabe-Vektor. Die k Neuronen der Ausgabeschicht repräsentieren jeweils eine der Klassen. Ihre Anzahl ist jedoch im Allgemeinen größer als die Zahl der Klassen, jede Klasse kann demnach durch mehrere Neuronen der Ausgabeschicht repräsentiert sein.

Jedes Neuron der Eingabeschicht ist vollständig mit jedem Neuron der Ausgabeschicht verbunden.

Für das Training benötigt man eine Reihe von Referenzvektoren $Z_m$ (auch codebook-Vektoren genannt), die die Bereiche im Raum der Eingabevektoren, die den einzelnen Klassen zugeordnet werden sollen, möglichst gleichmäßig abdecken sollen.

Die n Komponenten dieser m Referenzvektoren bilden die Zeilen einer n×m Matrix, die als anfängliche Gewichtsmatrix $W = (w_{ij})$ genommen wird. Mit anderen Worten enthält ein Codebook-Vektor $Z_j$ genau die Elemente der Zeile j der Gewichtsmatrix, die die n Neuronen der Eingabeschicht mit dem Neuron j verknüpft: $Z_j = (w_{1j}, w_{2j}, \ldots, w_{nj})$. Die reelle Gewichtsmatrix $W = (w_{ij})$ ist mithin eine Matrix mit n Zeilen und soviel Spalten, wie es Ausgabeneuronen gibt. Die Abb. 5-17 soll dies noch einmal veranschaulichen.

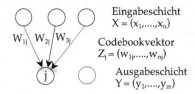

Eingabeschicht
$X = (x_1, \ldots, x_n)$

Codebookvektor
$Z_j = (w_{1j}, \ldots, w_{nj})$

Ausgabeschicht
$Y = (y_1, \ldots, y_m)$

**Abbildung 5-17:** Struktur eines einfachen LVQ

Die Arbeitsweise des Netzes ist wie folgt:

Für jeden einzelnen Trainingsvektor $X_m$ wird derjenige Spaltenvektor der Gewichtsmatrix, also ein Vektor mit ebenfalls n Komponenten, gesucht, der diesem Trainingsvektor "am ähnlichsten" ist. Als Definition der Ähnlichkeit werden am häufigsten die minimale Euklidische Distanz verwendet

$$d_j = \sqrt{\sum_{i=1}^{n} \left( x_i - w_{ij} \right)^2}$$

oder das maximale Skalarprodukt

$$p_j = \sum_{i=1}^{n} X_i W_{ij},$$

wo j über alle k Ausgabeneuronen läuft. Die beiden Normen hängen durch

$$d_j^2 = 2 - 2 p_j$$

zusammen, wie Sie leicht selbst verifizieren können. Darüber hinaus ist $p_j$ nichts anderes als die übliche gewichtete Summe der Netzeingabe $net_j$.

Das so gefundene Minimum bzw. Maximum stellt das Gewinner-Neuron des "winner takes all" dar. Allein für dieses Gewinner-Neuron werden die Gewichte, d.h. die entsprechende Spalte der Gewichtsmatrix, modifiziert, und zwar so, dass der Referenzvektor, der diesen Gewichten entspricht, näher an den Trainingsvektor heranrückt, wenn der Trainingsvektor derselben Klasse wie der Referenzvektor angehört, oder aber von dem Trainingsvektor wegbewegt wird, wenn er einer anderen Klasse angehört.

Beachten Sie dabei, dass die Klassenzugehörigkeit der Trainingsvektoren bekannt sein muss. Der Lernvorgang bedeutet also eine Verschärfung der Klassenabgrenzungen, die nur ungenau durch die Codebook-Vektoren vorgegeben sind.

Dieses Heran- bzw. Abrücken wird meist als Addition bzw. Subtraktion eines Bruchteils $\alpha$ der Vektordifferenz berechnet:

$$W_j(t+1) = \begin{cases} W_j(t) + \alpha\big(X(t) - W_j(t)\big) \text{ falls gleiche Klasse} \\ W_j(t) - \alpha\big(X(t) - W_j(t)\big) \text{ falls ungleiche Klasse} \end{cases},$$

wenn j das Gewinner-Neuron bezeichnet. Alle anderen Gewichte bleiben unverändert. Der Parameter $\alpha$ (Lernrate) wird meist mit der Zahl der Trainingsschritte oder -epochen[102] verringert.

Das Verfahren wird bis zur Konvergenz bzw. bis zum Erreichen eines geeigneten Abbruchkriteriums wiederholt.

Wird nach erfolgreichem Lernvorgang ein nicht-klassifizierter Vektor als Eingabe des Netzes angelegt, so wird dieser durch das Ausgabeneuron mit dem größten Wert $net_j$ einer Klasse zugeordnet.

Es kann im übrigen zweckmäßig sein, die Gewichtsvektoren zu normieren oder durch andere Maßnahmen in ihrer Länge zu begrenzen, um ein "Weglaufen" zu großer Gewichtswerte zu verhindern.

Auf nähere Feinheiten und auf die vielen Modifikationen des LVQ-Algorithmus soll hier nicht eingegangen werden. Stattdessen soll ein einfaches Beispiel das Verfahren etwas konkreter machen.

Beispiel:

Gegeben seien 10 zweidimensionale Trainings-Vektoren, alle mit Komponenten im Bereich $0 < x_1 < 1.0$ und $0 < x_2 < 1.0$. Diese Vektoren werden 2 Klassen (1 und 2, entsprechend der Trennung durch die Diagonale ((0, 0) - (1, 1)) zugeordnet:

| $x_1$ | 0.2 | 0.7 | 0.1 | 0.9 | 0.3 | 0.5 | 0.2 | 0.4 | 0.8 | 0.7 |
|-------|-----|-----|-----|-----|-----|-----|-----|-----|-----|-----|
| $x_2$ | 0.1 | 0.9 | 0.9 | 0.2 | 0.1 | 0.4 | 0.9 | 0.6 | 0.3 | 0.2 |
| Klasse | 2 | 1 | 1 | 2 | 2 | 2 | 1 | 1 | 2 | 2 |

Das Netz besitzt somit 2 Eingabe und 2 Ausgabeneuronen, welche die beiden Klassen repräsentieren.

Es werden 2 Codebookvektoren verwendet, die die Zeilen der folgenden initialen Gewichtsmatrix bilden:

---

[102] Als Epoche wird die Periode des Durchlaufs jeweils aller Trainingsvektoren bezeichnet.

$$W = \begin{pmatrix} 0.781 & 0.555 \\ 0.625 & 0.832 \end{pmatrix}.$$

Die Spalten der Matrix sind normiert. Die erste Spalte enthält die Gewichte $w_{11}$ und $w_{21}$, die der Klasse 1 zugeordnet seien, die zweite Spalte bezieht sich entsprechend auf die Klasse 2.

Wird mit dem ersten Vektor (0.2, 0.1) (Klasse 2) trainiert, so erhält man als Skalarprodukte mit der ersten Spalte der Gewichtsmatrix $p_1 = 0.219$ und mit der zweiten Spalte $p_2 = 0.194$

Das Gewinner-Neuron ist also 1, was eine falsche Zuordnung ergibt.

Infolgedessen sind die Gewichte des Neurons 1 im Sinne einer Abstandsvergrößerung zum Eingabevektor zu modifizieren. Der maßgebliche Differenzvektor für diese Korrektur ist:

(0.2, 0.1) − (0.781, 0.625) = (-0.581, -0.525),

so dass sich mit einem Wert von $\alpha = 0.5$ die modifizierten Gewichtswerte zu

$w_{11} = 1.057$ und  $w_{12} = 0.874$

ergeben. Nach Normierung der ersten Spalte erhält man so die neue Gewichtsmatrix:

$$W = \begin{pmatrix} 0.771 & 0.555 \\ 0.637 & 0.832 \end{pmatrix}$$

Wenn man dies Verfahren fortsetzt und dabei den Änderungsfaktor $\alpha$ monoton verkleinert, wird man sehen, dass es konvergiert. Am besten schreiben Sie dafür ein kleines Programm, dessen Struktur wir Ihnen weiter unten skizzieren.

Wir haben mit einer Änderung von $\alpha$ durch Multiplikation mit dem Faktor 0.99 nach jeder Epoche, d.h. nach jedem Durchlauf durch die Serie der 10 Trainingsvektoren in zufälliger Reihenfolge, als Konvergenzpunkt eine Gewichtsmatrix

$$W = \begin{pmatrix} 0.415 & 0.937 \\ 0.910 & 0.350 \end{pmatrix}$$

nach 100 Epochen berechnet.

Werden jetzt Testvektoren wie (0.2, 0.18) / Klasse 2 oder (0.48, 0.52) / Klasse 1 in das Netz eingegeben, so ist die Ausgabe an dem Neuron am höchsten, das die zugeordnete Klasse repräsentiert. Mit anderen Worten: Das Netz mit dieser Gewichtsmatrix ordnet die Testvektoren den richtigen Klassen zu.

Hier nun die Skizze eines einfachen LVQ-Programms:

## Code-Beispiel 5.4.1-1

```
!...einlesen der Parameter: alpha, nmax,seed(1:2)
!...einlesen: 6 Trainingsvektoren X(1:6,1:2) mit Klassifizierung IX(1:6)
!...einlesen: Anfangs-Gewichtsmatrix W0(1:2,1:2)
!...einlesen: 6 Testvektoren Y(1:6,1:2)
!...Spaltennormierung der W0-Matrix, falls nicht normiert
    do m = 1,2
        xw=W0(1,m)**2+W0(2,m)**2
        xw=SQRT(xw)
        W0(1:2,m)=W0(1:2,m)/xw
    end do
    W = W0            ! aktuelle (zu verändernde) Gewichtsmatrix


!...Training
 DO n = 1,nmax                ! Iterationsschleife
    alpha=alpha*0.995         ! schrittweise Verringerung von alpha


    call random_number(r)     ! Zufallszahl zwischen 1 und 6
                              ! erzeugen; besser mit seed-Wert aufrufen,
                              ! da nur dann reproduzierbare Ergebnisse
    i=6*r+1                   ! i ist Nummer des ausgewählten
                              ! Trainingsvektors X
!...aufrufen einer Prozedur zur Bestimmung des Gewinner-Neurons
    CALL DIST(i,kwin,n,X,IX,W,Wneu,alpha))
!...hier ggf. anzeigen der neuen Gewichtsmatrix
    W = Wneu
 END DO                       ! Ende der Iterationsschleife


!... Test mit 6 Testvektoren
 do i = 1,6
    xnet1= Y(i,1)*W(1,1)+Y(i,2)*W(2,1)
    xnet2= Y(i,1)*W(1,2)+Y(i,2)*W(2,2)
!...alternativ: kürzere Form mit Punktprodukt-Funktion:
!   xnet1=DOT_PRODUCT(Y(i,1:2),W(1:2,1))
!   x net2=DOT_PRODUCT(Y(i,1:2),W(1:2,2))
    iz=1                      ! bestimmen der Klassenzuordnung
    IF(xnet2>xnet1) iz=2
!...hier ggf. anzeigen oder schreiben des Testergebnisses: Vektor,
!   gefundene Klasse
 end do
!...Ende des Tests
!...Prozedur/Unterprogramm:
SUBROUTINE DIST(i,kwin,n,X,IX,W,Wneu,alpha)
!...berechnet Winner-Neuron als Minimum der euklid. Distanz
!   und verändert W zu Wneu
!...In: i, n, X, IX, W, alpha / Out: kwin, Wneu
!...Distanz als Skalarprodukt berechnen
```

```
   do m = 1,2
       D(m)=DOT_PRODUCT(X(i,1:2),W(1:2,m))
!...alternativ: als.euklid. Distanz berechnen:
!    D(m)=(X(i,1)-W(1,m))**2+(X(i,2)-W(2,m))**2
   end do
!...winner-Neuron kwin bestimmen:
   kwin=2
   IF(D(1)>D(2)) kwin=1                      ! bei euklid. D: <

!...welche Klasse?
   id = -1                          !..Klasse falsch, flag id ist -1
   IF(kwin==IX(i)) id = 1        ! Klasse richtig zugeordnet, id = +1
!...hier ggf. Zwischenergebnis (Trainingsvektor Nr.,Distanzen,
!    Zuordnung) anzeigen
!...neue Gewichtsmatrix Wneu bestimmen
   do m = 1,2
      Wneu(m,kwin) = W(m,kwin) + id*a*(X(i,m) - W(m,kwin))
   end do
!...Normierung von Wneu..(sinnvoll, aber nicht zwingend notwendig)
   xw=SQRT(Wneu(1,kwin)**2+Wneu(2,kwin)**2)
   Wneu(1:2,kwin)=Wneu(1:2,kwin)/xw
END SUBROUTINE
!...Ende des Programms
```

Wie bemerkt gibt es eine Fülle von Varianten neben der hier vorgestellten Version der Lernenden Vektor-Quantisierer. Mit diesem einfachen Beispiel sollte nur das Grundprinzip erläutert werden, dass nämlich das "winner takes all"-Prinzip zu einer topologischen Nachbarschaftsbeziehung und Klassifizierung führen kann.

Die Eigenschaften der Lernenden Vektor-Quantisierer können Sie in der abschließenden Übung durch eigenes Ausprobieren noch ein wenig weiter kennen lernen.

## Übung 5.4.1-1

Experimentieren Sie mit dem obigen Beispiel (bzw. mit einem entsprechenden Programm). Untersuchen Sie, ob Sie auch ohne Normierung der Gewichtsmatrix Konvergenz bekommen. Probieren Sie als Distanzmaß auch die Euklidische Distanz.

Entwickeln Sie dann ein Beispiel eines Lernenden Vektor-Quantisierers mit dreidimensionalen Eingabevektoren und mehreren Ausgabeneuronen pro Klasse.

Die Genauigkeit, mit der Lernende Vektor-Quantisierer Klassifikationen durchführen, hängt naturgemäß unter anderem von der Zahl der Referenzvektoren für jede Klasse, von der Lernrate, vom Lernalgorithmus, aber auch von den Initialwerten und der Terminierung ab. Liegt die Terminierung zu spät, wird also zu lange gelernt, kann die Zuordnungsleistung im Sinne abnehmender

Generalisierung wieder verringert sein ("Übertrainieren"), weil die Gewichte sich zu stark an die Trainingsvektoren anpassen.

## 5.4.2  Selbstorganisierende Karten (SOM / Kohonen-Karten)

### 5.4.2.1  Grundlagen

Die Kohonen-Karten (auch Self-Organizing Map = SOM), benannt nach ihrem Erfinder Teuvo Kohonen (vgl. Ritter u.a. 1991), stellen eine Weiterentwicklung der Lernenden Vektor-Quantisierer dar. Sie basieren ebenfalls wie die Lernenden Vektor-Quantisierer auf einer zweischichtigen Netzarchitektur mit vollständigen Verbindungen zwischen Neuronen der Eingabe- und der Ausgabeschicht.

Ihr Prinzip lehnt sich, daran sei hier noch einmal erinnert, an die biologische Funktion der Sinneswahrnehmung und -verarbeitung im Gehirn an. Dabei werden typischerweise vieldimensionale Reize auf flächenhafte Areale, also zweidimensionale Räume, im Cortex abgebildet. Ähnliche Reize erregen hier, wie man durch neurologische Erkenntnisse seit langem weiß, im betreffenden Cortexareal benachbarte Neuronen. Der vieldimensionale Raum der Eingangssignale wird also auf eine zweidimensionale Karte so abgebildet, dass die Nachbarschaftsbeziehungen des Signalraums, also dessen Topologie, weitgehend erhalten bleibt. Ein neu herangeführter Reiz erregt diejenigen Neuronen und ihre Umgebung am stärksten, auf die ähnliche Signalen in früheren Erregungsvorgängen abgebildet und das heißt gelernt wurden. Die Lage der am stärksten erregten Neuronen korreliert daher mit bestimmten, ähnlichen Merkmalen der Eingangsreize. Man spricht deshalb von einer topologischen Merkmals-Kartierung.

Typische Anwendungen der Kohonen-Karten sind demnach Prozesse, in denen vieldimensionale Signale auf zweidimensionale (gelegentlich auch analog auf ein- oder drei-dimensionale) Räume abgebildet werden sollen, also z.B. bei der Klassifizierung bzw. Reduktion oder Clusterung vieldimensionaler Messdaten, etwa Umweltdaten, bei Erkennung von Sprache oder Schrift, Klassifizierung von Dokumenten nach Inhaltsmerkmalen (*data mining*) und ähnlichen Anwendungen.

Kohonen-Karten in ihrer Grundform haben eine sehr einfache Architektur. Sie bestehen aus einer Eingabeschicht und einer Ausgabeschicht. Die Anzahl der Neuronen der Eingabeschicht ist gleich der Dimension k, d.h. gleich der Zahl der Komponenten, des Eingabevektors. Diese Anzahl ist natürlich durch das Problem, das mit der Kohonenkarte bearbeitet werden soll, und durch dessen Codierung vorgegeben.

Die m Neuronen der Ausgabeschicht, wegen der Funktionsweise (siehe unten) der Karte auch als *competitive layer* bezeichnet, bilden ein zwei- (oder gelegentlich auch ein- oder drei-) dimensionales Gitter; jedes Neuron der Ausgabeschicht ist mit allen Neuronen der Eingabeschicht verbunden (vgl. Abb. 5-18). Die Gewichtsmatrix $W = (w_{ij})$ ist also eine $k \times m$ Matrix[103].

---

[103]  Beachten Sie die Konvention: Die Gewichtsmatrix ist hier so aufgestellt, dass die Zahl der Komponenten die Zeilenzahl der Matrix bestimmt, die Zahl der Neuronen die Spalten. Der Gewichtsvektor, der zu einem Neuron j gehört, ist also die Spalte j. Damit erhält man bei Eingabe eines Vektors X die Aktivierung $net_j$ als Produkt des Zeilenvektors X mit der Gewichtsmatrix W. Diese Konvention wird in der Literatur nicht einheitlich verwendet!

Als Gitter werden im $\mathbf{R}^2$ hauptsächlich quadratische, hexagonale oder rechteckige Gitter verwendet. Jedes Neuron der Ausgabeschicht ist eindeutig durch seine Gitter-Koordinaten bestimmt. Für dies Gitter muss ein Abstand, genauer eine Metrik, definiert sein. Überwiegend ist dies der Euklidische Abstand; grundsätzlich kann aber jede Metrik Anwendung finden. Die Größe des Gitters richtet sich ebenfalls nach dem Simulationsproblem. Das einmal definierte Gitter wird nicht verändert.

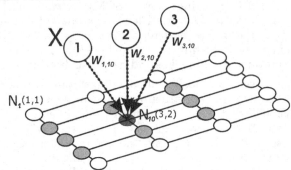

**Abbildung 5-18:** Prinzipieller Aufbau einer Kohonen-Karte mit dreidimensionaler Eingabe. Die Eingabeneuronen sind in der Abb. mit dem Gewinner-Neuron $N_{10}$ (mit den Gitter-Koordinaten (3,2)) verbunden. Hellgrau: die Neuronen der Umgebung mit dem Radius 1.

Kohonen-Karten lernen nicht-überwacht nach dem Prinzip des kompetitiven Lernens. Wie der Name sagt, konkurrieren hierbei die Neuronen der Ausgabeschicht gewissermaßen um die maximale Erregung: Nur genau ein Neuron, das Gewinner-Neuron *(winner)*, wird bei der Eingabe eines Vektors aktiviert. Das ist das *"winner takes all"*-Prinzip, das bereits im vorangehenden Abschnitt 5.4.1. erläutert wurde.

Das auch hier so genannte Training des Netzes besteht aus der Iteration einer Gruppe von Trainingsschritten (Epoche), bei denen nacheinander – meist in zufälliger Reihenfolge – alle zu bearbeitenden Eingabevektoren an die Eingabe-schicht des Netzes angelegt werden. Bei jedem Trainings- oder Lernschritt wird zunächst das Gewinner-Neuron bestimmt. Dies ist das Neuron, dessen Gewichtsvektor dem Eingabevektor am nächsten liegt.

Danach werden die Gewichte des Gewinner-Neurons und der Neuronen, die in einer durch einen geeigneten Radius definierten Umgebung des Gewinner-Neurons liegen, angepasst. Anpassung bedeutet hier, dass die Gewichtsvektoren dem Eingabevektor angenähert werden; die Gewichtsvektoren werden, anschaulich gesprochen, zum Eingabevektor hin gezogen. Was Annäherung heißt, muss natürlich durch einen Distanzbegriff definiert werden.

Beachten Sie, dass hier von *zwei verschiedenen* Abständen die Rede ist: Zum einen ist dies die Metrik des Gitters, nach der sich die topologische Nachbarschaft des Gewinner-Neurons bestimmt; das ist, wie bereits bemerkt, häufig der Euklidische Abstand. Zum anderen ist ein Abstand zwischen dem Eingabevektor und dem Gewichtsvektor, also der Spalte j der Gewichtsmatrix, die zum Gewinner-Neuron gehört, zu definieren. Hier wird neben dem Euklidischen Abstand auch gern das Skalarprodukt benutzt, wobei das Maximum des Skalarprodukts der größten Nähe entspricht (siehe dazu 5.4.1.). Grundsätzlich kann in beiden Fällen jede

Abstandsfunktion, also jede Funktion mit den Eigenschaften einer Metrik, verwendet werden; bevorzugt findet man jedoch die beiden genannten.

Das Training wird fortgeführt, bis ein passendes Abbruchkriterium erreicht ist, z.B. bis die Summe der Veränderungen aller Gewichtsvektoren eine Schranke unterschreitet. Ziel des Lernalgorithmus ist es, bestimmte Neuronen der Ausgabeschicht mit bestimmten Bereichen des Eingaberaums zu korrelieren. Diese Neuronen werden bei Eingabevektoren aus genau diesem bestimmten Bereich des Eingaberaums maximal aktiviert. Dabei soll die topologische Nachbarschaft des abgebildeten Vektors im Eingaberaum auch den benachbarten Neuronen auf der Karte zugeordnet werden. Das wird dadurch erreicht, dass auch die Nachbarschaft des Gewinner-Neurons an jedem Lernschritt teilnimmt.

Ein Ergebnis ist, sofern das Netz konvergiert, dass sich selbständig[104] Cluster von Vektoren nach Ähnlichkeit bilden, d.h. das Netz generiert selbständig eine Klassifizierung für vieldimensionale Vektoren bzw. Daten. Mathematisch gesehen handelt es sich bei der Operation der Kohonenkarten um iterierte topologie-erhaltende Abbildungen.

Genauer sieht der Lernalgorithmus der Kohonen-Karte so aus:

1. Initialisierung: Die Gewichtsvektoren $W_j = (w_{ij})$ aller m Neuronen j werden mit kleinen Werten initialisiert.

2. Wahl des Trainingsvektors: Aus der Menge der Eingabevektoren wird gemäß einer vorzugebenden Wahrscheinlichkeitsverteilung ein Vektor $X = (x_1, x_2,...,x_k)$ zufällig ausgewählt.

3. Bestimmung des Gewinner-Neurons: Das Gewinner-Neuron (Erregungs-zentrum) ist dasjenige Neuron c, dessen Gewichtsvektor $W_c$ dem Eingabe-vektor X am nächsten liegt:

   $|W_c - X| = \min(|W_j - X|)$, für den Abstand bzw.

   $W_c * X = \max(W_j * X)$, für das Skalarprodukt.

   Man beachte, dass für diese Bestimmung die Gewichtsvektoren $W_j$ in der Regel normiert sein müssen. Gelegentlich werden auch Propagierungs-funktionen mit Schwellenwerten oder Aktivierungsfunktionen zwischen Eingabe- und Gitter-Neuronen geschaltet.

4. Anpassung der Gewichtswerte: Die Gewichtsvektoren aller Neuronen j in der Nachbarschaft des Gewinnerneurons c werden um eine Differenz $\Delta w_j$ verändert:

   $$W_j^{t+1} = W_j^t + \alpha \cdot h_{cj}(t) \cdot d(X, W_i^t).$$

   Dabei ist $\alpha = \alpha(t) > 0$ eine monoton abnehmende Lernrate, die z.B. die Form

   $$\alpha(t) = \alpha_o \left( \frac{\alpha_{end}}{\alpha_0} \right)^{t/t_{max}}$$

   annehmen, aber natürlich auch einfacher wie bei den Vektor-Quantisierern definiert werden kann. $h_{cj}(t)$ ist eine vom Abstand zum Gewinner-Neuron abhängige, ebenfalls monoton abnehmende Gewichtungsfunktion und d(X-W)

---

[104] Dies ist also anders als bei den Lernenden Vektor-Quantisierern, bei denen eine Klasseneinteilung durch die Codebook- und Trainingsvektoren bereits vorgegeben ist.

der Abstand vom Eingabe- zum Gewichtsvektor. Beide Funktionen werden im Folgenden noch näher erörtert.

5.   Iteration: Die Schritte 2 bis 4 werden solange wiederholt, bis sich das Netz stabilisiert.

Noch einmal sei darauf hingewiesen, dass für die Bestimmung des Gewinner-neurons (Schritt 3) die Ähnlichkeit des Eingabevektors mit dem Gewichtsvektor entscheidet, während für die Veränderung der Gewichtswerte (Schritt 4) die Nähe der Neuronen im Gitter maßgeblich ist. Die im Gitter nahen Neuronen müssen nicht notwendig auch ähnliche Gewichtsvektoren besitzen.

Die Einbeziehung der Nachbarschaft gemäß Schritt 4 gehorcht einem einfachen Prinzip. Zunächst muss überhaupt definiert werden, welche Neuronen zur Nachbarschaft gehören.

Die Nachbarschaft kann "hart" definiert sein: Alle Neuronen bis zu einem bestimmten Gitterabstand (meist als Radius bezeichnet) gehören dazu, und ihre Gewichtsvektoren werden in gleicher Weise modifiziert. Die Nachbarschaft kann auch "weich" definiert sein; dann werden die relevanten Gewichtswerte umso weniger modifiziert, je weiter das Neuron vom Gewinner-Neuron entfernt liegt.

Das wird mathematisch durch die oben erwähnte Nachbarschaftsfunktion $h_{cj}(t) \in [0,1]$ ausgedrückt, die im allgemeinen monoton mit der Zeit bzw. Schritt-zahl abnehmend definiert wird. $h_{cj}(t)$ ist 1 für das Gewinner-Neuron und wird 0 für Neuronen in großer Entfernung von diesem.

Ein Beispiel für eine geläufige "weiche" Nachbarschaftsfunktion ist

$$h_{cj}(t) = e^{-\left(z_j / \sigma(t)\right)^2},$$

wo $z_j$ der Abstand des Neurons j vom Gewinnerneuron ist und $\sigma(t)$ ein mit der Zeit monoton abnehmender Parameter für die Ausdehnung der Nachbarschaft .

Beispiel für eine "harte" Nachbarschaftsfunktion ist

$$h_{cj}(t) = \begin{cases} 1 \text{ falls } z_j \leq \rho(t) \\ 0 \text{ sonst} \end{cases}.$$

Hier bezeichnet $\rho(t)$ die zeitabhängige, scharfe Grenze der Nachbarschaft.

Für quadratische bzw. rechteckige Gitter bieten "abgestufte" Nachbarschaftsfunk-tionen wie beispielsweise solche, die die Moore- und die erweiterte Moore-Umgebung (s. Kap. 2.2.) verwenden, schnelle Berechnungen ($k > 1$ als Parameter):

$$h_{cj}(t) = \begin{cases} 1 & \text{für Neuronen in der Moore - Umgebung} \\ 1/k & \text{für die erweiterte Moore - Umgebung} \\ 0 & \text{sonst} \end{cases}$$

## Ein Beispiel

Die Arbeitsweise der Kohonenkarte sei wieder an einem Beispiel illustriert.

Klassifiziert werden soll eine Menge von 20 Vektoren im $\mathbf{R}^3$, die wie in Abb. 5-19 ersichtlich, in 3 Gruppen partitioniert ist; die Vektoren liegen jeweils in einer Ebene. Diese Tatsache wird allerdings nicht direkt in das Netz eingegeben; das Netz erhält als Eingabe nur die Koordinaten der 20 Vektoren. Die Kohonen-Karte wird, falls der Algorithmus erfolgreich ist, die 3 Klassen von Vektoren selbständig finden.

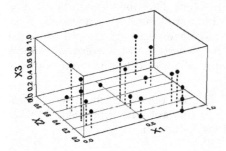

**Abbildung 5-19:** Beispiel: Lage der Eingabevektoren im $R^3$.

Die Eingabeschicht besteht aus soviel Neuronen, wie es Vektorkomponenten gibt, also in diesem Falle 3, da es drei Raumkoordinaten gibt. Die Ausgabeschicht wird nun, anders als beim Lernenden Vektor-Quantisierer, aus einem *Gitter* von Neuronen gebildet. Hier sei ein quadratisches Gitter von 10×10 Neuronen angenommen. Die Eingabeneuronen sind jeweils mit allen 100 Ausgabeneuronen verbunden. Die Gewichtsmatrix ist demnach eine 3×10×10 Matrix.

Für das Beispiel wird eine einfache Lernratenfunktion $\alpha(t) = 0.5 * 0.99^t$ (mit der unteren Schranke a = 0.01) verwendet und eine zweifach abgestufte Nachbarschaftsfunktion (s.o.) mit den Lernraten a für das Gewinner-Neuron, a/2 für die 8 Neuronen der Moore-Umgebung und a/4 für die 16 Neuronen der erweiterten Moore-Umgebung. Die Gewichtsmatrix wird mit Zufallswerten aus dem Intervall [0,1] initialisiert; die Spalten der Gewichtsmatrix und die Trainingsvektoren werden normiert. Das Gewinner-Neuron wird durch das Skalarprodukt bestimmt.

Nach 200 Epochen (Durchläufen mit allen 20 Trainingsvektoren) gruppiert die Kohonenkarte die 20 Eingabevektoren zu 3 Clustern, die auf jeweils ein einziges Neuron abgebildet werden (Abb. 5-20).

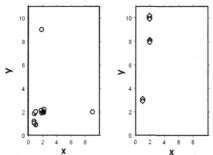

**Abbildung 5-20:** Gewinner-Neuronen der 20 Eingabevektoren im ersten Schritt (linkes Diagramm) und nach 200 Epochen (rechts)[105].

---

[105]  Die Eingabevektoren, die auf dasselbe Gitter-Neuron abbilden, sind zur Verdeutlichung etwas auseinander gezogen.

Das Verhalten von Kohonenkarten reagiert sehr empfindlich auf Veränderungen fast aller Parameter (u.a. Gittergröße und -Geometrie, Metriken, Initialisierung der Gewichte, Codierung und Skalierung, Reihenfolge der Eingabevektoren beim Training, Lernraten, Nachbarschaftsfunktion). Hierüber sollten Sie sich, wenn Sie Kohonen-Karten einsetzen wollen, in der Literatur eingehend informieren. Darüber hinaus ist zu beachten, dass Kohonen-Karten, obwohl sie meistens nur langsam konvergieren, gelegentlich "übertrainiert" werden können. Ihre Generalisierungsfähigkeit nimmt dann ab; sie differenzieren dann in unerwünschter Detailliertheit.

Wir können hier nicht weiter auf Details oder verschiedene Varianten der Kohonenkarte eingehen, sondern wollen uns auf eine grobe Skizze beschränken, wie eine Kohonenkarte programmiert werden kann.

## 5.4.2.2  Grundmuster eines SOM-Programms

Die Programmierung einer Kohonenkarte folgt dem oben angegebenen Algorithmus-Schema. Die Programmskizze wird am oben vorgestellten Beispiel konkretisiert, gibt aber, abgesehen von Vektorgrößen, Parameterwahl usw., das allgemeine Schema einer Grundvariante der Kohonenkarte wieder.

Wie üblich beginnt das Programm mit dem Eingeben oder Einlesen von Daten, hier der Trainingsvektoren. Eine Anfangsgewichtsmatrix kann ebenfalls eingegeben werden oder aber – so ist es hier programmiert – mit Zufallswerten besetzt werden. In der skizzierten Variante werden Vektoren und Gewichtsmatrix normiert, wodurch alle Werte bei der Iteration auf sinnvolle Intervalle beschränkt werden. Die Normierung der Gewichtsmatrix muss dann natürlich nach jeder Veränderung von Gewichtswerten bei der Iteration wiederholt werden.

Im Folgenden nun der Kern des Programms mit den Iterationsschleifen.

**Code-Beispiel 5.4.2-1**

```
!...Hauptprogramm Kohonen-Karte
!...20 Vektoren mit je 3 Komponenten in einem 1*10 Gitter clustern
!...Definition der Vektoren und Matrizen: W(1:3,1:10,1:10)
XM(1:20,1:3)         ! zu klassifizierende 20 Vektoren mit
                     ! Koordinaten (x,y,z)
IX(1:20,1:2)         ! Koordinaten der Winner-Neuronen
NETJ(1:10,1:10)      ! Aktivierung der 10*10 Gitter-Neuronen
D(1:3)               ! Abstand des Winner-Neurons zu Vektor
!...einlesen: alpha, nmax, seed-Werte ( und ggf. weitere Parameter)
!...einlesen: Anfangs-XM
!...initiieren des Zufallszahlengenerators mit seed-Werten
!...W mit zufälligen Gewichten besetzen
do k = 1,3
  do i = 1,10
    do j = 1,10
        call random_number(r)
        r=2*r - 1                   ! legt r in Bereich [- 1, +1]
        W(k,i,j)=r
    end do
```

```fortran
   end do

end do
!...Normierung der Vektoren und der Gewichtsmatrix (hier sinnvoll, weil
!   als Metrik das Skalarprodukt verwendet wird; andernfalls nicht
!   notwendig, aber evtl. vorteilhaft)
do m = 1,20
    xn=0
    do k = 1,3
        xn=xn+XM(m,k)**2
    end do
    XM(m,:)=XM(m,:)/SQRT(xn)
enddo
!...Ende Normierung Vektoren
!...Normierung der Gewichtsmatrix
do k = 1,3
    do j = 1,10
        xn=0
        do i = 1,10
            xn=xn+W(k,i,j)**2
        end do
        W(k,:,j)=W(k,:,j)/SQRT(xn)
    end do
end do


!...ggf. Anfangswerte in Datei speichern
!...jetzt folgt dasTraining
n=0
DO n = 1,nmax+1            ! Iterationsschritte
!..IF(a>0.01) a=a*0.99     ! einfügen, falls untere Schranke für a
!                              gewünscht
    a=a*da                 ! hier ohne Schranke!
    do m = 1,20            !  Schleife über alle 20 Vektoren/Muster
!...bestimme Aktivierung der 100 Neuronen der Ausgabeschicht
!   (Gitter 10*10)
        do i = 1,10        ! Schleifen über alle Neuronen im Gitter
            do j = 1,10
!...netj berechnen für alle 100 Neuronen der Kohonenschicht
                NETJ(i,j)=DOT_PRODUCT(XM(m,:),W(:,i,j))
            end do
        end do
!...suche Winner-Neuron (Erregungszentrum)hier mittels des Maximums des
!   Skalarprodukts
!...der Koordinatenvektor des Winners ist (mi,mj)
```

```
!...MAXLOC() ist Funktion, die den Index der max. Komponente des
!   Vektors angibt (s. Fußnote 106)
   mj=MAXLOC(NETJ(1,:))                ! sucht in Zeile 1 das Maximum
   mi=1
      do ij = 2,10                     ! ebenso in weiteren Zeilen
         mj2=MAXLOC(NETJ(ij,:))
         IF(NETJ(ij,mj2)>NETJ(mi,mj) then
             mj=mj2
             mi=ij
         ENDIF
      end do
!...Winner-Koordinaten sind also (mi,mj
!...jetzt die Veränderung der W in der Umgebung des Winners W(mi,mj)
!...Anpassung der Umgebung an Winner durch Differenz der Koordinaten von
!   Muster m zu Winner
      D(1:3)=XM(m,1:3) - W(1:3,mi,mj)
!...Umgebung sei hier die zweifache Moore-Umgebung im Gitter
      do ik = -2,2
         im=mi+ik
!...falls Index ausserhalb der Moore2-Umgebung, weiter ohne Änderung
         IF(im<1.OR.im>10) cycle
         do jk= -2,2
            jm=mj+jk
            IF(jm<1.OR.jm>10) cycle
            IF(ik == 0.AND.jk == 0) then    ! falls Winner-Neuron
                                            ! selbst
               W(:,im,jm) = W(:,im,jm)+a*D(:) !große Veränderg. von W
            ELSE
!...falls in 1. Moore-Umgebung: geringere Veränderung von W
!...falls in 2. Moore-Umgebgebung: noch geringere Veränderung
               IF(ik<-1.OR.ik>1) then
                  W(:,im,jm) = W(:,im,jm)+a*D(:)/4
               ELSE
                  W(:,im,jm) = W(:,im,jm)+a*D(:)/2
               ENDIF
            ENDIF
         end do                        ! Ende der Schleife jk
      end do                           ! Ende der Schleife ik

!...hier ggf. anzeigen der Winner-Koordinaten
   IX(m,1:2)=(/mi,mj/)                  ! Winner-Koordinaten für
                                        ! Mustervektor m abspeichern
```

---

[106] Wir übergehen hier, dass bei FORTRAN die Funktion MAXLOC den Index an einen Vektor übergeben muss, also eigentlich mj( ) zu schreiben wäre.

```
!...erneute Normierung von W
      do k = 1,3
        do j = 1,10
          xn=0
          do i = 1,10
            xn=xn+W(k,i,j)**2
          end do
          W(k,:,j)=W(k,:,j)/SQRT(xn)
        end do
      end do


    end do                ! Schleife über m Trainingsmuster beendet
    END DO                ! Iterations-Schleife über n Schritte beendet
  !...hier ggf. Ergebnisse anzeigen und/oder in Datei schreiben
  !...Ende des Hauptprogramms
```

Wenn man anstelle des Skalarprodukts mit dem Euklidischen Abstand zwischen Eingabevektor und Gewichten arbeiten möchte, dann muss natürlich das Minimum (mit einer entsprechenden Funktion MINLOC( ) o.ä.) für die Bestimmung der Winner-Koordinaten verwendet werden.

## Übung 5.4.2-1

Versuchen Sie einmal, ein Programm nach der obigen Skizze zu konstruieren.

Vergrößern Sie die Anzahl der Mustervektoren. Lassen Sie sich die räumliche Lage der durch die Vektoren $X(x_1, x_2, x_3)$ gegebenen Punkte im $\mathbf{R}^3$ durch ein geeignetes Programm darstellen. Wenn Sie die Eingabevektoren so wählen, dass sie 3 bis 4 Gruppen von ähnlichen Vektoren bilden (definieren Sie "Ähnlichkeit" ganz intuitiv), sollten Sie nach Anwendung der Kohonen-Karte eine Clusterung der Eingabevektoren (als Punkte) im zweidimensionalen Raum des Gitters der Kohonenschicht beobachten.

Erhöhen Sie auch einmal die Dimension der Mustervektoren und untersuchen Sie auch dann die Clusterung.

## 5.4.2.3. Varianten

Am bisherigen Beispiel konnten zwar die Grundzüge der Programmierung einer Kohonen-Karte erläutert werden, ansonsten ist es jedoch eigentlich zu einfach. Denn die erhaltene Klassifizierung kann man leichter durch Projektion der Punkte in die xy-Ebene erzeugen. Man kann auch noch Vektoren aus dem $\mathbf{R}^4$ durch Projektion in den $\mathbf{R}^3$ zu klassifizieren versuchen, weil man sich Cluster von Punkten im $\mathbf{R}^3$ noch relativ gut durch perspektivische Darstellung anschaulich machen kann. Bereits bei diesem Verfahren wird klar, dass es eine eindeutige Lösung einer solchen Klassifikation durch Projektion in niedrigere Dimensionalität nicht geben kann, denn für den $\mathbf{R}^4$ gibt es 4 Hyperebenen, in die projiziert werden kann.[107]

Die Kohonenkarte ist geeignet, Vektoren hoher Dimensionalität durch "Projektion" zu klassifizieren, und zwar in der Regel durch "projizieren" in eine Ebene. In dieser Ebene, nämlich der Kohonenschicht, entstehen im besten Falle gut identifizierbare Cluster von Punkten, die jeweils einen der zu klassifizierenden Vektoren repräsentieren. Diese "Projektion" bzw. Clusterung ist allerdings, wie das Beispiel $\mathbf{R}^4$ zeigt, keineswegs eindeutig oder auch nur ungefähr eindeutig. Die Clusterung ist, wie sich herausstellt, in hohem Maße u.a. von der Parameterwahl und der Sequenz der verwendeten Zufallszahlen im Programm abhängig.

Anschauliche Beispiele für Klassifizierungen von Vektoren mit vielen Komponenten finden Sie in der Literatur, u.a. Klassifikationen von Tieren oder Pflanzen nach verschiedenen Merkmalen oder Klassifizierungen von Kunden nach Daten über ihre Vorlieben, ihr Einkaufsverhalten oder ähnliche Ergebnisse von Umfragen (vgl. z.B. Stoica-Klüver et al. 2009). Wegen der Nicht-Eindeutigkeit der Klassifizierung ist die Interpretation der Ergebnisse einer Kohonen-Karte allerdings häufig durchaus problematisch.

Wir wollen im Folgenden die Programmierung einiger wichtiger Varianten des oben vorgestellten Grundprogramms skizzieren, und zwar wiederum gleich verbunden mit einem vereinfachten Beispiel.

Das Beispiel verwendet als Eingabevektoren die Zeilen X(i, 1:12) der "Sympathie-Matrix" aus Kapitel 3.3.3., die die Sympathie einer Person i gegenüber allen anderen repräsentiert. Geändert werden lediglich die Elemente X(i,i), die den Wert 4 erhalten, wenn man – zugegeben ein wenig naiv – annimmt, dass sich alle Teilnehmer selbst sehr sympathisch finden. Ziel der Simulation mit einer Kohonen-Karte ist eine Clusterung, von der wir vermuten wollen, dass sie Cliquen möglicher Freundschaften unter den Teilnehmern darstellen.

Es gibt also 12 Eingabevektoren mit je 12 Komponenten. Die Kohonenschicht soll wieder aus 10×10 Neuronen bestehen. Die Gewichtsmatrix soll durch Zufallswerte besetzt werden.

Die erste Variante, die zusätzlich in das obige Schema eines SOM-Grundprogramms eingebaut werden soll, ist eine "weiche" Nachbarschaftsfunktion vom Gauß-Typ.

Für diese sind die Abstände $z_j$ vom Gewinnerneuron zu berechnen. Diese werden zweckmäßig als Tabelle/Matrix aller paarweisen Abstände von Neuronen in der Kohonenschicht *vor* der Schrittschleife berechnet. Aus der so entstehenden "Entfernungstabelle" werden in der Schrittschleife dann die jeweils benötigten Abstände abgelesen.

Ebenfalls *vor* der Schrittschleife werden ggf. die Trainingsvektoren und die Anfangs-Gewichtsmatrix normiert; letztere muss natürlich in der Schrittschleife nach jeder Änderung von Gewichtswerten erneut normiert werden.

Als weitere Variante wird die Reihenfolge der Trainingsmuster bei jedem Durchgang (Epoche) permutiert.

---

[107]  Allerdings sei angemerkt, dass die Verwendung einer Kohonen-Karte auch bei derart vergleichsweise einfachen Problemen sinnvoll sein kann, wenn man nicht an die obigen mathematischen Verfahren gewöhnt ist.

Die entsprechenden Code-Abschnitte, die an passender Stelle ins Grundprogramm einzubauen sind, können beispielsweise so dargestellt werden:

**Code-Beispiel 5.4.2-2**

```
!...im Hauptprogramm, nach den Definitionen etc.
!...berechnen der Distanzen im Gitter der 10*10 Kohonenschicht
!...abgespeichert in Distanzmatrix Z(1:10,1:10)
  do i = 1,10
    do j = 1,10
        ii=(i-1)*10+j
        do k = 1,10
          do l = 1,10
              kk=(k-1)*10+l
              Z(ii,kk) = SQRT(1.0*((k-i)**2+(l-j)**2))
          end do
        end do
    end do
  end do


!...einzugebende oder einzulesende Parameter und Daten (typische Werte)
    nmax=1000            ! maximale Schrittzahl
    a = 0.5             ! Lernrate
    da = 0.99           ! Abnahme der Lernrate, hier a(t) = a*(da)t
    rh = 2              ! sigma(t) der Gaussfunktion, Anfangswert
    drh=0.99            ! Abnahme des sigma-Werts


!...hier einlesen der 12 Anfangs-Mustervektoren IXM(1:12,1:12)
!   mit je 12 Komponenten; alles Integer-Werte
!...danach Werte in der Diagonalen = 4 setzen (siehe Text)
!...und, falls nötig, Matrix symmetrisieren (entfällt, falls
!   Matrix schon symmetrisch)
  do i = 1,12
    IXM(i,i)=4
    do j = 1,i-1
      IXM(i,j)=IXM(j,i)
    end do
  end do


!...Gewichtsmatrix W(12,10,10) mit zufälligen Gewichtswerten
!   aus [0,1) besetzen..
!...(siehe auch Grundprogramm)
!...die Gewichtsmatrix W(12,10,10) wird in WN(12,100) transformiert
!   durch zeilenweises Lesen;
!...dient zur Erhöhung der Rechengeschwindigkeit
  do k = 1,12
    do i = 1,10
      do j = 1,10
```

```
            call random_number(r)
            W(k,i,j)=r
            nij=(i-1)*10+j
            WN(k,nij)=r      ! zweidimensional aufgestellte Gewichtsmatrix
        end do
      end do
  end do
!...Normierung der Vektoren und der Gewichtsmatrix
!...zuerst Normierung der Vektoren

  do m = 1,12
      xn=0
      do k = 1,12
          xn=xn+XM(m,k)**2
      end do
      XM(m,:)=XM(m,:)/SQRT(xn)
  end do
!...Normierung von W, nur in der ersten Dimension k
!   (sog. "Spalten-Normierung")
  do i = 1,10
      do j =1 ,10
          xn=0
          do k = 1,12
              xn=xn+W(k,i,j)**2
          end do
          W(:,i,j)=W(:,i,j)/SQRT(xn)
      end do
  end do
!...die Gewichtsmatrix W(12,10,10) wird in WN(12,100) transformiert durch
!   zeilenweises Lesen;
!...dient zur Erhöhung der Rechengeschwindigkeit
  do k = 1,12
      do i = 1,10
          do j = 1,10
              r= W(k,i,j)
              nij=(i-1)*10+j
              WN(k,nij)=r    !....eindimensional aufgestellte Gewichtsmatrix
          end do
      end do
  end do


!...Training (Schrittschleife)
!...Anfangsreihenfolge der Trainingsmuster; PER wird später permutiert
  PER(1:12)=(/1,2,3,4,5,6,7,8,9,10,11,12/)
```

```
     DO n = 1,nmax+1                  ! Beginn der Schrittschleife

          a=a*da                      ! monoton fallende Lernrate
          rh=rh*drh                   ! fallende sigma-Werte


          CALL PERM(PER)              ! Unterprogramm permutiert Reihenfolge

          do mp = 1,12                ! Schleife über 12 Muster-Vektoren
             m=PER(mp)                ! Nr. des Musters aus permutierter
                                      ! Reihenfolge

             do i = 1,10              ! Schleifen über Gitter
                do j = 1,10
!...berechnen von netj als Punktprodukt durch Unterprogramm......
!...für jedes Neuron der Kohonenschicht
                   xx=DOT_PRODUCT(XM(m,:),W(:,i,j))

                   NETJ(i,j)=xx

!...netj wird in eindimensionalen Vektor NETN(1:100) transformiert
!   entsprechend der Indizierung in WN(12,100)
!...dies erleichtert die Suche des Winners/Maximums durch
!   intrins. Funktion
                   nij=(i-1)*10+j

                   NETN(nij)=xx

                end do

             end do
!...nun wird das Winner-Neuron gesucht (für jedes Muster)
             MLOC=MAXLOC(NETN(:))        ! Maximum

             nj=MLOC(1)                  ! winner-Index in eindim. NETN
!...Winner-Index bestimmen im 2dim Koord.system der Kohonenschicht
             mj=MOD(nj,10)

             IF(mj==0) mj=10

             mi=(nj-mj)/10+1
!...der 2dim. winner-Index ist jetzt (mi,mj)

!...die Koordinaten der Winner je Muster werden in IX(1:12,1:2)
!   gespeichert und ggf. in Datei geschrieben/grafisch umgesetzt
             IX(m,:)=(/mi,mj/)

!...jetzt wird die Veränderung der W in der Umgebung berechnet und zwar
!   unter Anwendung der Gauss-Verteilung
             do jn = 1,100              ! Schleife über alle Neuronen
                                        ! der Kohonenschicht
                xz=Z(nj,jn)             ! Abstand d. Gitterneurons jn aus Mtx
                hgauss=EXP(-(xz/rh)**2)
                WN(1:12,jn)=WN(1:12,jn)+a*hgauss*(XM(m,1:12)-WN(1:12,jn))
             end do                     ! (Ende Schleife über jn)
!...Transformieren der 2dim. WN-Matrix in 3dim. W
!...hier mittels einer intrinsischen Funktion RESHAPE
!...falls keine Funktion zur Verfügung: mittels Doppelschleife
             do k = 1,12
                W(k,:,:)=RESHAPE(WN(k,:),(/10,10/))
             end do                     ! (Ende Schleife über k)
          end do                        ! Ende der Schleife über m Trainingsmuster (mp)
```

```
!...hier einsetzen: erneute Normierung der veränderten W_Matrix
!  (s. Code weiter oben),
!...danach wieder zweidimensionale Aufstellung,
!...liefert normierte, neue W und WN-Matrix
!...hier könnten Positionen der Winner-Neuronen grafisch dargestellt
!   werden
!...für Dokumentation ggf. die Grafik als Bitmap o.ä. abspeichern


  END DO              !   Ende der Schrittschleife von n=1 bis n=nmax
!...abspeichern des Endergebnisses als Daten oder Bitmap
!...grafische Darstellung des Ergebnisses am Monitor
!...Ende des Hauptprogramms
```

Der Vollständigkeit halber sei noch ein möglicher Code für die Permutation der Reihenfolge der Muster-Vektoren nachgetragen, der am besten als Unterprogramm / Methode implementiert wird:

**Code-Beispiel 5.4.2-2**

```
SUBROUTINE PERM(PER)
!...permutiert die Komponenten p1 bis p12 des Vektors PER(1:12)
!...in: alter Positionsvektor; out: permutierter Positionsvektor.
      integer PER(12),ir,h
      real r
      do i = 12,2,-1              ! zählt rückwärts von 12 bis 2
          CALL RANDOM_NUMBER(r)
          ir=i*r+1               ! eine Zufallszahl zwischen 1 und i
          h=PER(i)               ! Vertauschung
          PER(i)=PER(ir)
          PER(ir)=h
      end do
END SUBROUTINE
```

Abschließend seien die Ergebnisse eines Durchlaufs mit den genannten Daten als einfache Grafik, so wie man sie auf dem Monitor präsentieren könnte dargestellt (s. Abb. 5-21 und 5-22).

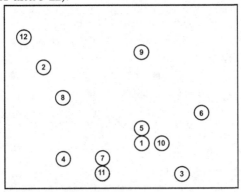

**Abbildung 5-21:** Position der Winner-Neuronen nach Schritt 1.

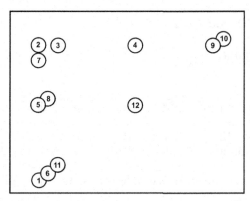

**Abbildung 5-22:** Position der Winner-Neuronen nach Schritt 1000.

Man erkennt eine nicht sehr markante Clusterung der Abbildungen der Mustervektoren. Wie man die Ergebnisse in Bezug auf die oben angegebenen Komponenten der 12 Muster-Vektoren interpretieren kann, oder anders gesagt, nach welchen Kriterien die Kohonenkarte eigentlich die Vektoren gruppiert hat, darüber mögen Sie selbst nachdenken. Hierzu schlagen wir Ihnen noch eine kleine Übung vor.

## Übung 5.4.2-2

1.  Konstruieren Sie nach der obigen Skizze ein vollständiges Programm der Kohonenkarte für das angegebene Fallbeispiel.

2.  Variieren Sie dann die Parameter (Lernrate, Sigma, deren Abnahme, mit und ohne Permutation der Musterreihenfolge) und beobachten Sie, wie sich die (möglicherweise) gebildeten Cluster der Winner ändern, bzw. welche Cluster ggf. gegen Variation der Parameter weitgehend resistent sind.

3.  Erweitern Sie Ihr Programm so, dass Sie nach dem Training der 12 Vektoren einen weiteren Vektor eingeben können, geben Sie einen Vektor ein, der einem der Trainingsvektoren sehr ähnlich ist und dann einen, der von allen Trainingsvektoren abweicht. Beobachten Sie das Ergebnis, wenn Sie das (mit den 12 Mustern austrainierte) Netz nur diesen zusätzlichen Vektor immer wieder trainieren lassen, und danach, wenn Sie den zusätzlichen Vektor mit den anderen 12 Vektoren zusammen trainieren.

Sie sind durch die Code-Skizzen hoffentlich in die Lage versetzt worden, ein einfaches Programm einer Kohonenkarte selbst schreiben zu können und den Algorithmus etwas besser zu verstehen. Durch die Übungen werden Sie erfahren haben, dass Kohonenkarten keine eindeutigen Ergebnisse liefern, sondern dass ihre Ergebnisse stark von verschiedenen Parametern abhängen oder dass sie häufig nicht konvergieren. Auf die diversen komplexeren Varianten der SOM, auf deren Anwendungsgebiete oder gar auf die Interpretation der Karten können wir hier nicht näher eingehen. Dazu müssen Sie die Spezialliteratur lesen und – wenn Sie einmal SOMs anwenden wollen oder müssen – letztlich selbst experimentieren und Erfahrungen sammeln.

## 5.5      Nicht-lernende Neuronale Netze

### 5.5.1     Interaktive Neuronale Netze

#### 5.5.1.1   Einführung

Es gibt eine Reihe von Neuronalen Netzen, in denen das Lernen in dem Sinne wie in den vorangegangenen Typen von Neuronalen Netzen keine Rolle spielt, die aber gleichwohl vielfältige Anwendungen, insbesondere in Simulationen, gefunden haben. Auch solche Netze können natürlich so modifiziert werden, dass sie adaptives Verhalten zeigen, also in gewissem Sinne auch lernen können; die Darstellung solcher Modifikationen müssen wir allerdings der Spezialliteratur überlassen.

Wir beginnen diesen Abschnitt mit einem einfachen Beispiel, nämlich dem so genannten Interaktiven Neuronalen Netz (IN).

Interaktive Netze sind sog. rekurrente neuronale Netze, d.h. bei ihnen sind, wie bei den weiter unten im Unterkapitel 5.5.2. vorgestellten Hopfield-Netzen, prinzipiell alle Neuronen miteinander verbunden; es gibt keine bevorzugte Richtung der Aktivierung. Ebenso können im Prinzip alle Neuronen sowohl Input- als auch die Output-Neuronen (bei den Neuronalen Netzen spricht man auch von Eingabe- und Ausgabe-Schicht) darstellen. In praktischen Anwendungen können allerdings auch nur ganz bestimmte Neuronen als Eingabeneuronen oder Ausgabeneuronen definiert werden. Gibt man in die Eingabeneuronen Werte ein, so spricht man von der externen Aktivierung dieser Neuronen.

Interaktive Netze sind nicht dafür gedacht, als lernende Netze eingesetzt zu werden. Somit fehlt ihnen eine der spezifischen Eigenschaften vieler neuronaler Netze – es sei denn, Sie modifizieren den Netztyp entsprechend. Interaktive Netzwerke wendet man gerne an, wenn man die Aktivitätsausbreitung innerhalb eines Netzwerkes analysieren und damit die Auswirkung von Beziehungen zwischen Elementen des Netzwerks (Stärke und Verteilung der Gewichtswerte) auf ein Gesamtsystem und seine Dynamik beobachten will. Wegen der rekurrenten Struktur können bei Interaktiven Netzen im Prinzip beliebig komplexe Systemdynamiken auftreten. Schnelle Konvergenz (bzw. das Erreichen eines Attraktors) ist bei Interaktiven Netzen in den meisten Fällen keineswegs zu erwarten.

Interaktive Netzwerke lassen sich gut zur Simulation dynamischer sozialer Prozesse verwenden. Als Beispiel sei hier die Simulation gruppendynamischer Prozesse auf der Basis der schon bei den Zellularautomaten und Genetischen Algorithmen erwähnten MORENO-Matrix demonstriert. Externe Aktivierungen, also die am Anfang einzugebenden Statuswerte der Einheiten, modellieren dabei gewisse Anfangsdispositionen der Individuen, z.B. die Stärke des Versuchs, sich in der Gruppe durchzusetzen. Die Gewichtswerte werden als MORENO-Matrix interpretiert, also als so etwas wie die gegenseitigen Sympathien oder Antipathien. Die sich im Falle des Erreichens eines Punktattraktors ergebenden Aktivitätswerte der einzelnen Einheiten können z.B. als Maß dafür angesehen werden, wie weit sich einzelne Individuen durchsetzen konnten bzw. das Geschehen in der Gruppe bestimmen. Wird kein Attraktor oder ein periodischer Attraktor erreicht, kann man dies als Instabilität des gruppendynamischen Prozesses interpretieren. Wir gehen auf die sozialwissenschaftlichen Details hier nicht weiter ein, da es hier nicht auf die Validität der soziologischen Interpretation ankommt[108], sondern es um die Umsetzung der Idee in geeignete Programme geht.

Die Programmierung eines Interaktiven Netzes demonstrieren wir an zwei Beispielen. Beide gehen vom selben zu simulierenden Problem, dem soeben skizzierten gruppendynamischen Set, aus, verwenden aber verschiedene Varianten des Interaktiven Netzes. Die Unterschiede beziehen sich zum einen auf die Methode, mit der ein "Überschießen", d.h. ein unbegrenztes Wachsen der Aktivierungswerte der Neuronen während der Iteration vermieden wird. Beim ersten Beispiel wird die Aktivierung durch die Tangens-Hyperbolicus-Funktion auf Werte unter 1 beschränkt. Beim zweiten Beispiel wird ein Skalenfaktor verwendet; zusätzlich wird die Konvergenz durch eine kontinuierliche Verringerung der Veränderung der Aktivierung (decay) verbessert.

Zum anderen ist der Modus der Einwirkung der Anfangs-Aktivierung der Neuronen verschieden. Während im ersten Beispiel die Anfangs-Aktivierung, hier auch externe Aktivierung genannt, nur im ersten Iterationsschritt wirksam ist, lässt man diese im zweiten Beispiel immer erneut auf die entsprechenden Neuronen einwirken.

Die Unterschiede der beiden Varianten werden durch die folgende detaillierte Darstellung im Einzelnen erläutert.

### 5.5.1.2   Ein erstes Beispiel

Nehmen Sie an, die dynamischen Prozesse in einer Gruppe von 10 Schülern seien zu untersuchen. Pädagogen haben durch geeignete Befragungsmethoden die gegenseitigen Sympathien und Antipathien in einer Moreno-Matrix festgehalten; die Werte seien zwischen -1 ( = sehr unsympathisch) und +1 ( = sehr sympathisch) in Stufen von 0.5 skaliert. Nehmen Sie ferner an, dass auch für jeden Schüler Einschätzungen des Durchsetzungswillens vorliegen; diese seien zwischen 0 und 1 skaliert. Dies ist also die empirische Basis, auf der die Simulation gründet.

Für die Konstruktion des Simulationsprogramms, also eines Interaktiven Neuronalen Netzes, sind zunächst einige Vorentscheidungen zu treffen.

* Definition der Gewichtsmatrix
  Die Moreno-Matrix kann direkt als reellwertige Gewichtsmatrix übernommen werden. Die Gewichte liegen hier also zwischen -1 und +1. Die Codierung muss, wie in diesem Fall, inhaltlich begründet werden.
* Definition der Input- und Output-Neuronen und ihrer Anfangs-Aktivierungen
* Definition der Funktionen
  Hier könnte eine lineare Propagierungsfunktion verwendet werden:
  $net_j = \sum_i a_i \cdot w_{ij}.$
  $net_j$ ergibt sich demnach aus der Summe der Aktivierungen der "sendenden" Neuronen i, multipliziert mit den Gewichtsverbindungen $w_{ij}$[109] zwischen den Neuronen i und j.

---

[108] Über diese können Sie sich u.a. in unserem Band "Computersimulationen und soziale Einzelfallstudien" (Klüver u.a. 2006) informieren.

[109] Achten Sie wieder darauf, wie die Elemente der Gewichtsmatrix definiert sind: hier "sendet" i an j.

Wenn man als Aktivierungsfunktion und Outputfunktion die Identitätsfunktion nimmt, hat man häufig – abhängig natürlich von der Gewichtsmatrix – das Problem, dass die Aktivierungswerte der Einheiten ständig steigen und so eine Konvergenz verhindern. Deshalb ist es sinnvoll, eine Aktivierungsfunktion zu verwenden, die die Aktivierungswerte begrenzt, zum Beispiel, wie oben erwähnt, die logistische Funktion

$$F\big(net(t)\big) = \frac{1}{1 + e^{-net(t)}}$$

oder der tangens hyperbolicus

$$\tanh\big(net(t)\big) = \frac{e^{net(t)} - e^{-net(t)}}{e^{net(t)} + e^{-net(t)}},$$

die die Werte auf das Intervall (0,1) bzw. (–1,1) begrenzen.

Selbstverständlich kann, wenn es inhaltlich angemessen ist, jede andere Funktion zum Einsatz kommen. Bei unserer Programmierung des Beispiels haben wir im übrigen angenommen, dass Werte für $net_j = \sum_i a_i \cdot w_{ij}$, falls sie sich rechnerisch als negativ ergeben, als keine Aktivierung interpretiert werden und deshalb gleich Null gesetzt werden können.

- Definition des Ablaufmodus

  Gewählt wird hier der Synchronmodus. Außerdem muss der Modus der externen Aktivierung der Input-Neuronen festgelegt werden. Beim Beispielproblem ist es inhaltlich sinnvoll, die Inputneuronen nur am Anfang extern zu aktivieren; die – hier empirisch erhobenen – Werte des Durchsetzungswillens (s.o.) sind also als Startaktivierungswerte nur einmal einzugeben.

- Definition der Analysedaten

  Es ist natürlich erforderlich, sich darüber klar zu werden, was man eigentlich mit Hilfe einer Simulation aussagen will. Aus dem Erkenntnisziel ergibt sich, welche Daten beim Ablauf der Simulation zu erfassen sind. Allgemein gilt, dass zunächst zu definieren ist, welche Neuronen Output-Neuronen sind und wie deren Aktivierungswerte zu interpretieren sind.

  Beim Beispiel sind alle Neuronen Output-Neuronen. Ihre reellen Aktivierungswerte können etwa als Maß für die Durchsetzung gedeutet werden. Im Beispiel könnte man die zeitliche Entwicklung der Aktivierungswerte für jede Einheit und im Falle der Konvergenz die Endwerte der Aktivierung sowie die Schrittzahl (Zeitdauer) bis zur Konvergenz registrieren. Falls das Netz nicht konvergiert, ist die Art der Dynamik (periodisch oder quasi-chaotisch) zu untersuchen. Das würde Aussagen darüber liefern, wie stabil oder instabil die Dynamik der Gruppeninteraktionen ist.

Die Programmierung eines Interaktiven Netzes ist relativ einfach, sobald Sie die vorstehenden Festlegungen getroffen haben. In Pseudocode sieht ein solches Programm – für das beschriebene Beispiel und die hier gewählten Definitionen und Funktionen – ungefähr so aus:

1. Definition der Moreno-Matrix (Eingabe in den Programmcode, Einlesen aus einer Datei oder Erzeugen durch Zufallsoperator. Achtung: Werte in der Hauptdiagonale müssen 0 gesetzt werden).

2. Definition bzw. Eingabe der Anfangsaktivitäten als Vektor A. Diese sollten nicht zu hoch gewählt werden.

3. Definition eines variablen Vektors X der jeweils aktuellen Aktivitäten und Initialisierung mit dem Vektor A.

4. Evtl. Speichern der Ausgangsdaten in einer Datei.

5. In einer Schrittschleife:

   a) Multiplikation des Vektors X mit der Gewichts- (= Moreno-)Matrix. Dazu ggf. eine Methode/ein Unterprogramm programmieren.

   b) Transformieren der Elemente von X mit der TANH-Funktion (in der Regel als Bibliotheksfunktion verfügbar); X wird mit den transformierten Werten überschrieben.

   c) Schreiben des nun erhaltenen Vektors X in eine Datei.

   d) Eventuell kann hier überprüft werden, ob eine Periodizität oder ein Punktattraktor vorliegt. Im letzteren Falle muss nur der vorige Vektor X(t–1) gespeichert und als mit X(t) identisch erkannt werden. Im ersteren Falle müssen sämtliche X(0 bis t) in einer Matrix oder Datei gespeichert werden, die jeweils rückwärts zur Prüfung möglicher Identität durchlaufen werden muss. Falls keine Periodizitätsprüfung vorgesehen ist, muss natürlich ein anderes Abbruchkriterium (z.B. maximale Anzahl der Schritte) vorgesehen werden.

   e) Rückkehr zum Anfang der Schleife, die dann mit dem neu erhaltenen X durchlaufen wird.

Der Kern des Programms ist also ziemlich einfach; in FORTRAN-Schreibweise, wenn W die vorher erzeugte Gewichtsmatrix ist, sieht das so aus:

**Code-Beispiel 5.5.1-1**

```
!...Anfangsaktivierungs-Vektor:
X=(/0.1,0.1,0.1,0.1,0.1,0.1,0.1,0.1,0.1,0.8/)
Y=X                            ! aktueller Aktivierungs-Vektor Y
imax = 200                     ! Abbruch nach 200 Schritten
DO i = 1,imax                  ! Iterations-Schleife
    Y=MATMUL(Y,W)              ! Prozedur zur Matrizen-Multiplikation
    WHERE(Y<0.0) Y=0.0         ! negative Aktivierungen nicht
                               ! zugelassen (s.o.)
    Y=TANH(Y)                  ! Anwendung der Aktivierungsfunktion
    WRITE(…)  i,Y(1:10)        ! schreibt Ergebnis von Schritt i in
                               ! Datei
END DO
```

Als Beispiel haben wir mit den obigen Festlegungen und 2 zufällig erzeugten Moreno-Matrizen folgende Ergebnisse erhalten:

1. Gewichtsmatrix (Moreno-Matrix):

$$
\begin{pmatrix}
0.00 & 0.50 & -1.00 & -1.00 & 1.00 & 0.50 & 1.00 & 0.00 & -1.00 & 1.00 \\
0.00 & 0.00 & -1.00 & 0.00 & 0.50 & -1.00 & 1.00 & -1.00 & 1.00 & 0.50 \\
0.50 & 1.00 & 0.00 & 0.00 & 0.00 & 1.00 & 0.50 & 0.00 & 0.00 & 1.00 \\
0.50 & -1.00 & 0.50 & 0.00 & 0.00 & -1.00 & 0.50 & -1.00 & 0.00 & 0.50 \\
1.00 & 1.00 & 0.00 & -1.00 & 0.00 & 0.00 & 1.00 & 1.00 & 0.50 & 0.00 \\
0.50 & 1.00 & 0.00 & 0.50 & 0.50 & 0.00 & 0.50 & 0.50 & 0.00 & 0.00 \\
0.00 & 0.50 & -1.00 & 0.00 & 1.00 & 1.00 & 0.00 & 1.00 & 0.50 & 1.00 \\
0.50 & 0.00 & -1.00 & 0.00 & -1.00 & 1.00 & 0.50 & 0.00 & 0.00 & 1.00 \\
-1.00 & 0.50 & 0.00 & 1.00 & 1.00 & 0.00 & -1.00 & -1.00 & 0.00 & 0.00 \\
-1.00 & 0.50 & 0.00 & 0.50 & 0.50 & -1.00 & -1.00 & 0.00 & 0.00 & 0.00
\end{pmatrix}
$$

Anfangsaktivierung: (0.1,0.1,0.1,0.1,0.1,0.1,0.1,0.1,0.1,0.8)

Mit dem Programm erhält man folgendes Ergebnis:

Das Interaktive Netz erreicht bereits im 12. Schritt folgenden Punktattraktor (Output-Vektor):

(0.000, 0.933, 0.000, 0.317, 0.972, 0.000, 0.366, 0.000, 0.922, 0.758)

Wenn man die Komponenten nach Größe der Aktivierung ordnet, erhält man folgende Reihung (nach Index i der Komponenten):

5 > 2 > 9 > 10 > 7 > 4 > (1=3=6=8).

Eine vorläufige Interpretation könnte aussagen, dass sich im wesentlichen 4 Individuen durchgesetzt haben, da sie die höchsten Aktivitäten besitzen. Dagegen sind 4 Individuen gewissermaßen völlig abgemeldet. Interessant ist, dass das Individuum Nr. 10 sich trotz überragender Anfangsaktivität nicht durchgesetzt hat, weil in diesem Fall die Gruppenstruktur, also die Struktur der Moreno-Matrix dies offenbar nicht zugelassen hat.

2. Gewichtsmatrix

$$
\begin{pmatrix}
0.00 & 0.00 & -1.00 & 1.00 & 0.00 & 1.00 & 0.50 & 0.50 & 1.00 & 1.00 \\
-1.00 & 0.00 & 0.00 & 0.50 & -1.00 & 0.50 & 1.00 & -1.00 & 0.50 & 0.50 \\
0.00 & 1.00 & 0.00 & 1.00 & 0.50 & 0.00 & 0.00 & 0.50 & 0.00 & 0.50 \\
0.50 & 0.00 & 0.00 & 0.00 & 1.00 & 0.00 & 0.50 & 0.00 & 0.00 & -1.00 \\
1.00 & 1.00 & 1.00 & -1.00 & 0.00 & 0.00 & 0.00 & 0.00 & -1.00 & 0.00 \\
1.00 & 1.00 & -1.00 & 0.00 & 0.00 & 0.00 & 1.00 & 0.00 & -1.00 & 1.00 \\
0.50 & 0.50 & 0.50 & 1.00 & 0.00 & 1.00 & 0.00 & -1.00 & 0.00 & -1.00 \\
0.50 & -1.00 & 1.00 & -1.00 & 0.00 & 1.00 & 1.00 & 0.00 & 1.00 & 0.00 \\
-1.00 & 1.00 & 0.00 & 0.00 & 1.00 & 0.00 & 0.00 & 0.00 & 0.00 & 0.00 \\
-1.00 & 0.00 & 1.00 & 0.00 & 1.00 & 0.00 & -1.00 & 0.00 & 0.00 & 0.00
\end{pmatrix}
$$

Wird dieselbe Anfangsaktivierung wie oben gewählt, so erhält man folgendes Ergebnis:

Das System erreicht keinen Punktattraktor; erst mit dem 76. Schritt tritt das System in einen Zyklus (periodischen Attraktor) der Periode 62 ein. Die Individuen 2, 6 und 4 zeigen dabei nahezu konstante, sehr hohe Aktivität. Individuum 8 bleibt völlig inaktiv. Die übrigen Aktivitäten schwanken stark. Mit andern Worten, die Gruppe ist gekennzeichnet durch eine sehr instabile Dynamik. Sie können sich, wenn Sie das System mit der nachfolgenden Übung selbst programmieren, überlegen, warum dies so sein muss.

## Übung 5.5.1-1

Programmieren Sie das oben beschriebene System einer Gruppe von 10 Individuen mit den angegebenen Werten. Es genügt, wenn Sie die Ergebnisse (Aktivierungen) für jeden Schritt in einer Textdatei ablegen; grafische Darstellung sollten Sie nur programmieren, wenn Sie darin schon geübt sind.

Begrenzen Sie die Zahl der Schritte z.B. auf maximal einige Hundert. Erschrecken Sie nicht, wenn Sie keine Konvergenz beobachten. Gehen Sie davon aus, dass Punktattraktoren bei derartigen Systemen relativ selten vorkommen.

Machen Sie die beiden Moreno-Matrizen zunehmend symmetrischer und beobachten Sie den Trend.

Stellen Sie die zeitliche Entwicklung für einige Individuen grafisch dar (z.B. mit EXCEL oder einem geeigneten Grafikprogramm bzw. innerhalb Ihres Programms).

Machen Sie danach Experimente mit verschiedenen Anfangsaktivierungen, z.B. für alle Einheiten die gleiche, kleine externe Aktivierung sowie für jeweils eine einzelne Einheit eine hohe, für alle anderen eine sehr niedrige Aktivierung. Wie könnten Sie die Ergebnisse interpretieren?

An dem gewählten Beispiel können Sie gut die Charakteristika der Interaktiven Netze, wenn diese für eine soziale Simulation eingesetzt werden, ersehen:

Eine – oftmals empirische basierte – Matrix sozialer Wechselwirkungen, in diesem Falle war das die *Soziomatrix (Moreno-Matrix)*, wird als Gewichtsmatrix interpretiert. In einem Interaktiven Netz wird der soziale (oder psychische) Zustand der *Gesamt*gruppe betrachtet, d.h., die lokale Position der Akteure spielt keine Rolle – anders als dies bei Zellularautomaten (Schulhofmodell) der Fall war. Beim Interaktiven Netz wird immer der Einfluss aller Akteure auf den Gesamtzustand der Gruppe unter der *für die gesamte Gruppe* – durch die Gewichtsmatrix – gegebenen Struktur gemessen. Beim Zellularautomaten hingegen steht die lokale Struktur, also die Struktur der unmittelbaren Umgebung des Akteurs, im Vordergrund.

Für den Ablauf des Interaktiven Netzes muss eine externe Aktivierung vorgegeben werden. Das kann je nach Erkenntnisziel sehr unterschiedlich sein. Man kann alle Einheiten (Akteure) mit einem geringen Wert extern aktivieren, damit der Gesamtzustand der Gruppe unabhängig von herausragend aktiven Akteuren abgebildet wird. Andererseits können nur einzelne Einheiten extern aktiviert werden, um den Einfluss einzelner Akteure auf die Dynamik der Gruppe zu simulieren.

Einige mathematische Eigenschaften Interaktiver Netze, die nicht nur diese, sondern auch viele andere Typen Neuronaler Netze aufweisen, seien hier noch einmal hervorgehoben.

Werden als Propagierungsfunktion die oben erwähnte lineare Funktion und als Aktivierungs- und Outputfunktion die Identität eingesetzt, dann besteht jeder Schritt des Interaktiven Netzes aus nichts anderem als einer schlichten Multiplikation eines Vektors mit einer Matrix, nämlich des Zustandsvektors X, der die Zustände aller N Einheiten des Netzes als Elemente enthält und der Gewichtsmatrix W:

$$X_{t+1} = X_t \cdot W.$$

Wird eine Aktivierungsfunktion F verwendet, dann gilt:

$$X_{t+1} = F(X_t \cdot W),$$

wobei die Funktion F elementweise angewendet wird. Führt diese Iterierung zu einem Punktattraktor, wird dieser auch als Fixpunkt bezeichnet.

Der Zustandsvektor, der den Fixpunkt markiert, hat nun, wie man sofort sieht, die Eigenschaft, dass er bei Anwendung der Transformation T in sich selbst überführt wird.

Die weitere Übung soll Ihnen an einem speziellen Beispiel die Fixpunkteigenschaften illustrieren.

## Übung 5.5.1-2

Gegeben sei die folgende Gewichtsmatrix W eines Interaktiven Netzes mit linearer Propagierungsfunktion und der Identität als Aktivierungs- und Output-Funktion:

$$\begin{pmatrix}
0.000 & 0.200 & 0.300 & 0.100 & 0.400 \\
0.300 & 0.000 & 0.300 & 0.200 & 0.200 \\
0.200 & 0.100 & 0.000 & 0.400 & 0.300 \\
0.600 & 0.100 & 0.100 & 0.000 & 0.200 \\
0.100 & 0.500 & 0.200 & 0.200 & 0.000
\end{pmatrix}.$$

Berechnen Sie die Matrix-Potenzen $W^2$, $W^3$, $W^4$, $W^5$,.....usw. bis zu einem $W^n$, so dass $W^n = W^{n-1}$ (zweckmäßig mit einem kleinen Programm[110]).

Zeigen Sie, dass der Vektor $X = (w_{11}, w_{12}, w_{13}....... w_{15})$ der aus einer Zeile dieser Matrix besteht, ein Fixpunkt ist, d.h. als Inputvektor für das Netz sich selbst aus Outputvektor liefert.

Welche spezielle Eigenschaft der Matrix – sie wird als "stochastische Matrix" bezeichnet – macht die einfache Fixpunktberechnung möglich?

Zur Kontrolle Ihres Ergebnisses geben wir Ihnen die 10. Potenz der Matrix, die sich bei weiterer Potenzierung nicht mehr ändert:

$$\begin{pmatrix}
0.224 & 0.191 & 0.186 & 0.179 & 0.220 \\
0.224 & 0.191 & 0.186 & 0.179 & 0.220 \\
0.224 & 0.191 & 0.186 & 0.179 & 0.220 \\
0.224 & 0.191 & 0.186 & 0.179 & 0.220 \\
0.224 & 0.191 & 0.186 & 0.179 & 0.220
\end{pmatrix}.$$

---

[110] Denken Sie daran, dass beim Rechnen mit reellen Zahlen a, b im Programm die Gleichheit in aller Regel nur annähernd erreicht wird; wenn Sie einfach IF(a = = b) abfragen, kann es sein, dass das Programm niemals eine Gleichheit findet. Sie sollten stattdessen immer z.B. IF(ABS(a-b) < e) programmieren, wo e << 1 eine angemessen kleine reelle Zahl ist.

### 5.5.1.3 Eine zweite Variante

Beim zweiten Beispiel wollen wir vom selben Problem ausgehen und, um einen direkten Vergleich zu ermöglichen, dieselbe Gewichtsmatrix und dieselben Werte der externen Aktivierung verwenden.

Für die Konstruktion des Simulationsprogramms gilt dann Folgendes:

- Definition der Gewichtsmatrix und

- Definition der Input- und Output-Neuronen und ihrer Anfangs-Aktivierungen wie in Beispiel 1.

- Definition der Funktionen

  Hier wird ebenfalls eine lineare Propagierungsfunktion verwendet. Der Nettoinput $net_j$ bei einem Neuron j wird hier aber zum einen additiv bei jedem Iterationsschritt durch die vordefinierte externe Aktivierung $ext_j$ diese Neurons ergänzt, zum anderen durch einen Skalierungsfaktor $0 < f_{scale} < 1$ verringert:

$$net_j = f_{scale} \cdot \left( \sum i \, w_{ij} \cdot o_i(t) + ext_j \right).$$

  Die aktualisierte Aktivität des Neurons j wird in dieser Variante additiv nach

$$a_j(t+1) = a_j(t) + \Delta a_j(t)$$

  berechnet, wo

$$\Delta a_j(t) = \begin{cases} \left( a_{max} - a_j(t) \right) \cdot net_j(t) - f_{decay} \, a_j(t) \text{ für } net_j > 0 \\ \left( a_j(t) - a_{min} \right) \cdot net_j(t) - f_{decay} \, a_j(t) \text{ für } net_j \leq 0 \end{cases}.$$

- Definition des Ablaufmodus (Aktivierungsregel)

  Gewählt wird hier der Synchronmodus; jede andere Aktivierungsregel ist natürlich ebenfalls wählbar. In dieser Variante ist die externe Aktivierung entsprechend der oben angegebenen Funktion für den Nettoinput in jedem Iterationsschritt wirksam.

- Definition der Analysedaten

  Auch bei dieser Variante ist natürlich zu definieren, welche Neuronen Output-Neuronen sind und wie deren Aktivierungswerte zu interpretieren sind.

Die Programmierung dieser Variante bietet ebenfalls, wie der nachfolgende Code-Ausschnitt zeigt, keine besonderen Schwierigkeiten:

**Code-Beispiel 5.5.1-2**

```
!...Anfangsaktivierungs-Vektor:
X=(/0.1,0.1,0.1,0.1,0.1,0.1,0.1,0.1,0.1,0.8/)
!...Definition der  Parameter
    REAL   X(10)                    ! ext. Aktivierung (Vektor)
    REAL   NETJ(10)                 ! Netto-Input
    REAL   AJt(10), DAJ(10),AJn(10) ! Aktivierung a(t), delta(a), a(t+1)
    REAL   sc                       ! scale-Faktor
    REAL   dc                       ! decay-Faktor
    REAL   amax, amin               ! max, min
```

```fortran
      REAL      W(10,10)                  ! Gewichtsmatrix
      INTEGER nput(1)                     ! seed für random W
!...Parameter-Werte eingeben oder ggf. aus Datei einlesen
      sc=0.7
      dc = 0.5
      amax =1.0
      amin = 0.0
!...erzeuge Gewichtsmatrix (spezielle Gewichtsmatrix für dies
!   Beispiel mit Werten aus {-1, -0.5, 0, 0.5, 1}
      do i = 1,10
          do j = 1,10
              IF(i==j) then
                  W(i,j) = 0
                  cycle
              ENDIF
              call random_number(r)
              IF(r>0.6) then
                  IF(r>0.8) THEN
                      W(i,j) = 1.0
                  ELSE
                      W(i,j) = 0.5
                  ENDIF
              ELSE
                  IF(r<0.2) then
                      W(i,j) = -1.0
                  ELSE
                      IF(r<0.0) then
                          W(i,j) = -0.5
                      ELSE
                          W(i,j) = 0.0
                      ENDIF
                  ENDIF
              ENDIF
          end do
      end do
!...evtl. hier Parameter- und Gewichts-Werte in Datei schreiben
      Ajt = X                             ! zu Anfang externe Aktivierung
      iflag = 0                           ! Indikator für Stabilität
      DO i = 1,200                        ! Iterationsschleife
!...Berechnung des Nettoinputs
          NETJ = MATMUL(AJt,W)
          NETJ = sc*(NETJ + X)
!...Berechnung der Veränderung der Aktivierungswerte
!...das WHERE-Konstrukt geht nacheinander alle Vektor-Elemente
!   von NETJ durch
```

```
        WHERE(NETJ>0)

             DAJ = (amax-AJt)*NETJ - dc*AJt

        ELSEWHERE

             DAJ = (AJt-amin)*NETJ - dc*AJt

        ENDWHERE
!...update der Aktivierungswerte (in Vektorschreibweise: der Operator
!   arbeitet alle Elemente ab)

        Ajn = Ajt + DAJ              ! neue Aktivierungswerte

        Ajt = Ajn                    ! ersetzt alte durch neue Aktivierungen
!...Abbruchkriterium: Abbruch falls Veränderung minimal

        IF(SUM(ABS(DAJ(:)))<0.00001) THEN
!...hier anzeigen oder schreiben der erhaltenen Aktivierungswerte
!   z.B.  WRITE(..........) AJn(1:10)
!...hier ggf. Hinweis: "stabil bei Schritt: i.." oder ähnlich anzeigen

             iflag=1                 ! Indikator für erreichte Stabilität

             EXIT

        ENDIF

   END DO                            ! Ende der Iterationsschleife

   IF(iflag==0) then                 ! falls Stabilität nicht erreicht
!...hier ggf. Hinweis: "nicht stabil bis Schritt: i.."
!   oder ähnlich anzeigen

   ENDIF
```

Das Programm erreicht mit der im ersten Beispiel dargestellten Gewichtsmatrix und den externen Aktivierungen sowie den im Code-Beispiel 5.5.1.-2 angegebenen Werten für die Parameter nach 44 Schritten Stabilität und liefert als Output-Vektor folgende Aktivierungen:

(0.000  0.640  0.000  0.322  0.704  0.000  0.334  0.000  0.638  0.609).

Wenn man die Komponenten nach Größe der Aktivierung ordnet, erhält man folgende Reihung (nach Index i der Komponenten):

5 > 2 > 9 > 10 > 7 > 4 > (1=3=6=8).

Das ist exakt dieselbe Reihenfolge, die auch von der ersten Variante geliefert wird.

Ob das ein glücklicher Zufall ist oder ob dieses Ergebnis von der Wahl der Parameter abhängt, können Sie mit der nachstehenden Übung untersuchen.

## Übung 5.5.1-3

Programmieren Sie das oben beschriebene System einer Gruppe von 10 Individuen mit den angegebenen Werten.

Machen Sie danach Experimente mit verschiedenen Werten für die Skalierungs- und decay-Faktoren. Versuchen Sie ungefähr auszuloten, in welchen Bereichen dieser Faktoren sich das IN innerhalb von 200 Schritten stabilisiert.

Stellen Sie fest, ob bzw. wann sich die Anordnung der Komponenten des Output-Vektors nach Größe ändert.

## 5.5.1.4  Vergleich der Varianten

Die Übereinstimmung der Ergebnisse, die wir mit den zwei unterschiedlichen Varianten bei denselben beispielhaften Ausgangswerten erhalten haben, ist zwar erfreulich, darf aber nicht überinterpretiert werden. Der Vergleich der beiden Varianten bietet eine gute Gelegenheit, über die Aussagekraft von Simulationen nachzudenken. Genauer gesagt geht es dabei darum, zu fragen, wie weit Ergebnisse von Simulationen, wenn sie mit der beobachteten Realität überein zu stimmen scheinen oder durch günstige Parameter-Wahl in Übereinstimmung gebracht wurden, tatsächlich etwas über die in der Realität wirkenden Mechanismen aussagen oder Prognosen zulassen.

Der erste zu diskutierende Punkt dabei ist natürlich der im Programm angewandte Algorithmus. Beide oben präsentierte Varianten verwenden natürlich als Interaktive Netze im Kern denselben Algorithmus, unterscheiden sich aber in Details. Wir werden uns hier nur mit den Parametern befassen, deren Werte als Ausgangswerte der Simulation definiert werden müssen.

Zunächst sind zwei Klassen von Parametern zu unterscheiden, die in den Programmen Verwendung finden. Die einen beruhen vollständig auf empirischen Daten bzw. sollten im Ernstfalle darauf basieren. Dafür stehen die in den obigen Beispielen verwendeten externen Aktivierungen oder auch die aus der Moreno-Matrix abgeleiteten Gewichtswerte. Solche Daten sind zwar empirisch abgesichert, dies aber eher im Sinne einer (im mathematischen Sinne) Totalordnung; willkürlich ist in der Regel ihre Codierung und Skalierung.

Eine zweite Klasse von Parametern besteht aus solchen, die vorwiegend aus mathematischen Gründen in das Programm eingeführt werden, etwa um schnellere Konvergenz zu erreichen. Für deren Werte gibt es oft nur geringe oder gar keine empirische Evidenz. Die Skalierungs- und Decay-Faktoren im zweiten Programmbeispiel könnte man in diese Kategorie einordnen.

Grundsätzlich sind Parameter ohne empirischen Bezug problematisch. Etwas provozierend gesagt, könnte man mit einer hinreichend großen Zahl von Parametern, die man willkürlich variieren kann, im Prinzip jedes gewünschte Ergebnis erzeugen. Mit anderen Worten: Man sollte bei Simulationen mit so wenig solcher Parameter auskommen wie möglich. Die erste unserer Programm-Varianten kommt offensichtlich mit weniger Parametern, d.h. mit weniger willkürlichen Annahmen aus; sie ist von daher eine durchaus sinnvolle Wahl.

Die zweite Variante mit mehr Parametern wäre weniger problematisch, wenn man zeigen kann, dass die Ergebnisse in weiten Bereichen nur wenig oder gar nicht von den Parameter-Werten abhängen. Das lässt sich mit dem skizzierten Programm leicht untersuchen, wenn man die Iterationsschleife in eine weitere Schleife einbettet, in der die beiden Parameter systematisch variiert werden.

Was dabei herauskommt, sei wenigstens an einigen Zahlenbeispielen angedeutet.

Variiert man z.B. den Skalierungsfaktor sc (bei festgehaltenem decay von 0.5), so stellt man fest, dass sich das Netz im weiten Bereich von $0 < sc \leq 0.7$ stabilisiert. Die Reihenfolge der Outputkomponenten nach Größe ist jedoch bei $sc < 0.4$ verändert, bei sc=0.2 ist sie beispielsweise $10 > 5 > 2 > 9 > 4 > 7$[111].

---

[111]  Der Output-Vektor ist (0.002 0.118 0.000 0.055 0.136 0.000 0.048 0.000 0.110 0.149).

Variiert man den decay-Faktor dc (bei festgehaltenem sc = 0.7), so ändert sich ebenfalls für dc < 0.4 die Reihenfolge; beispielsweise ist sie bei dc = 0.3  5 > 9 > 2 > 10 > 4 > 7[112]. Allerdings muss dabei berücksichtigt werden, dass die Aktivierungs-werte der Komponenten teilweise sehr wenig voneinander abweichen, so dass die Abweichungen der Ergebnisse *in diesen Beispielfällen* praktisch zu vernachlässigen sind. In anderen Fällen können hingegen die Ergebnisse erhebliche Abweichungen bei Veränderungen der Parameter aufweisen. Die hier skizzierten Überlegungen sollten daher durchaus als Empfehlung verstanden werden, der Parameter-Wahl erhöhte und kritische Aufmerksamkeit zu widmen.

## 5.5.2    Hopfield-Netze

Einen weiteren Typ nicht lernender Neuronaler Netze stellen die Hopfield-Netze dar. Wir beschreiben in diesem Abschnitt nur ein vereinfachten Beispiel eines Hopfield-Netzes. Wie Sie vielleicht wissen, stammen Hopfield-Netze ursprünglich aus der Physik und hatten dort historisch eine gewisse Bedeutung. Die Hopfield-Netze besitzen Ähnlichkeiten mit den Booleschen Netzen, deshalb kann man, ausgehend von den Booleschen Netzen, an ihnen einige wesentliche, insbesondere auch mathematische Eigenschaften von Netzen überhaupt deutlich machen.

Der den einfachen Hopfield-Netzen zugrunde liegende Graph ist ein schlichter und vollständiger Graph, d.h. alle Verbindungen existieren; es gibt jeweils zwischen zwei Neuronen nur eine, in beiden Richtungen wirkende (symmetrische) Verbindung und Neuronen sind nicht durch Schleifen mit sich selbst verbunden. Darüber hinaus sind die Gewichtswerte bipolar[113], also aus der Menge $w_{ij} \in \{-1,+1\}$, mit Ausnahme der Diagonalelemente $w_{ii} = 0$. Alle Neuronen sind strukturell äquivalent und damit zugleich Input- und Output-Neuronen.

Daraus resultiert eine Gewichtsmatrix $W = (w_{ij})$, die z.B. so aussehen könnte:

$$\begin{pmatrix} 0 & -1 & 1 & 1 \\ -1 & 0 & -1 & -1 \\ 1 & -1 & 0 & 1 \\ 1 & -1 & 1 & 0 \end{pmatrix}.$$

Die Matrix muss wegen der symmetrischen Verbindungen natürlich symmetrisch sein. Beachten Sie dabei die Konvention: $w_{ij}$ bezeichnet hier das Gewicht für die Verbindung *von Neuron i zu Neuron j* (i → j). Wir folgen damit hier der bei den Neuronalen Netzen üblicheren Festlegung.

Das Netz hat diese Form (Abb. 5-23):

**Abbildung 5-23:** Beispiel für ein Hopfield-Netz (Verbindungslinie geschlossen: Gewicht +1, gestrichelt: -1).

---

[112]  Der Output-Vektor ist (0.000 0.772 0.000 0.502 0.833 0.000 0.486 0.000 0.781 0.769).

[113]  Natürlich lassen sich Hopfield-Netze auch mit binären Gewichtswerten konstruieren. In dem Falle wird die Verwandtschaft zu den Booleschen Netzen noch deutlicher.

Allen Neuronen werden die gleichen einfachen Funktionen zugeordnet:

Propagierungsfunktion :

$$\text{net}_j(t+1) = \sum_i w_{ij} o_i(t)$$

Aktivierungsfunktion:

$$a_j(t+1) = f\big(\text{net}_j(t+1)\big) - \begin{cases} 1 \text{ wenn net}_j(t+1) \geq \Theta \\ -1 \text{ sonst} \end{cases}$$

θ soll hier den Wert 0 haben.

Outputfunktion:

$$o_j(t+1) = a_j(t+1), \text{ also die Identitätsfunktion.}$$

Wie Sie hier übrigens sehen, ist die Aufspaltung der Transformationsfunktion in Propagierungs-, Aktivierungs- und Outputfunktion recht willkürlich, gleichwohl in vielen Fällen praktisch.

Dies Netz, das wir als Beispiel nehmen wollen, soll nun mit dem Inputvektor

$$O_0 = (1, 1, -1, 1) \text{ für t} = 0,$$

initialisiert und im Synchronmodus "gestartet" werden. Die Berechnung der $\text{net}_j(t=1)$ ergibt dann:

$$\text{net}_1 = 0{\cdot}1 + (-1){\cdot}1 + 1{\cdot}(-1) + 1{\cdot}1 \qquad = -1$$
$$\text{net}_2 = (-1){\cdot}1 + 0{\cdot}1 + (-1){\cdot}(-1) + (-1){\cdot}1 = -1$$
$$\text{net}_3 = 1{\cdot}1 + (-1){\cdot}1 + 0{\cdot}(-1) + 1{\cdot}1 \qquad = +1$$
$$\text{net}_4 = 1{\cdot}1 + (-1){\cdot}1 + 1{\cdot}(-1) + 0{\cdot}1 \qquad = -1$$

Sie sehen, dass dies Schema der Multiplikation der Matrix $W = (w_{ij})$ mit dem als Spaltenvektor geschriebenen (also transponierten[114]) Zeilenvektor $O_0 = (1, 1, -1, 1)$ entspricht, also

$$(\text{net}_j) = W \cdot O_0^{\#},$$

wo $(\text{net}_j)$ wieder ein Vektor ist.

Nach Anwendung der Aktivierungsfunktion (und der Outputfunktion) ergibt sich als Ergebnis des ersten Schrittes des Netzes:

$$O_1 = (-1, -1, 1, -1).$$

Wenn jetzt das Netz mit $O_1$ als Startwert aktiviert wird, so erhält man ganz entsprechend und, wie Sie nun leicht nachvollziehen können, für t = 2:

$$(\text{net}_j) = (1, 1, -1, 1)$$

und damit auch

$$O_2 = (1, 1, -1, 1).$$

Dies ist aber genau wieder der Anfangsvektor $O_0$.

Das Netz oszilliert also zwischen (1, 1, -1, 1) und (-1, -1, 1, -1).

---

[114] Transposition bei einer Matrix bzw. bei einem Vektor bedeutet, dass Zeilen als Spalten und umgekehrt geschrieben werden; das entspricht einer Spiegelung an der Hauptdiagonalen.

Nehmen Sie einen anderen Anfangsvektor, z.B.

$O'_0 = (1, -1, 1, 1)$.

Hiermit aktiviert liefert das Netz als Ergebnis

$O'_1 = (1, -1, 1, 1)$.

also den eingegebenen Vektor zurück. Das dynamisierte Netz konvergiert also, es hat einen Punktattraktor erreicht.

Fasst man das Netz als Funktion auf, die eine Abbildung eines Eingabevektors auf einen anderen Vektor des Zustandsraums aller für das Netz möglichen Vektoren erzeugt, so markiert der Vektor $O'_0$ also einen Fixpunkt: Er wird auf sich selbst abgebildet.

Damit ist zugleich gezeigt, und das gilt allgemein für diesen Netztyp, dass das Netz Fixpunkte (man kann sie auch Eigenvektoren nennen) besitzt. In der Terminologie der Neuronalen Netze spricht man von einem Autoassoziator. Gemeint ist damit ein Netz, das nach Eingabe eines Musters (z.B. als Pixelbild mit weiss = -1 und schwarz = +1), das natürlich mathematisch immer durch einen Vektor repräsentiert ist, als Output dasselbe Muster zurückliefert. Das setzt voraus, dass die Folge von Zuständen des Netzes überhaupt zu einem Fixpunkt konvergiert. Dies ist keineswegs selbstverständlich, wie das Beispiel des ersten Eingabevektors zeigt.

Die Frage ist nun, ob es weitere Muster gibt, die ebenfalls von diesem Netz zurückgegeben werden.

Das sollen Sie als Aufgabe selbst ausprobieren.

Dazu ist ein Hopfield-Netz zu programmieren. Hier ist ein mögliches Programm-Schema skizziert:

- Eingabe der m×m -Gewichtsmatrix
- Generieren aller möglichen Inputvektoren ($n=2^m$ Kombinationen von 1 und -1)
- Schleife über alle möglichen Inputvektoren $O_n$
  - o Aktuellen Vektor X mit jeweils einem $O_n$ als Anfangswert besetzen
  - o Iterationsschleife (Laufindex i ab 0) mit jeweils einem $O_n$
    - ▪ berechnen von $net_j$ (ggf. Prozedur zur Multiplikation der Gewichtsmatrix W mit transponiertem Vektor $X_i$)
    - ▪ anwenden der Aktivierungsfunktion $F(net_j)$
    - ▪ erhaltenen Vektor in Datei schreiben
    - ▪ Abbruchkriterium:
      - ♦ prüfen, ob $X_i \in \{X_0, .........X_{i-1}\}$
      - ♦ oder ob andere Abbruchbedingung erreicht
  - o Ende der Iterationsschleife
- Ende der Schleife über alle möglichen $O_n$

## Übung 5.5.2-1

Programmieren Sie das obige Netz.

Geben Sie sämtliche möglichen Muster (in der bipolaren Codierung) in das Netz ein und berechnen Sie alle Schritte, bis Sie periodische Attraktoren oder Fixpunkte erreichen.

Wenn Sie die obige Übung durchgeführt haben, werden Sie eine weitere Invariante gefunden haben, nämlich den Vektor (-1, 1, -1, -1). Dieser Vektor ist komplementär zum obigen Vektor (1, -1, 1, 1).

Allgemein gilt für bipolar codierte Hopfield-Netze und bipolare Vektoren, dass mit einem invarianten Vektor auch dessen Komplement invariant ist; das trifft allgemein allerdings nur für den Fall zu, dass der Schwellenwert $\theta = 0$ ist[115].

Wenn Sie sich an die Theorie der linearen Gleichungssysteme erinnern, wird Ihnen sicher der Verdacht gekommen sein, dass man zu einem gegebenen Muster bzw. Vektor eine Hopfield-Matrix berechnen können müsste, die den Vektor als Fixpunkt hat. Diese Berechnung ist in der Tat möglich und auch noch einfach. Es gilt nämlich für ein Hopfield Netz, das den Vektor $X = (x_i)$ auf sich abbilden soll:

$$W_{ij} = \begin{cases} 0 & \text{für } i = j \\ x_i \cdot x_j & \text{für } i \neq j \end{cases}$$

## Übung 5.5.2-2

a) Berechnen Sie die Gewichtsmatrix für den Muster-Vektor (-1, -1, 1, 1). Prüfen Sie, welche anderen Vektoren durch das Netz mit dieser Gewichtsmatrix auch noch auf sich abgebildet werden (Fixpunkt-Vektoren).

   Prüfen Sie ferner, welche Vektoren noch auf die von Ihnen gefundenen Fixpunktvektoren abgebildet werden.

b) Addieren Sie die hier erhaltene Gewichtsmatrix und die Matrix aus dem ersten Beispiel elementweise und suchen Sie wieder die von dem erhaltenen Netz (dessen Matrix jetzt Elemente aus der Menge {-2,-1, 0, 1, 2} enthalten kann) erkannten Muster-Vektoren.

Wenn Sie die vorstehende Übung gemacht haben, haben Sie auch Folgendes feststellen können:

1. Neben dem Vektor (-1, -1, 1, 1) ist auch noch der komplementäre Vektor (1, 1, -1, -1) ein Fixpunktvektor.

2. Verschiedene Vektoren, d.h. verschiedene Muster, führen – sofern sie nicht komplementär sind – zu verschiedenen Gewichtsmatrizen. Die Information über die erkannten Muster ist also in der Gewichtsmatrix (und zwar in allen ihren Elementen gemeinsam) gespeichert. Man sagt auch, das Netz habe die Muster gespeichert.

3. Es gibt noch weitere Vektoren die – möglicherweise in mehreren Schritten – auf die Fixpunkte abgebildet werden, nämlich die Vektoren (-1, -1, -1, 1) und (1, -1, 1, 1) auf (-1, -1, 1, 1) sowie (-1, 1, -1, -1) und (1, 1, 1, -1) auf (1, 1, -1, -1).

4. Wie bei den ZA und BN gibt es also auch bei den Neuronalen Netzen zu den Attraktoren (insbesondere hier zu den Punktattraktoren) Attraktionsbecken (basins of attraction), d.h. mehrere verschiedene Anfangsvektoren können bei Konvergenz des Netzes zu demselben Punktattraktor konvergieren. Auf die Mustererkennung mit Neuronalen Netzen bezogen bedeutet dies Folgendes: Muster, die dem Muster ähnlich sind, für die das Hopfield-Netz konstruiert ist,

---

[115] Im Beispiel-Netz gilt dies allerdings auch bei $\theta = 1$.

werden als das Grundmuster (also den Fixpunkt) erkannt. Dasselbe gilt bei anderen Typen von Neuronalen Netzen für von ihnen gelernte Muster. Anders ausgedrückt: Muster können von Neuronalen Netzen auch dann erkannt werden, wenn sie leicht gestört sind. In welchem Ausmaß Störungen vorliegen können, ohne die Erkennung zu verhindern, wird als Plastizität von Netzen bezeichnet. Dies ist eine der fundamentalen Eigenschaften von Neuronalen Netzen, die diese so breit anwendbar machen.

5.  Durch elementweise Addition zweier gleichdimensionaler Gewichtsmatrizen von Hopfield-Netzen erhalten Sie ein Netz, das die Fixpunktvektoren beider Summanden übernimmt. Die Addition von Gewichtsmatrizen, die zu verschiedenen Mustern gehören, führt also zu einem Netz, das alle diese Muster speichert. Allerdings ist die Kapazität, d.h. die Anzahl der von einem Netz erkannten bzw. gespeicherten Muster, recht begrenzt. In der Literatur findet man als Erfahrungswert, dass Hopfield-Netze mit N Knoten bis zu $0.15 \cdot N$ Muster erkennen können.

Die Hopfield-Netze sind ursprünglich für physikalische Probleme entwickelt worden. Beispielsweise werden damit Kollektive von Teilchen, die in gegenseitiger Wechselwirkung stehen, in ihrem Verhalten modelliert. Infolgedessen rankt sich um sie ein ganzes Theoriegebäude, das Aussagen über die Konvergenz oder Stabilität solcher Netze ermöglicht. Insbesondere lassen sich Energiefunktionen für diese Netze definieren, die bei Konvergenz des Netzes ein Minimum annehmen. Dies soll hier nicht das Thema sein. Hier sollte nur der Typ des Hopfield-Netzes als eines maximal rekurrenten Netzes skizziert werden. Zugleich kann man am Hopfield-Netz einige grundlegende und für die Programmierung Neuronaler Netze allgemein geltende, wichtige Eigenschaften studieren. Vor allem wird an ihnen auch die enge Verbindung von Neuronalen Netzen zu den theoretisch einfacheren Booleschen Netzen deutlich.

# 6 Hybride Systeme

## 6.1 Hybride Systeme: Grundprinzipien

In den vorangegangenen Kapiteln wurden verschiedene mathematische Systeme vorgestellt, die zur Simulation oder Modellierung realer physikalischer, chemischer, biologischer, technischer, kognitiver oder sozialer Vorgänge Verwendung finden können. Gemeinsam war diesen Systemen – das impliziert bereits der Begriff des Systems –, dass sie aus diskreten Elementen bestehen, für die ein Zustand definiert ist und die innerhalb einer Struktur durch Wechselwirkungen miteinander verbunden sind. Sie werden zu dynamischen Systemen, wenn die Wechselwirkungen Regeln oder Algorithmen einer schrittweisen, d.h. durch natürliche Zahlen indizierbaren und von den jeweils bestehenden Zuständen ausgehenden Veränderung der Zustände einzelner oder aller Elemente darstellen. Die für jeden Schritt zusammengefassten Zustände aller Elemente, seien sie nun in diesem Schritt verändert oder nicht, wurden als Systemzustände bezeichnet. Es handelt sich also bei dynamischen Systemen dieses Typs mathematisch gesprochen um rekursive Folgen von Systemzuständen.

Die Regeln der Systeme enthalten häufig Parameter, mit deren Hilfe Anpassungen an die zu simulierende Realität vorgenommen werden können. Werden diese Parameter konstant gehalten, so läuft die Dynamik der Systeme autonom ab, was oft als Selbstorganisation[116] bezeichnet wird. Typisch dafür sind Zellularautomaten, Boolesche Netze, Interaktive Neuronale Netze oder Hopfield-Netze. Werden die Parameter in Bezug auf systemexterne Größen während des Systemablaufs verändert, so gelangt man zu adaptiven oder (überwacht) lernenden Systemen. Beispiele dafür sind Genetische Algorithmen, Evolutions-systeme oder überwacht lernende Neuronale Netze.

Es hat sich nun gezeigt, dass die Simulation mancher realer Vorgänge durch Kombination mehrerer dynamischer Systeme gleichen, häufiger aber verschie-denen Typs effektiver geleistet wird. Das liegt im Allgemeinen einfach daran, dass man sich dadurch gleichzeitig die Vorteile verschiedener Systemtypen zu Nutze macht.

Man kann natürlich beliebige Systeme in verschiedener Weise miteinander verknüpfen. Prinzipiell lassen sich zwei Arten oder Architekturen der Kopplung von Systemen unterscheiden, nämlich eine horizontale und eine vertikale Kopplung.

Bei horizontaler Kopplung tauschen prinzipiell gleichberechtigte Systeme, die oft sogar synchron arbeiten, zu bestimmten Schritten Daten untereinander aus. Dies Prinzip wird beispielsweise bei Parallelrechnern verwendet. Praktisch handelt es sich bei der horizontalen Kopplung um ein arbeitsteiliges Vorgehen.

Eine praktische Verwendung horizontaler Kopplung ist die Kombination von neuronalen Netzen mit Expertensystemen. Die Arbeitsteilung besteht in diesem Fall darin, dass die Netzwerke aus dem Training mit bestimmten Beispielen Regeln

---

[116] In diese Kategorie gehören auch die sogenannten nicht-überwacht lernenden Systeme wie z.B. die Kohonen-Karten.

generieren, also gewissermaßen die einzelnen Beispiele generalisieren, und die generierten Regeln an das Expertensystem weiterleiten. Dies wendet dann die Regeln auf praktische Probleme an. Damit kann das bekannte Problem der Wissensakquisition für Expertensysteme bearbeitet werden.

Bei vertikaler Kopplung entsteht eine Hierarchie von Basissystem und Metasystem: Ein Metasystem steuert ein oder mehrere Basissysteme.

In Kap. 2.2.5. wurde ein Zellularautomat vorgestellt, der das Verhalten einer Gruppe Schüler auf dem Schulhof simulieren sollte. Wenn man will, kann man diesen Zellularautomaten bereits als eine Art hybrides System betrachten, denn dort "sucht" eine Zelle, die einen Schüler repräsentiert, jeweils eine neue Position auf dem Feld des Zellularautomaten, die ihm eine optimale Gruppensituation verspricht. Jede Zelle verfügt gewissermaßen über einen Optimierungsalgo- rithmus. Alle Zellen, sprich alle einzelnen Optimierungsalgorithmen als "Basis- systeme", werden zu einem Zellularautomaten als Metasystem zusammengefasst.

Typisch für vertikale Kopplungen sind jedoch eher Kombinationen von autono- men, also nicht adaptiven Systemen, beispielsweise Zellularautomaten, mit adaptiven Systemen, etwa Genetischen Algorithmen. Dabei wird gleichsam die Fähigkeit der Adaptation auf das autonome System übertragen[117], indem das Metasystem die Regeln bzw. die Parameter von Regeln des Basissystems oder sogar die Struktur des Basissystems gemäß externen Zielwerten verändert.

## 6.2    Beispiel eines einfachen vertikalen hybriden Systems

Ein vertikales hybrides System soll an einem eher mathematischen Beispiel demonstriert werden, das vorzugsweise die Grundprinzipien eines hybriden Systems deutlich machen soll, dafür sehr vereinfacht konstruiert ist – ohne Rücksicht auf mögliche Anwendungen.

Das Basissystem soll ein zweidimensionaler Zellularautomat mit 900 Zellen sein, die binäre Zustände, also 0 oder 1, annehmen können. Die Umgebung sei als Von Neumann-Umgebung (4 Nachbarzellen) definiert. In diesem Beispiel sollen die Zustände der Zellen in der Umgebung (einschließlich des Zustandes der zentralen Zelle) als Vektor $U$ mit 5 Komponenten in folgender Weise[118] repräsentiert werden:

$U$ = (Z(oberer Nachbar), Z(linker Nachbar), Z(zentrale Zelle), Z(rechter Nachbar), Z(unterer Nachbar)).

$U$ ist demnach ein binärer Vektor mit 5 Komponenten. Von diesen Vektoren und damit von möglichen Umgebungskonfigurationen gibt es $2^5 = 32$ Möglichkeiten.

Der Vektor kann als Binärzahl oder als Dezimalzahl codiert werden; mit letzterer Codierung werden die Umgebungskonfigurationen durch eine Dezimalzahl zwischen 0 und 31 definiert. Beispielsweise bedeutet eine Umgebung, in der die linke und rechte Nachbarzelle den Zustand 1, alle übrigen Zellen den Zustand 0 besitzen, dass

$$U = (0, 1, 0, 1, 0)$$

dezimal als Umgebungskonfiguration Nr. 12 codiert wird.

---

[117]  Wenn man will, kann man auch überwacht lernende Neuronale Netze als Systeme ansehen, bei denen ein autonomes Basissystem mit einem adaptiven System, dem Lernalgorithmus, gekoppelt wird, welches die Struktur des Basis-Netzes verändert.

[118]  Die Positionsangaben beziehen sich natürlich auf ein quadratisches Zellgitter.

Das Regelsystem dieses Zellularautomaten muss nun jeder der 32 Umgebungs-konfigurationen für den neuen Zustand der zentralen Zelle entweder eine 1 oder 0 zuordnen; damit ergeben sich $2^{32}$ mögliche Regelsysteme von je 32 auf die verschiedenen Umgebungen bezogenen Einzelregeln (vgl. Kap. 2.2). Die verschiedenen Regelsysteme führen bekanntlich zu sehr verschiedenen Dynamiken des Zellularautomaten, von schnell erreichten Punktattraktoren bis zu quasi-chaotischen Verläufen.

Der so definierte Zellularautomat soll nun vertikal mit einem Genetischen Algorithmus als Metasystem gekoppelt werden, dessen Zweck es ist, ein Regelsystem zu finden, das zu einem bestimmtem dynamischen Verhalten des Zellularautomaten führt. Der Genetische Algorithmus verändert also das jeweilige Regelsystem des Zellularautomaten.

Dabei wird jedes Regelsystem durch einen Genvektor repräsentiert, der einfach die Umgebungskonfigurationen, die den 32 möglichen neuen Zuständen der Zentralzelle zugeordnet sind, in der Reihenfolge der oben genannten Dezimalcodierung enthält. Mit anderen Worten wird das Regelsystem durch einen binären Vektor mit 32 Komponenten codiert.

Der Genetische Algorithmus diese Beispiels soll mit einer Population von 20 dieser Genvektoren operieren, die durch Crossover (hier mit Vektorabschnitten einer Länge von 3 Komponenten) und Mutation (hier 10%) variiert werden. Aus den jeweils 10 besten Genvektoren wird wie gewohnt die nächste Generation von 20 Vektoren erzeugt, wobei in diesem Beispiel eine elitistische Variante gewählt wird, die den jeweils besten Genvektor unverändert in die nächste Generation übernimmt.

Es sei hier darauf hingewiesen, dass die Codierung der Genvektoren – hier ist diese wie ersichtlich sehr einfach möglich – eine der kritischen und oft nicht einfachen Schritte bei der Konstruktion hybrider Systeme darstellt.

Die Optimierungsaufgabe, die der Genetische Algorithmus erfüllen soll, sei wie folgt definiert:

–  Der Zellularautomat soll von einem zufälligen, aber festgelegten Anfangs-zustand (mit ca. 30% Zellen im Zustand 1) ausgehen.

–  Er soll nach 200 autonomen Schritten (ohne Regelsystemveränderung) 10% Zellen im Zustand 1 zeigen.

–  Die Anzahl der Zellen mit Zustand 1 soll dann konstant sein (gemessen von Schritt 199 zu 200).

–  Aber der Zellularautomat soll dynamisch sein, d.h. mindestens 30 Zellen sollen ihren Zustand bei jedem Schritt ändern.

Diese Aufgabe in einen Algorithmus umzusetzen, der eine einzige reelle Zahl als Fitnesswert liefert, da diese für die lineare Ordnung der Genvektoren für die Anwendung des Rekombinationsschemas zur Erzeugung der jeweils nächsten Generation erforderlich ist, ist ein weiterer kritischer Schritt der Konstruktion eines hybriden Systems.

Hier kann diese Aufgabe durch ein häufig genutztes Standardverfahren gelöst werden: Die 3 letzteren Anforderungen an das Optimum, also an das gewünschte Regelsystem des Zellularautomaten, können als Zielvektor mit 3 Komponenten definiert werden. Für jeden aufgrund eines Genvektors (also eines Regelsystems) erzeugten Zellularautomaten werden 3 Ergebniswerte berechnet, die der jeweiligen Zielvektorkomponente entsprechen; der Fitnesswert wird dann als

Euklidische Distanz zwischen Ergebnis- und Zielvektor berechnet, ist also wie erforderlich eine reelle Zahl. Je kleiner der Fitnesswert ist, desto besser ist die Optimierung.

In diesem Beispiel sind die 3 Ziele, übersetzt als Zielvektorkomponenten, dann also wie folgt:

1.  Das Verhältnis der Anzahl der Zellen im Zustand 1 zu der der Zellen im Zustand 0 soll 0.1 betragen.

2.  Die Anzahl der Zellen im Zustand 1 soll sich bei einem weiteren Simulationsschritt nicht ändern.

3.  Es sollen sich mindestens 30 Zellzustände bei jedem Schritt ändern.

Wir wollen an diesem Beispiel den Aufbau eines solchen Hybridprogramms detaillierter skizzieren – wieder wegen der leichten Lesbarkeit in FORTRAN-Schreibweise[119], wobei wir absichtlich einige in früheren Kapiteln schon erwähnte Methoden hier noch einmal mit aufführen.

Beginnen wir mit dem Unterprogramm, das den Zellularautomaten ausführt:

**Code-Beispiel 6.2-1**

```
SUBROUTINE CA(AX,IREG,nmax,AV,AE)
!...dem Unterprogramm werden als Parameter eingegeben:
!   die binäre Matrix AX(1:31,1:31),
!...das Feld des ZA, der oben beschriebene binäre Regelvektor
!   IREG(1:32),sowie die maximale Schrittzahl nmax, die der ZA
!   ohne Eingreifen des GA jeweils laufen soll
!...zurückgegeben werden die binären Matrizen AV(1:31,1:31) und
!   AE(1:31,1:31), die das
!...ZA-Feld im Schritt nmax-1 und nmax beschreiben
!...im Unterprogramm wird statt AX die Matrix A verwendet, da die
!   globale Variable AX nicht verändert werden soll
  A = AX                    ! Matrix AX wird in Matrix A kopiert
  DO nstep = 1,nmax         ! Schrittschleife des ZA
    do i = 2,30             ! scannen des ZA-Feldes ohne Ränder
      do j = 2,30
!...die v.Neumann-Umgebungszellen (incl. Zentralzelle) U(1) bis U(5)
!   bis U(5)werden für jede ZA-Zelle A(i,j) bestimmt:
        U(1)=A(i-1,j)
        U(2)=A(i,j-1)
        U(3)=A(i,j)
```

---

[119]  Hier sei noch einmal wiederholt: In den Skizzen sind alle für den Algorithmus irrelevanten Programmteile wie Deklarationen, Initialisierungen, Grafik- und Ein-Ausgabe-Funktionen usf. weggelassen. Da es vor allem  um die Verdeutlichung der mathematischen Umsetzung der Simulationsalgorithmen geht, sind einige Programmteile nicht unbedingt auf die eleganteste Weise umgesetzt worden. Auf objektorientiertes Programmieren ist der Übersichtlichkeit halber für Anfänger verzichtet worden. Andererseits werden häufig Programm-Details ausgeführt, die für den erfahrenen Programmierer elementar sind, die jedoch nach unseren Erfahrungen in Seminaren vielen Anfängern große Schwierigkeiten bereiten.

```
                U(4)=A(i,j+1)

                U(5)=A(i+1,j)
!...Dezimalcode der Umgebung von A(i,j):

             my=16*U(1)+8*U(2)+4*U(3)+2*U(4)+U(5)
!...einsetzen in den Regelvektor, um den neuen Zustand B(i,j) zu erhalten
!...beachte: my+1, weil my ab 0, IREG aber ab 1 indiziert ist!

             B(i,j)=IREG(my+1)

         end do                     ! Ende der Doppelschleife i,j

      end do
!...das aktuelle Feld A wird durch das Update B ersetzt
!    (synchrones update!)

      A = B
!...da der ZA als Torus definiert werden soll, sind die Randzeilen und
!    -spalten zu kopieren: die obere Randzeile von A entspricht daher
!    der vorletzen unteren Zeile und entsprechend.

!...der eigentliche ZA ist nur der innere Teil von A, nämlich
!    A(2:30,2:30), die Zeilen/Spalten

!...1 und 31 enthalten den jeweils gegenüberliegenden Rand des ZA; damit
!    können die Umgebungen der Randzellen ohne lästige
!    Fallunterscheidungen im normalen Scan über den ZA berechnet werden.

      A(1,:)=A(30,:)                 ! kopiert die gesamte Zeile 30 von A in
                                     ! die Zeile 1 usw.

      A(:,1)=A(:,30)                 ! analog für die Spalten

      A(31,:)=A(2,:)

      A(:,31)=A(:,2)
IF(nstep==nmax-1) AV = A            ! gibt das vorletzte und letzte
                                     ! ZA-Feld zurück

      IF(nstep==nmax)    AE = A

  END DO                             ! Ende der Schrittschleife des ZA

END SUBROUTINE
```

Der Genetische Algorithmus verändert den Regelvektor und steuert die Durchläufe des Zellularautomaten. Angenommen, der Genetische Algorithmus sei im Hauptprogramm realisiert, dann könnte dieses ungefähr so aussehen:

**Code-Beispiel 6.2-2**

```
!    PROGRAMM GA
!...definiere verschiedene Parameter und Anfangswerte
    A0(1:31,1:31) = 0              ! leeres anfängliches ZA-Feld
    nmax=50                        ! maximale Schrittzahl des ZA

!...besetze das ZA-Feld mit 30% Zellen vom Zustand 1:
    do i = 2,30
       do j = 2,30
          call random_number(r)
          IF(r>0.7) A0(i,j)=1
       end do
    end do
```

```
!...vervollständigen des Torus (s. Unterprogramm CA)
    A0(1,:)=A0(30,:)

    A0(:,1)=A0(:,30)

    A0(31,:)=A0(2,:)

    A0(:,31)=A0(:,2)
!...definiere Heirats-(Rekombinationsschema) HSCHEMA (1:2,1:10):
!...HSCHEMA(1,1)=0 wird als elitistischer Modus interpretiert
    HSCHEMA(:,1)=(/0,1,1,1,2,3,4,5,6,7/)
    HSCHEMA(:,2)=(/1,2,3,10,4,5,6,7,8,9/)
!...der GA benötigt eine "Population" von 20 Genvektoren; das sind hier
!   die Regelvektoren
!...definiere Anfangswerte der 20 Regelvektoren RULES(1:20,1:32)
    RULES=0                          ! zunächst alles 0 gesetzt
DO np = 1,20                         ! Schleife über alle 20 Genvektoren
    do i = 1,32           ! Schleife über die 32 Komponenten der Regeln

        call random_number(r)    ! Zufallsauswahl der Anfangspopulation
        IF(r>0.3) then           ! ca. 30% der Komponenten sollen 1 sein
            RULES(np,i)=1
        ELSE
            RULES(np,i)=0
        ENDIF
    end do
END DO                               ! Genvektoren vollständig
!...hier könnte man den ZA-Anfangszustand grafisch auf dem Monitor
!   darstellen , z.B. mit einem Befehl wie:
!   call PLOT(A0)
!...Start des GA-Durchlaufs mit nend Generationen
DO ng = 1,nend
!...Start der Schleife über alle 20 Genvektoren der Population
!...np ist die Nr. des Genvektors
    do np = 1,20
        IREG=RULES(np,:)               ! jeweils aktuelle Regel ausgewählt
                                       !  als IREG(1:32)

        CALL CA(A0,IREG,nmax,AV,AE)  ! Aufruf des ZA-Durchlaufs mit
                                     ! nmax Schritten
!...die zurück gegebenen letzten und vorletzten ZA-Zustände AE und AV
!   werden bewertet (Fitness); Bewertung wird in SW(1:20) als Wert für
!   Genvektor np gespeichert
        CALL BEWERT(AV,AE,SW,np)
!...hier können ggf. Einzelergebnisse angezeigt oder in Datei gespeichert
!   werden
    end do                           ! Ende der Schleife über 20 Genvektoren


!...jetzt wird das Unterprogramm aufgerufen, das die Rekombination der 10
!   besten Regelvektoren zu 20  neuen  „Nachkommen" organisiert; die
!   Genvektoren werden im Unterprogramm aufsteigend geordnet
```

```
CALL GENALG(HSCHEMA,SW,RULES)
!...hier ggf. die Bestwerte, z.B. SW(1), anzeigen oder speichern
   IF(ng = = nend) then
!...wenn Ende des GA-Durchlaufs erreicht, anzeigen und
!   speichern der Ergebnisse
   ENDIF
END DO                 ! Ende des GA-Durchlaufs
```

Wir skizzieren hier (als Fragmente) auch die für das Programm essentiellen Unterprogramme, nämlich zur Bewertung der Ergebnis-Zellularautomaten und für die Rekombination und Ordnung der Genvektoren.

**Code-Beispiel 6.2-3**

```
SUBROUTINE GENALG (HSCHEMA,SW,POP)
!...ordnet die 20 Genvektoren POP(1:20,1:32)aufsteigend nach ihrer
!   Bewertung in SW(1:20);
!...beachte, dass die als 3. Argument im Hauptprogramm übergebene Matrix
!   RULES im Unterprogramm als POP umbenannt ist;
!...als lokale Variable sind innerhalb des Unterprogramms die
!   Vektoren/Matrizen SX(1:20),
!...SO(1:20), POPneu(1:20,1:32), MM(1) sowie einige Hilfsvariable
!   erforderlich, um unübersichtliche Veränderungen in
!   global definierten Vektoren zu vermeiden
   SX(1:20)=SW(1:20)              ! Umspeichern der Bewertungen in lokale
                                  ! Variable
!...es folgt ein einfaches Sortierverfahren; beachte, dass nicht nur die
!   Bewertungen SX(i), sondern simultan die Genvektoren selbst sortiert
!   werden müssen. Es gibt elegantere und schnellere Sortierverfahren,
!   hier geht es nur um die Übersichtlichkeit:
   do i = 1,20                    ! Schleife über alle 20 Genvektoren
      MM=MINLOC(SX)               ! Funktion liefert Index des minimalen
                                  !   Elements in SX

      m=MM(1)
      SO(i)=SX(m)                 ! Bewertungen aufsteigend sortiert in
                                  !   SO abgelegt
      POPneu(i,:)=POP(m,:)        ! simultane Umordnung der Genvektoren
      SX(m)=99.                   ! bereits gefundenes Minimum wird
                                  !   neutralisiert
   end do                         ! Ende der Sortierschleife
   SW=SO                          ! SW wird mit sortierten Elementen
                                  !   zurückgegeben
!...hier beginnt der Rekombinationsprozess
!...zuerst Prüfung, ob elitistische Variante des GA oder nicht
   IF (HSCHEMA(1,1)==0) then      ! elitistische Variante
      POP(1,:)=POPneu(1,:)
      POP(11,:)=POPneu(2,:)
      nu=2                        ! nu ist ein Steuerparameter
   ELSE                           ! „normale" GA-Variante
      nu=1
   ENDIF
```

```
      do npaar = nu,10                    ! Schleife arbeitet 10
                                          ! Paarungen gem. HSCHEMA ab

         n1=HSCHEMA(npaar,1)

         n2=HSCHEMA(npaar,2)

         CALL CROSSOVER(npaar,n1,n2,POPN)   ! ruft Unterprogramm zum
                                            ! crossover auf

      end do
   END SUBROUTINE
```

## Code-Beispiel 6.2-4

```
SUBROUTINE CROSSOVER(npaar,n1,n2,POPN)
!...organisiert das crossover zweier Genvektoren und deren Mutation;
!...auch hier sind einige lokale Variable notwendig:
!...POPC(1:2,1:32) übernimmt die beiden zu rekombinierenden Genvektoren,
!   POPH(1:3) übernimmt das Genvektorfragment, das ausgetauscht wird
!   (dessen Länge ncl hier mit 3 festgelegt ist);
!...SH(1:2), ISH(1:2), SM(1:32) enthalten 2 bzw. 32 Zufallszahlen
!...in dieser Version festgelegte Parameter

      ncl=3                        ! Länge des Genvektor-Fragments

      fmu=0.10                     ! Mutationsrate

      POPC(1,:)=POPN(n1,:)         ! 'Herausziehen' der 2 zu rekomb.
                                   !   Genvektoren

      POPC(2,:)=POPN(n2,:)

!...hier folgt der eigentliche crossover-Algorithmus

      icl=32-ncl                   ! 'Restlänge' des Genvektors

      CALL RANDOM_NUMBER(SH)       ! erzeugt 2 Zufallsszahlen aus [0,1)

      ISH=int(icl*SH)+1            ! Umwandlung in Ganzzahlen aus [1,icl]

!...die Funktion CSHIFT verschiebt zyklisch die Genvektorkomponenten nach
!   links
!...CSHIFT kann beide Genvektoren zugleich shiften um ISH(1) bzw. ISH(2)

      POPC=CSHIFT(POPC,ISH,2)      ! Linksshiften um ISH

!...crossover ist jetzt einfach nur Vertauschen der ersten ncl
!   Komponenten der beiden Vektoren

!...POPH übernimmt dabei die ersten ncl Komponenten des ersten
!   Genvektors:

      POPH(1:ncl)=POPC(1,1:ncl)

!...die ersten ncl Komponenten des 2. Vektors überschreiben
!   die des 2.Vektors:

      POPC(1,1:ncl)=POPC(2,1:ncl)

!...die ncl Komponenten des 1. Vektors werden in den 2. geschrieben:

      POPC(2,1:ncl)=POPH(1:ncl)

      POPC=CSHIFT(POPC,-ISH,2)     ! Zurueckshiften


!...jetzt Mutation einiger Komponenten der beiden Genvektoren

      DO n = 1,2                   ! Schleife beide Genvektoren

         CALL RANDOM_NUMBER(SM)    ! erzeugt 32 Zufallszahlen
```

```
do m = 1,32                          !Schleife über 32 Vektorkomponenten
!...binäre Komponenten werden mutiert, wenn Zufallszahl < Mutationsrate
            IF(SM(m)<fmu) then
                 if(POPC(n,m)==0) then
                      POPC(n,m)=1
                 else
                      POPC(n,m)=0
                 endif
            ENDIF
       end do
    END DO
    POP(npaar,:)=POPC(1,:)           ! Rückgabe der rekombinierte
                                     ! Genvektoren als POP

    POP(npaar+10,:)=POPC(2,:)
END SUBROUTINE
```

**Code-Beispiel 6.2.-5.**

```
SUBROUTINE BEWERT(AV,AE,SW)
!...das Unterprogramm berechnet Fitnesswert für Genvektor Nr. np
    n1=COUNT(AE==1)          ! zählt alle Zellen mit Zustand 1 im letzten ZA
    c=n1/(961.-n1)           ! Verhältnis Zellen 1 zu Zellen 0
    n2=COUNT(AV==1)          ! zählt alle Zellen mit Zustand 1 im
                             ! vorletzten ZA
    x2=REAL(ABS(n1-n2))      ! Veränderung der Anzahl Zellen 1
                             ! beim letzten ZA-Schritt
    d=REAL(COUNT((AV-AE).NE.0))         ! zählt, wie viele Zellen ihren
                                        ! Zustand verändert haben
!...jetzt werden die Differenzen zu den Zielwerten berechnet:
    x1=c-0.1                            ! Zielwert war hier 0.1
                                       ! (=10% Zellen 1 zu Zellen 0)
    IF(d>30.) then          ! wenn mehr als 30 Zellen verändert,
                            ! Differenz gleich 0 gesetzt
       x3=0.
    ELSE
       x3=(30.-d)/30.       ! Differenz wird linear von 0 bis 1 definiert
    ENDIF
!...nun noch der euklidische Abstand, der in SW als Fitnesswert
    zurückgegeben wird:
    SW(np)=SQRT(x1*x1+x2*x2+x3*x3)
END SUBROUTINE
```

Sie werden bemerkt haben, dass die Unterprogramme im Wesentlichen mit denen im Kapitel 3.1 für den allgemeineren Fall eines Genetischen Algorithmus vorgestellten übereinstimmen.

Einige Ergebnisse des oben skizzierten Hybridprogramms sehen Sie in Form der folgenden Diagramme Abb. 6-1 bis 6-3.

Das Hybridprogramm erreicht bereits nach wenigen Schritten eine Regel für den Zellularautomaten, bei der 10% der Zellen im Zustand 1 sind. Die geforderte Veränderung pro Schritt wird von der Regel, wie aus der Bildsequenz in Abb. 6-3 hervorgeht, dadurch erreicht, dass die Zellen eine Bewegung um jeweils eine Zelle nach rechts pro Schritt ausführen – gewissermaßen eine sehr einfache Lösung. Mit anderen Anfangsbedingungen und Parametern lassen sich auch andere Typen von Lösungen erreichen; das aber mögen Sie selbst ausprobieren.

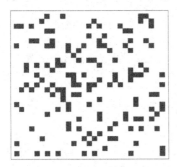

**Abbildung 6-1:** Zufällig erzeugter Anfangszustand des Zellularautomaten mit ca. 30% Zellen im Zustand 1.

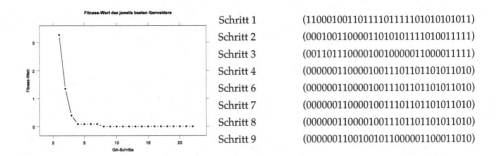

| Schritt 1 | (1100010011011110111110101010101011) |
| Schritt 2 | (0001001100001101010111110100011111) |
| Schritt 3 | (0011011100001001000001100001111) |
| Schritt 4 | (0000001100001001110110110101011010) |
| Schritt 6 | (0000001100001001110110110101011010) |
| Schritt 7 | (0000001100001001110110110101011010) |
| Schritt 8 | (0000001100001001110110110101011010) |
| Schritt 9 | (0000001100100101100000110001110) |

**Abbildung 6-2:** Fitnesswerte des jeweils besten Regelvektors und beste Regelvektoren. Der optimale Regelvektor wird in Schritt 8 erreicht und bleibt danach unverändert.

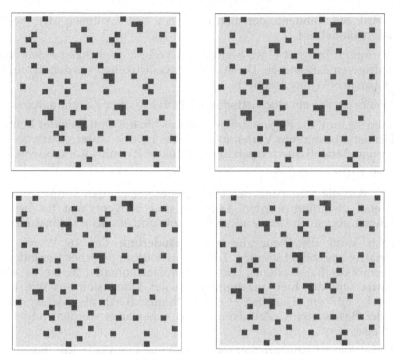

**Abbildung 6-3:** Vier aufeinanderfolgende Zellularautomaten nach Erreichen des Optimums. Sie unterscheiden sich nur durch horizontale Verschiebung jeder Zelle um einen Gitterplatz.

## 6.3   Beispiel einer Anwendung auf reale Probleme

Man kann sich nun leicht Anwendungen eines nach dem Muster des obigen Beispiels aufgebauten hybriden Systems vorstellen, die ein wenig mehr auf die Praxis bezogen sind.

Ausgangspunkt sei ein Zellularautomat als Basissystem, der eine Menge von landwirtschaftlichen Kleinbetrieben in einer begrenzten Region repräsentiert. Diese Region sei Teil eines Schwellenlandes. Die Betriebe haben bezüglich der Nutzung ihres Bodens 4 Optionen:

1.   Feldfrüchteanbau zur Versorgung der eigenen Bevölkerung,

2.   Zuckerrohranbau zur Gewinnung von Treibstoff,

3.   Sojaanbau für den Exportmarkt und

4.   Viehzucht, ebenfalls für den Exportmarkt.

Die Zellen des Zellularautomaten haben mithin 4 mögliche Zustände, die mit den Werten 1 bis 4 belegt werden. Für die Wahl der Option, also die Wahl des Zustandes der einzelnen Zelle (des einzelnen Betriebes) bzw. dessen Änderung gelten folgende Bedingungen:

–   Wenn die Zustände der umgebenden Zellen im Durchschnitt um einen bestimmten Schwellenwert s über oder unter dem Zustand der Zelle liegen, dann *kann* die Zelle ihren Zustand ändern; als Umgebung wird die MOORE-Umgebung (8 Zellen) gewählt.

Damit wird die Tendenz der Betriebe, sich den Optionen der Nachbarn anzupassen, modelliert.

– Die Zelle nimmt nur mit einer bestimmten Wahrscheinlichkeit einen höheren bzw. niedrigeren Zustand an. Diese Wahrscheinlichkeiten werden in einer 4 x 4 Übergangsmatrix W repräsentiert.

Das Basissystem ist also ein stochastischer und totalistischer Zellularautomat.

Angenommen sei nun, die Regionalregierung möchte die Optionen der Betriebe so steuern, dass eine bestimmte Verteilung auf die 4 Optionen erreicht wird; diese Verteilung sei im Modell durch einen Zielwertvektor ZV mit 4 Komponenten, z.B.

$$ZV = (0.4, \quad 0.3, \quad 0.2, \quad 0.1),$$

abgebildet[120]. Wie die Steuerung praktisch umgesetzt werden könnte, muss hier nicht im Detail diskutiert werden. Denkbar sind Subventionen für bestimmte Umwandlungen, aber auch Umwandlungsverbote und ähnliche Maßnahmen.

Mathematisch kann die Steuerung als Veränderung der 16 Werte in der Übergangsmatrix abgebildet werden. Da die Auswirkung solcher Veränderungen auf die Dynamik des Basissystems, also des Zellularautomaten, bereits bei einer so kleinen Matrix wie der hier angenommenen der Dimension 4 völlig unübersichtlich sind, soll ein Genetischer Algorithmus (GA) als Metasystem zur Steuerung des Basissystems (Zellularautomat) angewandt werden, und zwar in folgender Weise:

Der Genetische Algorithmus arbeitet mit Genvektoren von je 16 Komponenten mit Werten aus der Menge {-1, 0, 1}. Jede Komponente eines Genvektors bezieht sich auf ein Element der Übergangsmatrix. Dabei bedeutet -1, dass die entsprechende Komponente $w_{ij}$ um einen bestimmten Faktor $0 < f < 1$ verringert, +1, dass die Komponente $w_{ij}$ auf den Wert $f * w_{ij} + (1-f)$ vergrößert, und 0, dass $w_{ij}$ einfach = 0 gesetzt wird. Der Genetische Algorithmus operiert also auf der Übergangsmatrix und damit indirekt auf dem Zellularautomaten.

Das Auswahlkriterium des Genetischen Algorithmus, also der damit bezeichnete Fitnesswert, ist in diesem einfachen Modell der (Euklidische) Abstand des Zielvektors von dem Vektor der relativen Anzahlen der Zellen der 4 Zustände, also der relativen Zahl der Betriebe, die sich für die jeweilige Option entschieden haben.

Im Modell wird eine Population von 20 Genvektoren verwendet, von denen aus den 10 besten wie üblich durch crossover und Mutation jeweils eine neue Generation von 20 Genvektoren erzeugt wird. In jeder Generation wird je Genvektor eine (entsprechend veränderte) Übergangsmatrix erzeugt. Mit dieser lässt man den Zellularautomaten eine bestimmte Anzahl von Schritten (hier 5 oder 10) laufen und berechnet aus dem Endzustand (Anzahl der Zellen je Status) und dem Zielvektor den Fitnesswert.

Mit anderen Worten, 20 Zellularautomaten, natürlich alle mit demselben Anfangszustand, laufen mit jeweils verschiedener Übergangsmatrix dieselbe Zahl von Schritten ab und werden danach bewertet, wie nahe ihr Endzustand der gewünschten Verteilung kommt. Der beste Endzustand in diesem Sinne wird zugleich der Anfangszustand der nächsten Generation, mit der wiederum 20

---

[120]  Das soll bedeuten, dass 40% der Betriebe die Option 1 (Feldfrüchteanbau) , 30% die Option 2 usw. wählen sollten.

verschiedene Übergangsmatrizen, erzeugt von 20 verschiedenen Genvektoren, ausgetestet werden.

Man kann das so interpretieren, dass jeweils 20 Möglichkeiten getestet bzw. durchgerechnet werden, von denen die beste dann angewendet wird.

Der Programmablauf ist also schematisch folgender:

- Definieren bzw. einlesen der Anfangsparameter

- Erzeugen (oder einlesen)
  - einer Zufallsverteilung der Zell-Status für den Zellularautomaten (im Beispiel Z(40,50) mit Werten aus {1, 2, 3, 4});
  - einer Zufallsverteilung für die Übergangsmatrix W(4,4); die Zeilensummen von W müssen auf 1 normiert werden; Anfangsmatrix ist $W_0$;
  - einer zufälligen Auswahl von 20 Genvektoren P(20, 16) mit 16 Komponenten aus {-1, 0, +1};

- Metaschleife n = 1 bis nmax (hier operiert das Metasystem)
  - GA-Schleife: läuft über 20 Genvektoren P(i,16), i=1 bis 20
    - Anwendung von P auf die Übergangsmatrix $W_0$ (erhöht oder erniedrigt $w_{ij}$ nach Maßgabe der Komponenten von P), die zu $W_i$ wird
    - ZA-Schleife t=1 bis tmax ( tmax hier 5 oder 10); (hier operiert das Basissystem)
      - $ZA_0$ wird zu $ZA_{tmax}$ transformiert
      - $ZA_{tmax}$ wird durch die Fitness-Funktion (Distanz zu Zielvektor) bewertet und liefert einen Distanzwert F(P(i,16))
    - Ende der ZA-Schleife
    - die P(i,16) werden nach den F-Werten aufsteigend sortiert
    - der zum minimalen F-Wert gehörige $ZA_{tmax}$ wird zum neuen $ZA_0$
    - die entsprechende Übergangsmatrix $W_i$ wird zur neuen $W_0$
  - Ende der GA-Schleife
  - aus den 10 besten Genvektoren der sortierten Liste werden durch crossover 20 neue Genvektoren erzeugt, die darüber hinaus der Mutation unterworfen werden
  - die Dynamik des Systems, z.B. der Gesamtzustand des erreichten Zellularautomaten, die erreichten Fitness-Werte, die Genvektoren usw., wird in einer Datei gespeichert und ggf. grafisch visualisiert

- Ende der Metaschleife

Soweit soll das Schema dargestellt werden, aus dem die für Hybridsysteme typische Schleifenarchitektur erkennbar ist[121]. Hier sind einige beispielhafte Ergebnisse für die Dynamik unseres oben geschilderten einfachen Modells.

Zunächst wird der hier gewählte Anfangszustand des Zellularautomaten, zu interpretieren als Verteilung der Betriebe auf die verschiedenen Anbauarten, dargestellt (Anzahlen unter der Grafik Abb. 6-4).

---

[121]  Einzelheiten zum Ablauf des ZA und GA sind in den entsprechenden Kapiteln über diese Systeme erläutert.

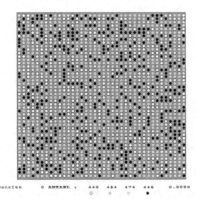

**Abbildung 6-4:** Anfangszustand des Zellularautomaten. Anzahlen: Status 1 (weiß) 440,
2 (hellgrau) 464, 3 (mittelgrau) 474, 4 (schwarz) 446

Lässt man den Zellularautomaten *ohne* das Metasystem Genetischer Algorithmus
ablaufen, so erhält man nach einiger Zeit einen Attraktor, hier in der Regel einen
Punktattraktor – bei diesem stochastischen Zellularautomaten allerdings nur unter
der Bedingung, dass für die Transformation von Zellzuständen ein Schwellenwert
definiert ist.

Der Zustand des Zellularautomaten im Attraktor ist mehr oder weniger vom
gesuchten Zielzustand entfernt. Diese Entfernung ist beim Zellularautomaten
durch    Anfangswerte    und    Regeln,    hier    insbesondere    durch    die
Wahrscheinlichkeiten der Übergangsmatrix, im Rahmen natürlich statistischer
Schwankungen, vorgegeben[122].

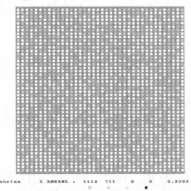

**Abbildung 6-5:** Attraktor, der vom Zellularautomaten ohne Steuerung durch ein
Metasystem erreicht wird. Es sind nur noch Zellen mit Status 1 und 2
vorhanden

Die Grafik Abb. 6-5 zeigt einen solchen Attraktor, der hier keine Zellen vom
Zustand 3 und 4 mehr enthält.

---

[122]  Durch Vorgabe jeweils derselben Startwerte (seeds) des Zufallsgenerators im Programm
wird der Attraktor exakt reproduzierbar.

Setzt man nun den Genetischen Algorithmus als Steuerung (mit dem oben angegebenen Zielvektor) auf den Zellularautomaten, so ergibt sich ein völlig anderer Verlauf, der zunächst durch die Dynamik der jeweils erhaltenen Fitnesswerte dargestellt wird Abb. 6-6:

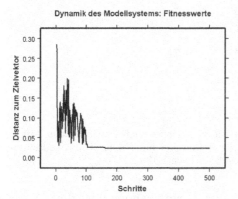

**Abbildung 6-6:** Optimierung des Zellularautomaten durch den Genetischen Algorithmus: Entwicklung der Fitnesswerte

Dieselbe Dynamik spiegelt sich in der Veränderung der Anzahlen der Zellen des jeweiligen Status wider (Abb. 6-7):

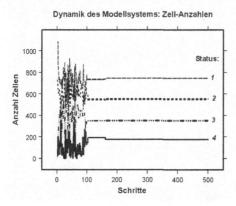

**Abbildung 6-7:** Entwicklung der Anzahlen der Zellen pro Status

Das hybride System erreicht nach ca. 200 Schritten wiederum einen Punktattraktor. Dieser sieht allerdings völlig anders aus als beim einfachen Zellularautomaten; nicht nur stimmen jetzt die relativen Anzahlen der Zellen der 4 Status[123] weitgehend mit den Anforderungen des Zielvektors überein, sondern es bildet sich eine viel deutlichere Cluster-Struktur bei der räumlichen Verteilung der Zellen heraus (Abb. 6-8):

---

[123] Für Leser, die kein Latein auf der Schule hatten, aber auch für die Lateinkundigen: Status ist sowohl Singular als auch Plural, da das lateinische Wort „status" für Zustand zur sog. u-Deklination gehört.

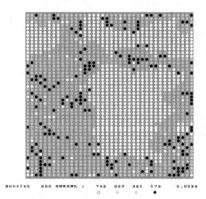

**Abbildung 6-8:** Zellularautomat des hybriden Systems nach Erreichen des Attraktors mit deutlicher Clusterung der Zellen gleichen Zustandes. Anzahlen: weiß 745, hellgrau 552, mittelgrau 351, schwarz 176

Der Zellularautomat wird durch die Kombination mit dem Genetischen Algorithmus also zu einem adaptiven System. Dessen hohe Adaptationsfähigkeit zeigt sich besonders, wenn während des Ablaufs der Zielvektor verändert wird. Die Grafik Abb. 6-9 zeigt exemplarisch eine solche Änderung des Zielvektors zu ZV = (0.3, 0.1, 0.2, 0.4) bei 300 Schritten; das System vermag sich innerhalb weniger weiterer Schritte an die neuen Anforderungen anzupassen.

Diese Eigenschaft macht derartige Modellsysteme unter anderem sehr geeignet für die Simulation des Verhaltens realer adaptiver Systeme, die plötzlich wechselnden Umweltbedingungen ausgesetzt sind.

**Abbildung 6-9:** Adaptation des hybriden Systems bei Änderung des Zielvektors zu ZV = (0.3,0.1,0.2,0.4) in Schritt 300.

Es muss noch darauf hingewiesen werden, dass die Dynamik hybrider Systeme äußerst empfindlich von den gewählten Parametern abhängt – und zwar in noch höherem Maße als die einfacher Systeme. Wenn, bei Beibehaltung aller übrigen Parameter, beispielsweise nur der Schwellenwert für die Zelltransformation von 0.4 (in den obigen Beispielen) auf 0.2 gesenkt wird, ergibt sich eine völlig andere Dynamik (Abb. 6-10).

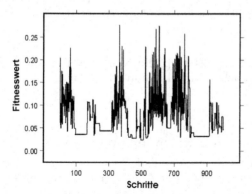

**Abbildung 6-10:** Dynamik desselben hybriden Systems bei Änderung eines Parameters (Schwellenwert).

In diesem Falle weicht das System immer wieder von gefundenen, nahezu optimalen Werten ab. Ein stabiler Attraktor wird nicht erreicht.

Für denjenigen, der selbst derartige Systeme entwickeln möchte, bedeutet diese Parametersensibilität, dass er zunächst eine breite Palette von Parameter-Kombinationen ausprobieren muss, um Bereiche zu finden, in denen das System die zu simulierende Realität adäquat abzubilden vermag. Das kann eine zeitweise recht frustrierende Suche sein.

## 6.4   Architektur eines horizontalen hybriden Systems

Auch die horizontale Architektur hybrider Systeme soll an einem vereinfachten System verdeutlicht werden. Hierzu soll ein Zellularautomat mit 2 Zellzuständen 0 und 1 dienen, der nur in einem Punkt abgewandelt wird: die Zellen werden durch Neuronale Netze ersetzt, die ein bestimmtes Muster ihrer Umgebungskonfiguration wahrnehmen können. Die Zellen ändern nur dann ihren Zellzustand, wenn das spezifische Muster in der Umgebung erkannt wird. Die horizontale Kopplung der Netze ist hierbei durch die Verschränkung der Umgebungen benachbarter Zellen gegeben, sicherlich eine recht komplexe Art der Kopplung.

Die Architektur eines solchen hybriden Systems soll an einem Beispiel eines Zellularautomaten der Größe 40x50 demonstriert werden. Die MOORE-Umgebung jeder Zelle bildet das Muster, das von einem Hopfield-Netz identifiziert werden soll. Eine Zelle des Zellularautomaten enthält also gewissermaßen zugleich ein Hopfield-Netz. Die Zellen seien bipolar, haben also Status 1 oder -1.

Die MOORE-Umgebung wird durch zeilenweises Auslesen als bipolarer Vektor geschrieben, zum Beispiel:

$$1 \quad -1 \quad 1$$
$$-1 \quad 1 \quad -1 \rightarrow (1\ -1\ \ 1\ -1\ \ 1\ -1\ -1\ \ 1\ -1)$$
$$-1 \quad 1 \quad -1$$

*Diesen Vektor* V, also diese spezifische Umgebung, soll das Hopfield-Netz, also die Zelle im Zentrum der Umgebung, erkennen. Erkennen heißt wie erinnerlich, dass der Vektor selbst bei der Eingabe ins Netz als Ergebnis zurück erhalten wird; mathematisch ist das die Multiplikation mit der Gewichtsmatrix des Netzes[124]:

$$\left(V_i\right) * \left(W_{ij}\right) = \left(V_i\right).$$

Die Elemente der Gewichtsmatrix des Hopfield-Netzes werden, wie im Kapitel 5.5.3 dargestellt, durch eine einfache Multiplikation erhalten:

$$W_{ij} = V_i * V_j \quad \text{für } i \neq j$$

$$W_{ij} = 0 \qquad \text{für } i = j$$

Das Netz erkennt neben V immer auch den inversen Vektor –V.

Die Größe des Hopfield-Netzes in diesem Fall lässt noch das Erkennen eines weiteren Vektors zu. Auch dieser soll von der Zelle noch erkannt werden.

Der zweite Vektor sei

(-1  1  -1  1  -1  1  -1  -1  1)

Dafür kann wie oben die Gewichtsmatrix berechnet werden, und die Gewichtsmatrix, die beide Vektoren (und ihre jeweiligen Inversen) erkennt, ist einfach die Summe der beiden Gewichtsmatrizen.

In unserem Beispiel sieht die Gewichtsmatrix so aus:

$$W = \begin{pmatrix} 0 & -2 & 2 & -2 & 2 & -2 & 0 & 2 & -2 \\ -2 & 0 & -2 & 2 & -2 & 2 & 0 & -2 & 2 \\ 2 & -2 & 0 & -2 & 2 & -2 & 0 & 2 & -2 \\ -2 & 2 & -2 & 0 & -2 & 2 & 0 & 2 & 2 \\ 2 & -2 & 2 & -2 & 0 & -2 & 0 & 2 & -2 \\ -2 & 2 & -2 & 2 & -2 & 0 & 0 & -2 & 2 \\ 0 & 0 & 0 & 0 & 0 & 0 & 0 & 0 & 0 \\ 2 & -2 & 2 & -2 & 2 & -2 & 0 & 0 & -2 \\ -2 & 2 & -2 & 2 & -2 & 2 & 0 & -2 & 0 \end{pmatrix}.$$

Das Hybridprogramm läuft im Prinzip so ab, dass für jede Zelle die Umgebungskonfiguration in das der Zelle zugeordnete Hopfieldnetz[125] eingegeben wird. Zwei Fälle müssen nun durch Regeln behandelt werden, nämlich dass das Netz einen der Mustervektoren bzw. sein Inverses – dies kann am Ergebnis nicht unterschieden werden – erkennt oder nicht. Die Regeln geben an, ob der Zellzustand geändert wird oder bleibt. Selbstverständlich können auch Regeln konstruiert werden, die – unter Aufgabe der Homogenität des Zellularautomaten – zu einer Änderung des jeweils der Zelle zugeteilten Netzes führen; ein solcher etwas komplizierterer Fall soll an dieser Stelle jedoch nicht weiter behandelt werden.

---

[124]  Wir setzen hier bipolare Vektoren und den Schwellenwert 0 voraus.

[125]  Im Beispielprogramm wird ein homogener ZA angenommen, alle Hopfieldnetze sind also identisch.

Im Beispielprogramm sind die Transformationsregeln die folgenden[126]:

| Zellstatus: | 1 | -1 |
|---|---|---|
| Muster 1 erkannt[127] | 1 | -1 |
| nicht erkannt | -1 | -1 |
| Muster 2 erkannt | 1 | -1 |
| nicht erkannt | 1 | 1 |

Die Programmierung dieses Systems als Beispiel des horizontal gekoppelten Typs sei durch Auszüge aus dem relevanten Teil des Beispielprogramms demonstriert, die wieder in FORTRAN-ähnlichem Pseudocode geschrieben sind.

**Code-Beispiel 6.4-1**

```
!...Initialisierung des Zufallsgenerators…(mit definierten SEED-Werten
!   zur Reproduzierbarkeit der Ergebnisse)
!...Generieren eines zufällig mit -1 und +1 belegten ZA-Feldes ZA0 der
!   Größe 40*50 als Matrix
   ZA0 = 1
  do i = 1,40
    do j = 1,50
      call random_number(r)
      IF(r<0.5) ZA0(i,j) = -1
    end do
  end do
!...Auszählung der Zellen vom Status -1 und +1
!...Die Zeilen 1 und 40 sowie die Spalten 1 und 50 sind Hilfszeilen/
!   -spalten zur Definition des toroidalen ZA (ohne Rand)
   NZ(1)=COUNT(ZA(2:39,2:49)==1)
   NZ(2)=COUNT(ZA(2:39,2:49)==-1)
!...Grafische Darstellung des ZA-Feldes z.B. durch Unterprg. SHOWZA
   CALL SHOWZA(0,100)
```

[126] Natürlich kann das Verfahren, die Umgebungskonfiguration durch Mustererkennung zu identifizieren, auch durch direktes Abfragen der möglichen $2^9$ Konfigurationen und entsprechende Transformationsregeln, d.h. durch einen gewöhnlichen durch deterministische Regeln geleiteten ZA ersetzt werden. Wir haben dies Beispiel eines Hybridsystems zur Demonstration der zu verwendenden Algorithmen absichtsvoll so vereinfacht. Für eventuelle Simulationen realer Systeme können dann, das wird sich jeder Leser leicht ausmalen können, die Hopfield-Netze durch kompliziertere, sogar lernfähige Netztypen substituiert werden. Bei lernfähigen Netzen wäre sogar die Konstruktion eines adaptiven Hybridsystems denkbar, das – anders als das oben erläuterte vertikale ZA/GA-System – die Adaptation auf der Ebene der Basissysteme vornähme (vgl. für derartige Systeme Stoica-Klüver aaO., Kap. 6).

[127] Beachten Sie, dass das inverse Muster ununterscheidbar erkannt oder nicht erkannt wird.

```
!...Definition der Muster, die von den Netzen/Zellen erkannt werden
!    sollen
     Z1=(/1,-1,1,-1,1,-1,-1,1,-1/)
     Z3=(/-1,1,-1,1,-1,1,-1,-1,1/)
!...inverse Muster
     Z2=-Z1
     Z4=-Z3
!...Generieren der HOPFIELD-Matrix HOP(9,9)
!...1. Muster
     HOP=0
     do i = 1,9
        do j = 1,9
           IF(i.NE.j) HOP(i,j)= Z1(i)*Z1(j)
       end do
     end do
!...2. Muster
     HOP2=0
     do i = 1,9
        do j = 1,9
           IF(i.NE.j) HOP2(i,j)= Z3(i)*Z3(j)
        end do
     end do
!...elementweise Addition der zwei Matrizen
     HOP=HOP+HOP2
!...Kopie des ZA, benötigt als temporärer Speicher beim Synchronmodus
!...jede Änderung eines Zellzustandes wird zunächst im temporären ZA
!    abgelegt;
!...die Umgebungen werden aus dem unveränderten ZA0 abgelesen
     ZA(:,:)=ZA0(:,:)
!...Grundschleife des ZA
     nstop=300
     nstep=0
     do while (nstep<nstop)
        nstep=nstep+1
!...Aufruf des Unterprogramms, das die Zellen des ZA zeilenweise aufruft
!    und transformiert
        CALL ZELLSCAN()
!...Auszählung der Zellen und grafische Darstellung
        NZ(1)=COUNT(ZA0(2:39,2:49)==1)
        NZ(2)=COUNT(ZA0(2:39,2:49)==-1)
        CALL SHOWZA(nstep,nstop)
     enddo               ! Ende der ZA-Schleife
!...hier folgen ggf. Befehle zum Ablegen von Ergebnisdaten in Dateien
```

```
!...Relevante Unterprogramme:
```

**SUBROUTINE ZELLSCAN()**

```
!...ruft zeilenweise die einzelnen Zellen auf und transformiert
    do i = 2,39
       do j = 2,49
```

```
!...die Umgebung der Zelle in ZA0 wird in der Matrix U(3,3) gespeichert
!...U wird zur Mustererkennung an das Unterprogramm UHOP übergeben, das
!   den transformierten, neuen Zellzustand der zentralen Zelle als ic
!   zurückgibt
            U(:,:)=ZA0(i-1:i+1,j-1:j+1)

            CALL UHOP(U,ic)
```

```
!...der neue Zellzustand wird in den temporären ZA geschrieben
            ZA(i,j)=ic

       end do
    end do
```

```
!...man beachte, dass die Transformation nur die Zeilen 2 bis 39 und
!   Spalten 2 bis 49 betroffen hat;
!...der ZA wird toroidal geschlossen, indem die letzte transformierte
!   Zeile 49 an den Anfang, die erste transformierte Zeile 2
!   an das Ende gesetzt wird und analog für die Spalten
    ZA(:,1)=ZA(:,49)

    ZA(:,50)=ZA(:,2)

    ZA(1,:)=ZA(39,:)

    ZA(40,:)=ZA(2,:)
```

```
!...der fertige temporäre ZA wird nun als Basis ZA0  für den nächsten
!   Schritt genommen
    ZA0=ZA
```

**END SUBROUTINE**

```
!...das Unterprogramm zur Mustererkennung und Transformation der
!   Zellzustände:
```

**SUBROUTINE UHOP(U,ic)**

```
!...die Matrix U wird eindimensional als Vektor UU geschrieben
    ij=0
    do i = 1,3
       do j = 1,3
          ij=ij+1
          UU(ij)=U(i,j)
       end do
    end do
```

```
!...der Zustand der zentralen Zelle ic wird abgefragt
    ic=UU(5)
```

```
!...Anfangswerte für die Bestimmung der Mustererkennung, d.h.der Zählung
!   der übereinstimmenden Elemente von Mustervektor und dem mit der
!   HOPFIELD-Matrix multiplizierten Umgebungsvektor
    n1=0

    n2=0

    n3=0

    n4=0
```

```
!...die Regeln erfordern eine Fallunterscheidung je nach Status der
!   zentralen Zelle (1 oder -1)
!...die Programmierung ist hier zur Verdeutlichung etwas unelegant
    IF(ic==1) then
!...elementweise Berechnung des Produkts von UU mit der HOPFIELD-Matrix
        do i = 1,9
            x=SUM(UU(:)*HOP(i,:))        ! Summe von Vektorzeile mal
                                         ! Matrixspalte
!...Anwendung des Schwellenwertes 0
            IF(x>0) then
                x=1
            ELSE
                x=-1
            ENDIF
!...Zählung, ob Element mit Element im Mustervektor übereinstimmt
            IF(x==Z1(i)) n1=n1+1
            IF(x==Z3(i)) n3=n3+1
        end do
!...Anwendung der ersten Regel bei Erkennung von Muster 1 bzw.
!   von dessen Inversen
        IF(.NOT.(n1==9.OR.n3==9)) ic=-1
!...analoge Abarbeitung des 2. Falles, Status der zentralen Zelle ic = -1
        ELSE
            do i = 1,9
            x=SUM(UU(:)*HOP(i,:))
            IF(x>0) then
                x=1
            ELSE
                x=-1
            ENDIF
            IF(x==Z2(i)) n1=n1+1
            IF(x==Z4(i)) n3=n3+1
        end do
        IF(.NOT.(n2==9.OR.n4==9)) ic=1
    ENDIF
END SUBROUTINE
```

Die Dynamik dieses Systems wird beispielsweise durch die folgenden Darstellungen verdeutlicht (Abb. 6-11 und 6-12), in denen die Differenz der jeweiligen Anzahl der Zellen mit Status -1 und Status 1 gegen die Schrittzahl aufgetragen ist.

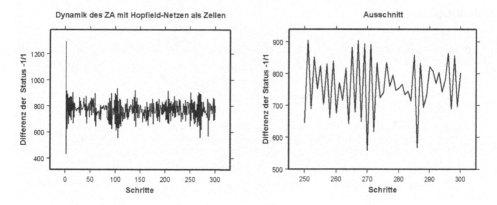

**Abbildung 6-11 und 6-12:** Differenz der jeweiligen Anzahl der Zellen mit Status -1 und Status 1, aufgetragen gegen die Schrittzahl.

Man erkennt sofort, dass das System sich – zumindest bis zur angezeigten Schrittzahl – quasi-chaotisch verhält.

Die nachfolgenden Abb. 6-13 und 6-14 zeigen, wie sich dabei die zunächst zufällige Verteilung der Zell-Status zu einer mehr geclusterten Struktur ordnen.

**Abbildung 6-13 und 6-14:** Clusterung der Zellen im Verlauf des hybriden Systems bei gleichzeitigem quasi-chaotischen Verhalten

## 6.5   Vergleich der Programmstrukturen

Mit den in den vorangegangenen Kapiteln dargestellten sehr einfachen Beispielen wurden die grundlegenden Architekturen der vertikalen und horizontalen Kopplung hybrider Systeme angedeutet.

Wir wollen diese noch einmal in einer etwas abstrahierteren Form aufzeigen.

Simulationsprogramme vertikal gekoppelter Systeme besitzen im Kern typischerweise folgende Struktur:

**Code-Beispiel 6.5-1**

```
DO nm = 1, nmmax              ! Schrittschleife des Metasystems (z.B. GA)

   do mm = 1, k               ! Schleife über alle Elemente des Metasystems
                              !(z.B. alle Genvektoren)

!...anwenden jedes Meta-Elements auf Grundzustand des Basissystems (z.B.
!   ZA)

!...das bedeutet i.A. Modifikation der Regeln des Basissystems bedingt
!   eine gewisse Zahl nbmax von autonomen Iterationen des Basissystems
!   liefert mm neue Zustände des Basissystems

      do nb = 1, nbmax        ! Schrittschleife des Basissystems

         do i = 1, imax       ! Schleife über alle Elemente des Basissystems

!...transformieren der Elemente des Basissystems nach Regelsatz liefert
!   neuen Zustand des Basissystems

         end do               ! Ende Schleife über alle Elemente

      end do                  ! Ende der Schrittschleife des Basissystems

!...bewerten des neuen Zustands des Basissystems (Fitnesswert)

   end do                     ! Ende der Schleife über alle Elemente des
                              !  Metasystems

!...Sortieren der Elemente des Metasystems (z.B. die 10 besten
!   Genvektoren beim GA)

!...Auswahl des "besten" erhaltenen Basissystems liefert neuen
!   Grundzustand

!...Transformieren der Elemente des Metasystems (Adaptation) für nächsten
!   Schritt

!...Speichern und Anzeigen von Zwischenergebnissen

!...ggf. Abbruchbedingungen prüfen

END DO                        ! Ende der Schrittschleife des Metasystems
```

Die Programmstruktur ist also verhältnismäßig einfach. Sie besteht im Kern aus 4 geschachtelten Schleifen, zwei des Metasystems und zwei des Basissystems. Selbstverständlich kann man einen Teil des Codes in Unterprogramme verlagern, z.B. die beiden inneren Schleifen in ein Unterprogramm, das die Transformationen des Basissystems vornimmt.

Die Struktur eines typischen horizontal gekoppelten Hybridsystems ist, betrachtet man die Schleifenstruktur, etwas einfacher. Der entscheidende Unterschied liegt darin, dass das "Metasystem", das wir hier zur Unterscheidung als Supersystem bezeichnen wollen, keinen Einfluss auf die Regelsysteme bzw. auf den Ablauf der parallelen Subsysteme nimmt. Die Subsysteme transformieren autonom die Zustände des Supersystems, gegebenenfalls, wie im obigen Beispiel, nach einer ebenfalls autonomen Bewertung von Eigenschaften der jeweiligen Zelle und ihrer Umgebung.

Das Programm eines typischen horizontalen Hybridsystems hat deshalb folgende Struktur:

**Code-Beispiel 6.5-2**

```
DO n = 1, nmax              ! Schrittschleife des Supersystems (z.B. ZA)

   do i = 1, imax           ! Schleife über alle imax Elemente des
                            !  Supersystems (z.B. alle Zellen)

!...Aufruf der Zellen bedeutet Aufruf des jeweiligen Subsystems (z.B.
!   Neuronales Netz) bedingt eine gewisse Zahl nbmax von autonomen
!   Iterationen des Subsystems...

      do m = 1, mmax         ! Schrittschleife des Subsystems

!...das Subsystem transformiert den Zellzustand der Zelle (z.B. NN

!   transformiert Zellzustand je nach Umgebungsmuster)

!...eine Bewertung findet hierbei als Bewertung von Eigenschaften der

!    Zelle i des Supersystems durch das Subsystem statt

      end do                 ! Ende der Schrittschleife des Subsystems

   end do                    ! Ende der Schleife über alle Elemente des
                            !  Supersystems

!...Speichern und Anzeigen von Zwischenergebnissen

!...ggf. Abbruchbedingungen prüfen

END DO                       ! Ende der Schrittschleife des Supersystems
```

Die Strukturen hybrider Programme sind, wie die Schemata zeigen, offensichtlich recht einfach.

Den Kombinationsmöglichkeiten dynamischer mathematischer Systeme zu hybriden Systemen, auch über mehr als zwei Ebenen, sind dabei keine Grenzen gesetzt.

Kompliziertere Beispiele finden Sie in Stoica-Klüver u.a. 2009. Ihre Programmierung folgt den oben dargestellten Schemata. Eine detaillierte Erläuterung der Programme würde allerdings den Rahmen dieses Buches sprengen. Wenn Sie mit den hier beschriebenen einfachen Beispielen einige Erfahrungen gesammelt haben, wird Ihnen die Programmierung komplizierterer hybrider Systeme nicht mehr schwer fallen.

# 7    Schlussbemerkung

Wir haben Sie nun, vor allem im letzten Kapitel, mit Schleifen in Schleifen und wieder Schleifen traktiert, und nicht nur Anfängern in der schönen Kunst des Programmierens mag zuweilen der Kopf etwas rauchen. Jedoch, so kompliziert die Programmbeispiele auf einen ersten Blick manchmal aussehen mögen, ist ihre grundsätzliche Logik eigentlich ziemlich transparent, und die Realisierung eigener Programme ist gewiss keine Hexenkunst. In unserem vorigen Buch haben wir mehrfach darauf hingewiesen, dass das Angenehme bei den von uns thematisierten Techniken ihre prinzipielle Einfachheit ist – im Gegensatz zu vielen mathematischen Standardverfahren der herkömmlichen Modellbildungen. Wir hoffen, dass diese prinzipielle Einfachheit, um nicht zu sagen Eleganz, auch in den Programmbeispielen wieder zu erkennen ist. Allerdings, um nach unserem Eingangsautor Kästner einen anderen deutschen Autor zu zitieren, „grau teurer Freund ist alle Theorie und grün des Lebens goldener Baum." Diese Bemerkung von Mephisto in Goethes Faust soll schlicht darauf verweisen, dass das eigentliche Vergnügen an und mit diesen Techniken dann beginnt, wenn man Beispiele modelliert und programmiert, die Einen auch selbst inhaltlich interessieren.

Ungeachtet unserer eingangs erwähnten skeptischen Einschätzungen mancher Studierender, die zu sehr am Internet hängen, haben wir es nämlich positiv auch immer wieder erlebt, wie engagiert viele unserer Studierenden sich mit diesen Techniken auseinandersetzen, wenn sie selbst für sie relevante Beispiele entwickeln und programmieren konnten. Die Aufgaben, die wir in diesem Buch als Anregung gestellt haben, sind vermutlich nicht von der Art, dass Sie daran inhaltliches Interesse haben. Dazu waren sie auch nicht gedacht. Wenn Sie jetzt vielleicht und hoffentlich annehmen, dass Sie die Techniken grundsätzlich beherrschen, versuchen Sie sich an Beispielen aus Ihrer eigenen Erfahrung und Ihrem Interessengebiet. Sie werden überrascht sein, was Ihnen da alles einfällt.

Falls Sie sich neue Beispiele überlegt und diese programmiert haben, schreiben Sie uns. Wir sind immer daran interessiert, was Studierenden und Lesern von uns alles einfällt, worauf wir nicht gekommen sind. Wir freuen uns über jede Rückmeldung – auch kritische –, da wir immer noch von uns glauben, dass wir lernfähig sind.

# Anhang A

## Hinweise zum FORTRAN-basierten Beispiel-Code

Wir geben hier einige Hinweise zum Lesen derjenigen Code-Beispiele, die in einem an FORTRAN-95 angelehnten Code gehalten sind.

Bei FORTRAN wird – abweichend von z.B. JAVA – nicht zwischen Groß- und Kleinschreibung unterschieden. In den Code-Beispielen verwenden wir zum Hervorheben von Schleifen-Konstrukten gelegentlich Fettdruck; dieser ist natürlich im Programmcode ohne Bedeutung.

Kommentare beginnen in FORTRAN mit einem Ausrufezeichen (!) und gelten bis zum Zeilenende.

Zur besseren Lesbarkeit der in FORTRAN-Schreibweise skizzierten Code-Beispiele werden nachstehend einige Befehle erläutert. Mit " ...Anweisungen.... " wird dabei eine beliebige Anzahl von Anweisungen bezeichnet, die sich innerhalb eines Konstruktes befinden.

Die Zusammenstellung beschränkt sich auf die wichtigsten, in unseren Code-Beispielen verwendeten Befehle und vereinfacht diese überdies gelegentlich.


| | |
|---|---|
| INTEGER n, REAL x | deklariert ganzzahlige bzw. reelle Variable |
| LOGICAL f | deklariert logische Variable<br>Werte: .true. , .false. |
| | |
| x*y | Produkt von x und y |
| x**n | n-te Potenz von x, $x^n$ |
| SQRT(x) | 2. Wurzel von x |
| ABS(x) | Betrag von x |
| = =, .EQ.; <, .LT.; >,.GT.; =<,.LE.; >=, .GE.; .AND.; .OR. , .NOT. | logische Operatoren bilden logische Ausdrücke, z.B. f = (x>y).AND.(y<z) |
| | |
| IF(f) ....Anweisung..... | bedingte Anweisung (f log. Ausdruck) |
| IF(f) THEN<br>.....Anweisung(en)...........<br>ELSE<br>.....Anweisung(en).............<br>ENDIF | |

| | |
|---|---|
| do i = 1, imax<br><br>.......Anweisungen.......<br><br>end do | Schleife , die von i =1 bis i = imax durchlaufen wird;<br><br>entspricht in C-basierten Sprachen:<br><br>for(int i=1;i<imax+1;i++)<br><br>{...... Anweisungen ........<br><br>} |
| do i = imax, imin,-2<br><br>....... Anweisungen.......<br><br>end do | Schleife , die von i –imax bis imin = 1 *rückwärts* in Zweierschritten durchlaufen wird<br><br>z.B.<br><br>x=0<br><br>do i = 6,1,-2<br><br>   x=x+A(i)<br><br>end do<br><br>liefert x = A(6)+A(4)+A(2) |
| do while(log.Ausdruck)<br><br>....... Anweisungen.......<br><br>end do | Schleife , die wiederholt wird, solange die logische Variable "log.Ausdruck." wahr ist<br><br>z.B.<br><br>x=0<br><br>do while (x<10)<br><br>   x=x+1<br><br>end do<br><br>liefert x=10 |
| INTEGER P(10),<br><br>REAL Q(10) | deklariert ganzzahligen/rellen Vektor $P_i$/$Q_i$ mit 10 Komponenten, indiziert von i=1 bis i=10 |
| INTEGER P(0:9),<br><br>REAL Q(0:9) | deklariert ganzzahligen/rellen Vektor $P_i$/$Q_i$ mit 10 Komponenten, indiziert von i=0 bis i=9;<br><br>die sog. implizite Indizierung n:m kann für beliebige Vektoren/Matrizen, auch mit negativen Indizes angewendet werden |
| INTEGER A(10,2),<br><br>REAL B(10,2) | deklariert ganzzahlige/relle 10*2-Matrix $A_{ij}$/$B_{ij}$ mit 10 Zeilen und 2 Spalten, indiziert von i=1 bis i=10 und j=1 bis j=2 |
| INTEGER C(1:10,1:5,-1:+1),<br><br>REAL D(1:10,1:5,-1:+1) | deklariert dreidimensionale, ganzzahlige/relle 10*5*3-Matrix $C_{ijk}$/ $D_{ijk}$ mit 10 Zeilen und 2 Spalten, indiziert von i=1 bis i=10, j=1 bis j=5 und k=-1 bis +1 |
| A = x | setzt alle Elemente einer Matrix gleich einer Zahl x; kann auch als A(:) = x geschrieben werden |
| Q(:) , A(:,:) | der Doppelpunkt in der Klammer steht als Abkürzung für den gesamten, vorher deklarierten Indexbereich;<br><br>bei REAL A(10,2) steht A(:,:) für A(1:10,1:2) |

INTEGER A(3)

A =(/ 1,0, – 1/)

weist den Elementen von A die Werte $a_1=1$, $a_2=0$ und $a_3= -1$ zu.

A*x, A/x, A+x, A-x, A**2, SQRT(A) usw.

wo A eine beliebige Matrix, x eine Zahl ist

die Operationen werden auf jedes Matrix-Element einzeln angewendet;

z.B. liefert AA=A**2 eine Matrix AA, deren Elemente die Quadrate der entsprechenden Elemente der ursprünglichen Matrix A sind.

A+B, A*B usw.,

wo A und B Matrizen gleicher Dimension und Größe sind

die Operatoren verknüpfen jeweils die gleich indizierten Elemente der beiden Matrizen;

z.B. gilt für zweidimensionale Matrizen C, A und B gleicher Größe im Falle C=A*B, dass $c_{ij} = a_{ij} {}^* b_{ij}$

s = DOT_PRODUCT(X,Y),

wo X und Y Vektoren mit gleicher Zahl von Komponenten sind

Funktion, die das Punktprodukt s zweier Vektoren X und Y liefert

C = MATMUL(A,B),

wo A eine n*m-Matrix, B eine m*k-Matrix und C eine n*k-Matrix ist

liefert das Matrixprodukt C

x=MAXVAL(A), y=MINVAL(A)

Funktionen, die das größte und kleinste Element einer Matrix liefern

M=MAXLOC(P),

wo P ein Vektor und M als INTEGER M(1) deklariert ist

liefert als Element von M die Position der maximalen Komponente des Vektors P (ggf. die erste Position, falls mehrere Komponenten maximal sind) ;

entsprechend MINLOC.

s=SUM(A)

liefert die Summe s aller Elemente einer beliebigen Matrix bzw. eines beliebigen Vektors A

s=SUM(A(3:7))

liefert die Summe s der Elemente mit Indizes von i=3 bis i=7 eines beliebigen Vektors A

A = B(4:6,4:6),

wo B als REAL B(10,10) und A als REAL A(3,3)

schneidet eine Teil-Matrix aus B aus

WHERE(f) Anweisung,

wo f ein log. Ausdruck bezüglich der Elemente einer Matrix A ist

nützliche Funktion zur Modifikation bestimmter Matrixelemente der Matrix A;

z.B.

WHERE(A<0) A=0

setzt alle Elemente <0 der Matrix A auf 0

# Anhang B

## Experimentelles Arbeiten mit Simulationsprogrammen

Bei vielen der Übungsaufgaben, die wir Ihnen in diesem Buch zumuten, schlagen wir Ihnen Experimente oder Explorationen mit den zu erarbeitenden Simulationsprogrammen vor. Solche Experimente bestehen im Wesentlichen darin, dass bestimmte Programm-Parameter oder angenommene Ausgangssituationen, die den Verlauf der Simulation beeinflussen können, von Ihnen variiert werden sollen. Sie sollen dann Aussagen über die Veränderung der Simulation, also z.B. über deren zeitliche Verläufe oder deren Endergebnisse in Beziehung zur Veränderung der Parameter machen.

Für Leser, die aus dem Bereich der experimentellen Natur- bzw. Ingenieurwissenschaften kommen, sind Planung und Durchführung derartiger Experimente eine gewohnte Übung. Für Leser jedoch, die aus einem nicht-experimentellen Fachgebiet kommen, scheinen uns einige Tipps und Hinweise für Experimente mit Simulationsprogrammen angebracht. Nach unseren Erfahrungen nämlich beachten diese Leser gelegentlich einige Details bei der Durchführung von Experimenten nicht hinreichend, die für den Experimentalwissenschaftler trivial und deshalb nicht erwähnenswert sind, die aber am Ende ganze Experimentalreihen und Auswertungen wertlos machen können.

Im Folgenden finden Sie deshalb einige Hinweise.

Die wichtigsten Grundsätze, die beim experimentellen Arbeiten beachtet werden sollten, sind:

1. Die Fragestellung, also das Ziel der Experimente muss klar definiert sein; man sollte wissen, was man eigentlich durch das Experiment herausbekommen möchte. Danach richtet sich im Wesentlichen die Strategie des Experimentierens, beispielsweise welche Parameter im Programm müssen wie verändert werden und welche Daten sollen als Ergebnis der Programmdurchläufe registriert und interpretiert werden.
2. Die verwendeten Simulationsprogramme sollten rigoros auf mögliche Fehler getestet sein.
3. Oberstes Prinzip eines Experiments ist die Reproduzierbarkeit: Jeder Interessent muss in der Lage sein, das Experiment exakt zu wiederholen. Das erfordert im Falle der dynamischen Systeme u.a.
   - exakte Dokumentation des Programms und der ihm zugrunde liegenden mathematischen Operationen;
   - Speicherung sämtlicher Anfangswerte, also z.B. aller eingestellten Parameter und Anfangszustände;
   - genaue und vollständige Speicherung der "Rohdaten", das sind hier vor allem die Systemzustände sämtlicher Zeitschritte (bzw. die Werte, die die Systemzustände hinreichend charakterisieren);
   - rigorose Trennung von mathematischen Ergebnissen und deren Interpretation.

Der erste Punkt, die Experiment-Strategie, ist keineswegs trivial. Experimentieren mit Simulationsprogrammen bedeutet häufig, dass das Programm insgesamt in eine übergeordnete Schleife eingebunden wird, in der schrittweise Parameter verändert werden. Viele Simulationsprogramme besitzen nun eine Vielzahl von Parametern, die auf Anfangswerte eingestellt werden müssen. Das führt leicht zu dem, was man gern als „kombinatorische Explosion" bezeichnet, womit eine sich ergebende sehr große Zahl von möglichen Kombinationen der Parameter gemeint ist. Nehmen Sie das Beispiel eines Booleschen Netzes (vgl. Kap. 2.1) mit nur 3 Einheiten und zweistelligen Junktoren; bei diesem haben Sie nur bezüglich der Wahl eines Satzes von 3 Funktionen bereits $16^3 = 2^{12}$ Möglichkeiten. Bei mehreren Parametern multiplizieren sich diese Zahlen schnell zu einer Größenordnung, die nicht nur schon auf zeitgemäßen PCs zu Rechenzeitproblemen führt, sondern auch wegen der entsprechend hohen Zahl von Einzelergebnissen Probleme bei der Auswertung macht.

Deshalb ist es wichtig, zum einen inhaltliche Kriterien – aus der Problemstellung – zu finden, nach denen man die Zahl der Parameterwerte drastisch verringern kann. Im obigen Beispiel könnte man ggf. auf die faktisch einstelligen Funktionen verzichten und auf Kombinationen, die komplementär zu schon berechneten sind.

Zum anderen ist zu beachten, dass man Variationen eines Ergebnis-Wertes bei Veränderung nur eines Parameters leicht als Funktionalzusammenhang in einer zweidimensionalen Grafik darstellen kann, dass eine Darstellung der Abhängigkeit von zwei Parametern in einer perspektivischen dreidimensionalen Grafik auch noch gut durchschaubar ist, dass aber Abhängigkeiten von mehr als zwei Variablen für die meisten Lernenden und Leser ein Problem sind. Das bedeutet, dass man bei Experimenten im Fall mehrerer möglicher Variabler gut daran tut, zunächst immer nur eine (oder notfalls zwei) Variable systematisch zu verändern und die übrigen auf einem für das zu simulierende Problem plausiblen Wert festzuhalten.

Drittens ist zu beherzigen, dass Experimentieren heißt, *systematisch* Eingaben verändern und dann Ergebnisse in Beziehung zu Eingaben zu setzen. Es gehört also zur Strategie, sich zu überlegen, in welchen Bereichen und welchen Intervallen Parameter verändert werden sollen. Es macht beispielsweise wenig Sinn, Parameter in unsinnig kleinen Intervallen oder in Bereichen zu variieren, in denen sich die Ergebnisse praktisch nicht ändern. Es ist daher vernünftig, zunächst die interessierenden Parameterbereiche in großen Intervallen zu explorieren.

Das Testen der Programme – natürlich besonders der selbst erstellten, aber auch bei fremden Programmen kann es sich lohnen – ist bei komplexen Programmen recht heikel. Jeder Programmierer kennt zwei besonders kritische Fälle bei Programmen, die auf den ersten Blick einwandfrei zu laufen scheinen.

Der erste ist ein „vergessener" Fall, z.B. ein Extremfall einer Parameterwahl, der bei der Programmierung nicht berücksichtigt wurde (das ist gerne der Fall 0). Das führt im glimpflichen Fall zum Programmabsturz, im schlimmen Fall unbemerkt zu merkwürdigen Ergebnissen.

Das zweite Problem wäre ein scheinbar gut laufendes Programm, das halbwegs plausibel aussehende Ergebnisse liefert, die aber falsch sind. So etwas entsteht etwa durch falsch einprogrammierte mathematische Formeln, aber auch schon durch Wahl zu ungenauer Datentypen, deren Rundungsfehler sich akkumulieren.

Wie kann man nun Programme testen, außer natürlich durch penible Überprüfung des Quellcodes (aber machen Sie das einmal bei einigermaßen komplexen Programmen)? Zu empfehlen ist dabei ein experimentelles Vorgehen: Verfügen Sie bei bestimmten Parameterwahlen über exakte Ergebnisse, die auf anderem Wege gewonnen wurden, z.B. durch exakte mathematische Berechnung, dann ist die Überprüfung trivial. Im anderen Falle bleiben Ihnen vor allem zwei Verfahren.

Das erste ist eine Plausibilitätsprüfung; verwenden Sie möglichst viele Parametersätze, für die Sie untersuchen, ob die Ergebnisse inhaltlich plausibel sind. Um ein einfaches Beispiel zu geben: Wenn Sie in einem Booleschen Netz die Funktionensätze variieren, aber immer dieselben Attraktoren erhalten, besteht der Verdacht auf einen Programmfehler.

Das zweite – verwandte – Verfahren ist das Einsetzen extremer Parameterwerte, für die Sie häufig plausible oder gar notwendige Ergebnisse annehmen können. Wieder ein einfaches Beispiel: Wenn Sie im Booleschen Netz allen Einheiten die Negation als Funktion zuordnen, ist das Ergebnis vorhersehbar.

Aus unseren Erfahrungen in der Lehre können wir nur sehr nachdrücklich dafür plädieren, Programme möglichst umfangreich zu testen und möglichst auch noch von Kollegen testen zu lassen. Denn Fehler im Programm, die entdeckt werden, nachdem bereits umfangreiche Ergebnisse damit erzeugt und interpretiert wurden, machen diese Ergebnisse wissenschaftlich wertlos.

Die Forderung nach Reproduzierbarkeit läuft auf die genaue Dokumentation aller Ein- und Ausgabewerte (und natürlich auf des Programms selber) hinaus. Denken Sie daran, dass alles, was man an Daten und Parametern in das Programm eingibt, und alles, was an Ergebnissen herauskommt, genau protokolliert werden muss! Dazu ist es zweckmäßig, alle Eingabe- und Ausgabedaten in Dateien abzuspeichern.

Ein besonderer Fall sind Programme, die Zufallszahlen verwenden. Handelt es sich um statistisch hinreichend große Fallzahlen, beispielsweise bei der Erzeugung einer gleichverteilten Population, so ist das kein Problem; es ist üblich, das verwendete Programm zur Generierung der Zufallszahlen anzugeben. Geht es jedoch um die Bewertung von Einzelfällen, die in irgendeiner Weise auf einem Satz von Zufallszahlen basieren, dann müssen Zufallsgeneratoren (Unterprogramme, Prozeduren, Klassen o.ä.) verwendet werden, die mit so genannten seed-Werten gestartet werden und bei erneutem Start dieselbe Folge von Zufallszahlen liefern. Die seed-Werte sind natürlich als Parameter mit zu dokumentieren. Einen solchen Fall stellen u.a. Zellularautomaten dar, die mit zufällig erzeugten Anfangszuständen der Zellen gestartet werden.

# Literatur

Hebb, D.A., 1949: The organzation of behavior. New York: Wiley

Kahlert, J., Frank, H., 1994: Fuzzy-Logik und Fuzzy-Control. Braunschweig, Wiesbaden: Vieweg.

Klüver, J., Stoica, C., Schmidt, J., 2006: Soziale Einzelfallstudien, Computersimulationen und Hermeneutik. Eine Einführung in die Modellierung des Sozialen. Bochum-Herdecke: w3l

Rechenberg, I., 1972: Evolutionsstrategie. Stuttgart: Friedrich Frommann Verlag

Ritter, H., Martinetz, T., Schulten, K., 1991: Neuronale Netze. Eine Einführung in die Neuroinformatik selbstorganisierender Netzwerke. Bonn: Addison-Wesley

Sedgewick, R., 1992: Algorithmen in C. Bonn: Addison-Wesley.

Schwefel., H.-P., 1975: Numerische Optimierung von Computer-Modellen. Dissertation, Technische Universität Berlin

Stoica-Klüver, C., Klüver, J., Schmidt, J., 2009: Modellierung komplexer Prozesse durch naturanaloge Verfahren. Wiesbaden: Vieweg-Teubner

Wolfram, S., 2000: A New Kind of Science. Champaign, Ill.: Wolfram Media Inc.

Wuensche, A., 1997: Attractor Basins of Discrete Networks. Cognitive Science Research Papers 461. Brighton: University of Sussex.

Zadeh, L.A., 1968: "Fuzzy Algorithms". Information and Control. 12, 94 – 102

# Sachwortverzeichnis (Codes)

# Programmiersprachen

Doina Logofatu
## Algorithmen und Problemlösungen mit C++
Von der Diskreten Mathematik zum fertigen Programm - Lern- und
Arbeitsbuch für Informatiker und Mathematiker
2., überarb. und erw. Aufl. 2010. XVIII, 502 S. mit 160 Abb. und
Online-Service. Br. EUR 34,95                    ISBN 978-3-8348-0763-2

Sabine Kämper
## Grundkurs Programmieren mit Visual Basic
Die Grundlagen der Programmierung - Einfach, verständlich und mit leicht
nachvollziehbaren Beispielen
3., akt. Aufl. 2009. XII, 188 S. mit 62 Abb. und und Online-Service.
Br. EUR 19,90                                    ISBN 978-3-8348-0690-1

Wolf-Gert Matthäus
## Grundkurs Programmieren mit Delphi
Systematisch programmieren lernen mit Turbo Delphi 2006, Delphi 7
und vielen anderen Delphi-Versionen
3., neu bearb. Aufl. 2010. XVI, 346 S. mit 303 Abb. und und Online-Service.
Br. EUR 29,90                                    ISBN 978-3-8348-0892-9

Sven Eric Panitz
## Java will nur spielen
Programmieren lernen mit Spaß und Kreativität
2008. X, 245 S. mit 16 Abb. und Online-Service
Br. EUR 24,90                                    ISBN 978-3-8348-0358-0

**VIEWEG+
TEUBNER**
Abraham-Lincoln-Straße 46
65189 Wiesbaden
Fax 0611.7878-400
www.viewegteubner.de

Stand Januar 2010.
Änderungen vorbehalten.
Erhältlich im Buchhandel oder im Verlag.